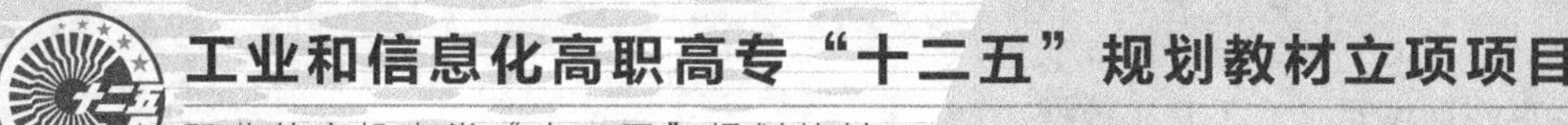

液压与气压传动

周玮　李海涛　主编

王秀梅　庄佃霞　副主编

人民邮电出版社

北京

图书在版编目（C I P）数据

液压与气压传动 / 周玮，李海涛主编. -- 北京 : 人民邮电出版社，2013.5（2017.8 重印）
职业教育机电类“十二五”规划教材
ISBN 978-7-115-30323-3

Ⅰ. ①液… Ⅱ. ①周… ②李… Ⅲ. ①液压传动－职业教育－教材②气压传动－职业教育－教材 Ⅳ. ①TH137②TH138

中国版本图书馆CIP数据核字(2013)第029989号

内 容 提 要

本书通过实例介绍了液压与气压传动的基本原理、元件、基本回路及典型液压与气压系统的具体应用，将理论知识与应用高度融合，注重基础，强化应用，突出能力的培养，重点培养学生的实践能力和动手能力，具有较强的针对性和实用性。

本书可作为高职高专机械类、近机类、自动化类相关专业学生学习及实训用教材，也可供从事液压与气压传动以及机电自动控制工作的技术人员用作自学参考书，或用作培训班的培训教材。

◆ 主　　编　周　玮　李海涛
副 主 编　王秀梅　庄佃霞
责任编辑　李育民

◆ 人民邮电出版社出版发行　　北京市丰台区成寿寺路 11 号
邮编　100164　　电子邮件　315@ptpress.com.cn
网址　http://www.ptpress.com.cn
北京九州迅驰传媒文化有限公司印刷

◆ 开本：787×1092　1/16
印张：15.75　　2013 年 5 月第 1 版
字数：370 千字　　2017 年 8 月北京第 4 次印刷

ISBN 978-7-115-30323-3

定价：36.00 元

读者服务热线：(010) 81055256　印装质量热线：(010) 81055316
反盗版热线：(010) 81055315

本书是根据高等职业教育培养目标和教学特点，适应高等职业教育和工程技术的发展，吸取了机械类及近机类相关专业的教学改革新思路，结合企业对应用型人才的需求及具体工作岗位对高职毕业生职业能力的需求，总结多年来在“液压与气压传动”课程教学实践经验的基础上编写而成。

本书按照“必需、够用、适度”的原则进行编写，力求将理论与应用高度融合，紧密联系生产实践，注重实际应用，体现“以职业能力为本位、以应用为核心”的理念，加强教学针对性，以适应高等职业教育的培养方向与高新技术产业的发展对应用型人才的需要。

全书共9章，主要介绍了液压与气压传动的基本概念，元件的结构、工作原理及应用，液压与气压传动基本回路和典型系统的组成与分析，以及液压与气压传动设备的故障分析和维护等，并在各章后附有一定数量针对性较强的习题，以帮助学生进一步巩固提高。

本书的参考学时为64学时，根据各专业不同的需求，液压系统设计的内容可安排在实训专用周或专业综合训练中完成。各章的参考学时参见下面的学时分配表。

章节	课程内容	学时分配			
		讲授	实践	讨论	合计
	绪论	2			2
第 1 章	液压流体力学基础知识	6		2	8
第 2 章	液压动力元件	4		2	6
第 3 章	液压执行元件	4		2	6
第 4 章	液压控制元件	6	2	2	10
第 5 章	液压辅助元件	2			2
第 6 章	液压基本回路	6	2	2	10
第 7 章	液压系统分析	4	2	2	8
第 8 章	液压系统设计	2			2
第 9 章	气压传动技术	6	2	2	10
课时总计		42	8	14	64

为了方便教师教学，本书除了配备了 PPT 等教学课件，还提供了多种动画素材（见下表）。

液压传动的基本概念	卸荷回路——采用复合泵	保压回路——利用液压泵
液体压力的产生	卸荷回路——利用换向阀	保压回路——利用蓄能器
液压千斤顶的工作原理	卸荷回路——利用溢流阀	单向顺序阀的平衡回路
液压传动系统的组成	增压回路——利用增压器	同步回路的工作原理
认识帕斯卡原理	卸荷回路——利用二位二通阀旁路	顺序动作回路——行程控制
液压泵的工作原理	滑阀式换向阀、三位四通换向阀	顺序动作回路——压力控制
齿轮泵	溢流阀、先导式溢流阀	液压马达补油回路的工作原理
内啮合齿轮泵的工作原理	直动式溢流阀的工作原理	锁紧回路的工作原理
双作用叶片泵、单作用叶片泵	减压阀的工作原理	液压系统的压力调节和过载保护
径向柱塞泵	直动式顺序阀的工作原理	YT4543 型动力滑台液压系统的工作原理
轴向柱塞泵的工作原理	节流阀的工作原理	SZ-250A 型注塑机液压系统工作原理
螺杆泵的工作原理	调速阀的工作原理	气压传动系统的介绍
液压缸的类型和特点	插装阀的工作原理	活塞式空压机的工作原理
单作用油缸、双作用油缸	马达的工作原理	吸附式干燥器的工作原理
限压式变量叶片泵的工作原理	直动式比例压力阀的工作原理	一次过滤器的工作原理
柱塞式液压缸的工作原理	油箱的简介	冷冻式空气干燥器的工作原理
增压缸的工作原理	滤油器的类型和特点	分水滤气器的工作原理
单叶片式摆动缸的工作原理	密封装置的类型和特点	气液阻尼缸的工作原理
液压缸的构成	活塞式、气囊式、气瓶式蓄能器的原理	叶片式气动马达的工作原理
叶片式液压马达	油管的类型和特点	单向型控制阀的工作原理
双叶片式摆动缸的工作原理	换向阀换向回路、插装阀换向控制	换向型控制阀的工作原理
齿轮式液压马达	主油路节流调速回路	安全阀、顺序阀的工作原理
速度换接回路——行程阀	旁路节流调速回路	逻辑控制阀的种类
速度换接回路——调速阀	变量泵——定量马达调速回路	单作用与双作用换向回路
单级、二级、多级调压回路的原理	定量泵——变量马达调速回路	气缸连续往复换向回路
连续、按比例调压回路的工作原理	变量泵——变量马达调速回路	速度控制回路、压力控制回路
减压回路的工作原理	增压回路——利用串联液压缸	安全保护回路（1）、（2）、（3）

本书由沈阳职业技术学院周玮、潍坊职业学院李海涛任主编，沈阳职业技术学院王秀梅、潍坊职业学院庄佃霞任副主编，同时参加编写工作的还有沈阳职业技术学院孙红雨、吴爽、张皓阳、周文博和郭英，潍坊职业学院李淑君和马汝彩，潍坊大洋自动泊车设备有限公司李淼。其中周玮编写了绪论、第 6 章和第 7 章，李海涛编写了第 9 章，王秀梅编写了第 1 章，庄佃霞编写了第 2 章，孙红雨和周文博编写了第 3 章，吴爽编写了第 4 章，张皓阳和郭英编写了第 5 章，李淑君、马汝彩和李淼编写了第 8 章和附录。

由于编者水平有限，书中难免存在缺点和错误，敬请广大读者批评指正。

编　者

2013 年 3 月

目 录

绪论 …… 1

0.1 液压与气压传动的基本工作原理 …… 1

0.1.1 液压千斤顶工作原理 …… 1

0.1.2 磨床工作台液压系统工作原理 …… 2

0.2 液压与气压传动系统的组成及其元件的总体布局 …… 4

0.2.1 液压与气压传动系统的组成 …… 4

0.2.2 液压与气压传动系统图的图形符号 …… 5

0.2.3 液压传动系统元件的总体布局 …… 5

0.3 液压与气压传动的特点 …… 6

0.3.1 液压传动的特点 …… 6

0.3.2 气压传动的特点 …… 7

0.4 液压与气压传动技术的发展及应用 …… 7

0.4.1 液压与气压传动技术的发展 …… 7

0.4.2 液压与气压传动技术的应用 …… 8

思考与习题 …… 9

第 1 章 液压流体力学基础知识 …… 10

1.1 液压油 …… 10

1.1.1 液压油的作用和种类 …… 10

1.1.2 液压油的物理性质 …… 12

1.1.3 对液压油液的要求及选用 …… 17

1.1.4 液压油的污染与防护 …… 18

1.2 流体静力学基础 …… 19

1.2.1 液体静压力及其特性 …… 19

1.2.2 流体静力学基本方程及其应用 …… 20

1.2.3 压力的表示方法及单位 …… 21

1.2.4 帕斯卡原理及应用 …… 22

1.2.5 液压静压力对固体壁面的作用力 …… 23

1.3 流体动力学基础 …… 23

1.3.1 基本概念 …… 24

1.3.2 连续性方程及其应用 …… 25

1.3.3 伯努利方程及其应用 …… 26

1.3.4 动量方程及其应用 …… 28

1.4 管道流动 …… 29

1.4.1 流态与雷诺数 …… 29

1.4.2 管道流动的压力损失 …… 30

1.5 孔口流动 …… 31

1.5.1 液流流经薄壁小孔的流量 …… 32

1.5.2 液流流经细长孔和短孔的流量 …… 32

1.6 液压冲击和空穴现象 …… 33

1.6.1 液压冲击 …… 33

1.6.2 空穴现象 …… 34

本章小结 …… 34

思考与习题 …… 35

第 2 章 液压动力元件 …… 36

2.1 液压泵的工作原理 …… 36

2.1.1 液压泵的工作原理 …… 36

2.1.2 常用容积式液压泵 …… 37

2.1.3 液压泵的主要性能和参数……38

2.2 齿轮泵……40

2.2.1 齿轮泵的工作原理……40

2.2.2 齿轮泵的结构……41

2.2.3 齿轮泵存在的主要问题及解决办法……42

2.3 叶片泵……45

2.3.1 双作用叶片泵……45

2.3.2 单作用叶片泵……46

2.3.3 限压式变量叶片泵……47

2.3.4 双联叶片泵……49

2.3.5 双级叶片泵……50

2.4 柱塞泵……50

2.4.1 柱塞泵的工作原理……51

2.4.2 轴向柱塞泵……52

2.5 螺杆泵……54

2.5.1 螺杆泵的工作原理……54

2.5.2 螺杆泵的结构及特点……55

2.6 液压泵性能比较及选用……55

本章小结……56

思考与习题……56

第 3 章 液压执行元件……58

3.1 液压缸……58

3.1.1 液压缸的类型及特点……58

3.1.2 活塞式液压缸……59

3.1.3 柱塞式液压缸……62

3.1.4 其他液压缸……63

3.2 液压缸的典型结构和组成……65

3.2.1 液压缸的典型结构……65

3.2.2 液压缸的组成……66

3.3 液压马达……70

3.3.1 液压马达的特点及分类……70

3.3.2 液压马达的工作原理……71

3.3.3 液压马达的职能符号……72

3.3.4 液压马达的性能参数……72

本章小结……74

思考与习题……74

第 4 章 液压控制元件……76

4.1 液压阀概述……76

4.1.1 液压阀的基本结构与工作原理……76

4.1.2 液压阀的分类……77

4.1.3 液压阀的性能参数……78

4.1.4 液压阀的基本要求……78

4.2 方向控制阀……79

4.2.1 单向阀……79

4.2.2 换向阀……81

4.3 压力控制阀……90

4.3.1 溢流阀……91

4.3.2 减压阀……94

4.3.3 顺序阀……96

4.3.4 压力继电器……99

4.4 流量控制阀……100

4.4.1 流量控制原理……100

4.4.2 节流阀……102

4.4.3 调速阀……103

4.5 其他液压阀……105

4.5.1 插装阀……105

4.5.2 叠加阀……106

4.5.3 电液伺服阀……106

4.5.4 电液比例控制阀……107

本章小结……108

思考与习题……108

第 5 章 液压辅助元件……110

5.1 油管和管接头……110

5.1.1 油管……110

5.1.2 管接头……111

5.2 过滤器……114

5.2.1 过滤器功用和类型……114

5.2.2 过滤器的主要性能指标……115

5.2.3 过滤器的选用与安装……116

5.3 密封元件……117

5.3.1 密封元件要求 ……117
5.3.2 密封元件的类型和特点 ……117
5.4 蓄能器 ……120
5.4.1 蓄能器的作用 ……120
5.4.2 蓄能器的结构 ……121
5.4.3 蓄能器使用和安装 ……122
5.5 油箱及压力表辅件 ……122
5.5.1 油箱分类和结构 ……122
5.5.2 油箱设计及注意事项 ……123
5.5.3 压力表辅件 ……124
本章小结 ……125
思考与习题 ……125
第 6 章 液压基本回路 ……126
6.1 方向控制回路 ……126
6.1.1 换向回路 ……127
6.1.2 液压锁紧回路 ……127
6.2 压力控制回路 ……128
6.2.1 调压回路 ……128
6.2.2 卸荷回路 ……129
6.2.3 减压回路 ……130
6.2.4 增压回路 ……131
6.2.5 保压回路 ……132
6.2.6 平衡回路 ……133
6.2.7 释压回路 ……134
6.3 速度控制回路 ……134
6.3.1 调速回路 ……134
6.3.2 快速运动回路 ……141
6.3.3 速度换接回路 ……142
6.4 多缸工作控制回路 ……144
6.4.1 顺序动作回路 ……144
6.4.2 同步回路 ……146
6.4.3 多缸快慢速互不干扰回路 ……147
6.4.4 多缸卸荷回路 ……148
本章小结 ……148
思考与习题 ……149
第 7 章 液压系统分析 ……152
7.1 组合机床液压动力滑台 ……152
7.1.1 概述 ……152
7.1.2 YT4543 型动力滑台液压系统的工作原理及特点 ……153
7.1.3 动作顺序表 ……155
7.2 压力机液压系统 ……156
7.2.1 概述 ……156
7.2.2 压力机液压系统工作原理 ……157
7.2.3 动作顺序表 ……159
7.3 塑料注射成型机液压系统 ……159
7.3.1 概述 ……159
7.3.2 快速运动回路 ……160
7.3.3 电磁铁动作顺序表 ……162
7.4 液压系统常见故障分析及排除方法 ……162
7.4.1 液压泵常见故障及排除方法 ……162
7.4.2 液压缸、液压马达常见故障及排除方法 ……165
7.4.3 液压阀常见故障及排除方法 ……167
本章小结 ……170
思考与习题 ……170
第 8 章 液压系统设计 ……174
8.1 液压系统的设计原则和依据 ……174
8.2 液压系统的工况分析和主要参数的确定 ……175
8.2.1 液压系统的工况分析 ……175
8.2.2 液压系统主要参数的确定 ……178
8.3 液压系统原理图的拟定和方案论证 ……180
8.4 计算和选择液压元件 ……181
8.4.1 液压泵的确定与驱动功率的计算 ……182
8.4.2 液压控制阀的选择 ……183
8.4.3 液压辅件的计算与选择 ……183
8.5 液压系统性能验算 ……184
8.5.1 液压系统压力损失验算 ……184
8.5.2 液压系统发热和温升验算 ……185

8.6 绘制正式工作图、编制技术文件……186
8.7 液压系统设计计算实例……186
8.7.1 负载分析……187
8.7.2 液压缸主要参数的确定……188
8.7.3 液压系统图的拟定……189
8.7.4 液压元件的选择……192
8.7.5 液压系统的性能验算……193
本章小结……194
思考与习题……194
第9章 气压传动技术……195
9.1 气压传动概述……195
9.1.1 气压传动系统的工作原理及组成……195
9.1.2 气压传动的优缺点……196
9.2 气源装置及气动辅件……197
9.2.1 气源装置的组成……197
9.2.2 气动辅助元件……199
9.3 气动执行元件……204
9.3.1 气缸……205
9.3.2 气马达……210
9.4 气动控制元件……211
9.4.1 方向控制阀……212
9.4.2 压力控制阀……217
9.4.3 流量控制阀……219
9.5 气动逻辑元件……221
9.6 气动回路……223
9.6.1 方向控制回路……223
9.6.2 压力控制回路……224
9.6.3 速度控制回路……225
9.6.4 其他回路……226
9.7 常用气动系统……229
9.7.1 工件夹紧气压传动系统……229
9.7.2 气液动力滑台气压传动系统……230
9.7.3 公共汽车车门气压传动系统……231
9.8 气动系统的设计、安装、调试与故障分析……232
9.8.1 气动系统的设计……232
9.8.2 气动系统的安装调试与故障分析……233
本章小结……237
思考与习题……238
附录 常用液压与气动元件图形符号……239
参考文献……244

绪　论

【学习目标】

1. 理解液压与气压传动的工作原理
2. 掌握液压与气压传动系统的组成
3. 了解液压与气压传动的特点
4. 了解液压与气压传动应用及发展趋势

一部功能完整的机器设备一般由动力装置、传动装置、执行装置和控制装置组成。传动装置有机械传动、电力传动、液体传动（液压传动和液力传动）和气压传动等传动形式。液压与气动技术是以流体（液体和气体统称为流体）作为工作介质，利用压力能进行能量传递和控制的一种传动技术。

液压与气压传动的基本工作原理

液压与气压传动是以流体为工作介质进行能量传递和控制的一种传动形式。液压系统以液体为工作介质，而气动系统是以压缩空气作为工作介质。两种工作介质的区别在于液体几乎不可压缩，而气体却具有明显的可压缩性。液压与气压传动在基本工作原理、元件的结构以及回路的组成等方面是极为相似的。

0.1.1　液压千斤顶工作原理

现以图 0-1（a）所示的液压千斤顶为例来介绍液压传动的工作原理。

液压千斤顶原理图如图 0-1（b）所示。图中两个大小液压缸 6 和 3 的活塞和缸体之间保持良好的配合关系，既要保证活塞在缸体内滑动，又要保证配合面之间可靠地密封。当向上抬起杠杆 1 时，小活塞 2 向上运动，小缸 3 下腔容积增大，小腔内因此产生局部真空。此时单向阀 5 关闭，油箱 10 中的油液在大气压的作用下通过单向阀 4 进入小缸的下腔，完成一次吸油过程。接着，压下杠杆 1，小活塞 2 向下移动，小缸 3 下腔容积减小，小腔内压力升高，这时单向阀 4 关闭，小缸 3 下腔的压力油就打开单向阀 5 进入到大缸 6 的下腔，推动大活塞 7 将重物 8 向上顶起一段高度。如此反复地提压杠杆 1，就可以使重物 8 不断上升，达到起重的目的。若打开截止阀 9，大缸 6 下腔接通油箱，大活塞 7 在自重作用下向下移动，迅速下降到原位。

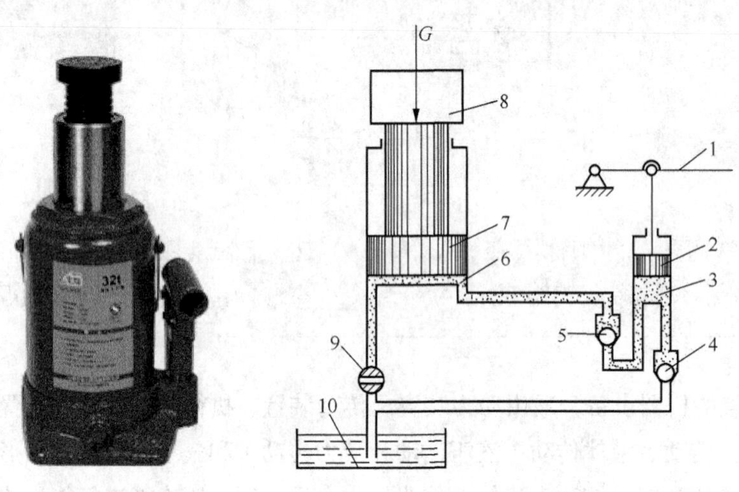

（a）液压千斤顶外观图　　（b）液压千斤顶工作示意图

图0-1　液压千斤顶的工作原理图

1—杠杆；2—小活塞；3、6—液压缸；4、5—单向阀；7—大活塞；8—重物；9—截止阀；10—油箱

由此例可以看出，液压千斤顶是一种简单的液压传动装置。对其工作过程分析可知：液压传动是以液体为工作介质，依靠液体在密封容器容积变化时产生的压力能实现运动和动力传递的。液压传动装置本质上是一种能量转换装置。它先将机械能（压下杠杆）转换为容易输送的压力能，后又将压力能转换为机械能（重物上升）做功。由此可见，液压传动是一个不同能量的转换过程。

0.1.2　磨床工作台液压系统工作原理

图 0-2 所示为一台简化的磨床液压系统工作原理图。要求该液压系统能实现磨床工作台往复直线运动、变速与推力的控制。其工作原理如下。

液压泵 3 由电动机带动旋转，从油箱 1 经过过滤器 2 吸油，液压泵 3 输出的压力油经节流阀 4 和换向阀 5［图 0-2（a）中换向阀手柄向右扳动］进入液压缸 7 的左腔，推动活塞和工作台 8 向右运动，而液压缸 7 右腔的油液经换向阀 5 和回油管排回油箱。若将换向阀 5 手柄扳到左边位置，使换向阀处于图 0-2（b）所示的状态，则压力油经换向阀 5 进入液压缸 7 的右腔，推动活塞与工作台

8 反向运动，并使液压缸 7 左腔的油液经换向阀 5 和回油管排回油箱。

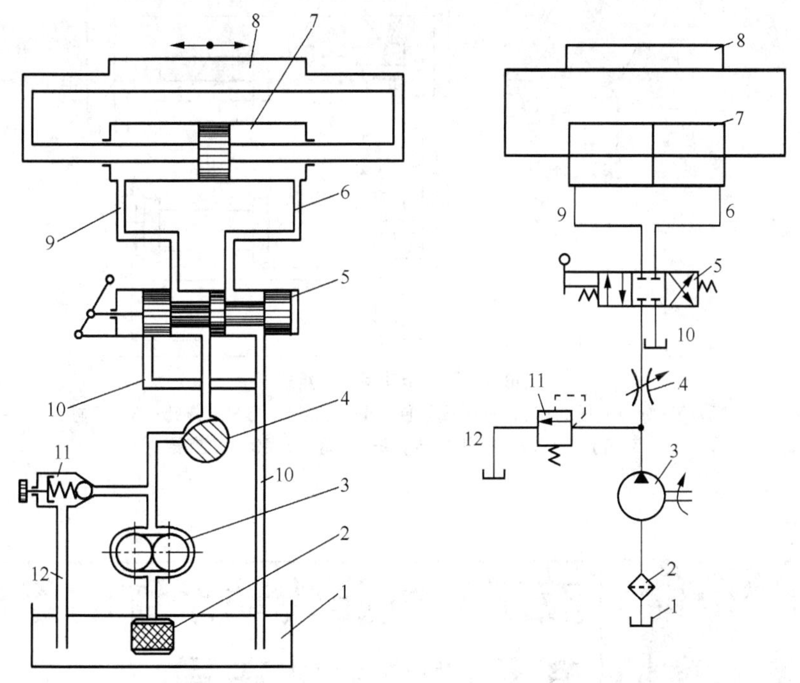

（a）磨床工作台液压系统半结构图　　（b）磨床工作台液压系统符号图

图0-2　磨床工作台液压系统工作原理图

1—油箱；2—过滤器；3—液压泵；4—节流阀；5—换向阀；
6、9、10、12—管道；7—液压缸；8—工作台；11—溢流阀

若改变节流阀 4 的开口大小，可以改变压力油进入液压缸 7 的流量，从而控制缸活塞的运动速度，此时液压泵 3 输出的多余油液经溢流阀 11 和回油管排回油箱。系统工作时，液压缸 7 内工作压力的大小取决于磨削工件时切削阻力的大小，液压泵 3 的最高压力由溢流阀 11 调定。

通过对上面液压传动例子的分析，我们可以得出以下结论。

（1）液压传动是以液体为工作介质，以液体的压力能传递动力的传动方式；

（2）传动过程中必须经过两次能量转换（机械能转换成压力能，压力能再转换成机械能）；

（3）传动必须在密封容器内进行，而且容积要发生变化；

（4）在液压传动系统中，系统的工作压力取决于负载，液压缸的运动速度取决于流量。

图 0-3 为一个可自动完成某种程序动作的典型气动系统。空气压缩机输出的压缩空气储存在储气罐中，工作时压缩空气通过气动三联件（过滤器 10、压力阀 2 及油雾器 9）、控制装置（包括逻辑元件 3、各种控制阀等）后到达气缸 6，完成规定的动作。其中的控制装置是由若干个气动元件组成的气动逻辑回路。它可以根据气缸活塞杆的始末位置，由行程开关 7 等传递信号。系统在进行逻辑判断后指示气缸 6 下一步的动作，从而实现规定的自动工作循环。

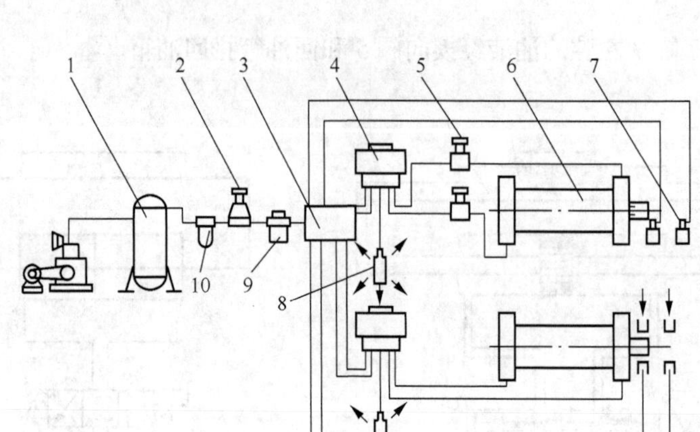

图0-3 气压传动系统的组成

1—气源装置；2—压力阀；3—逻辑元件；4—方向阀；5—流量阀；6—气缸；7—行程开关；8—消声器；9—油雾器；10—过滤器

液压与气压传动系统的组成及其元件的总体布局

0.2.1 液压与气压传动系统的组成

通过上一节磨床工作台液压系统、气动系统例子可以看出，液压、气压传动系统主要由以下几部分组成。

（1）能源装置（动力元件）：将机械能转换成流体的压力能的装置。一般指液压泵和空气压缩机，其作用是向系统提供压力油和压缩空气，如图 0-2 中的液压泵 3。

（2）执行装置（执行元件）：将流体的压力能转换成机械能的装置。它可以是作直线运动的液压缸或气缸，也可以是作回转运动的液压马达或气压马达，如图 0-2 中的液压缸 7。

（3）控制调节装置（控制调节元件）：对系统中流体的压力、流量和流动方向进行控制和调节的装置，以及进行信号转换、逻辑运算和放大等功能的信号控制元件。例如溢流阀、节流阀、换向阀等。

（4）辅助装置（辅助元件）：保证系统正常工作所需的其余所有的装置。如管道、油箱、过滤器、蓄能器、油雾器、消声器、压力表、管接头等。它们对保证液压系统可靠和稳定地工作有重大作用。

（5）工作介质：它在液压、气压传动控制中，起传递运动、动力和信号的作用，包括液压油、其他合成液体或压缩空气。

0.2.2 液压与气压传动系统图的图形符号

1. 传动系统的图形符号表示

图 0-2（a）所示的液压系统是一种半结构式的工作原理图。它有直观性强、容易理解的优点，但图形比较复杂，绘制比较麻烦。图 0-2（b）所示是上述液压系统用液压系统图形符号绘制的工作原理图。使用这些图形符号可使液压系统图简单明了、易于绘制，在实际中一般都采用这种方法。液压气动图形符号可参见附录和有关液压气动手册。部分液压元件的职能无法用这些符号表达时，仍可采用它的结构示意形式。

2. 几点说明

（1）流体传动系统及元件图形符号和回路图采用 GB/T786.1—2009 规定的图形符号为液压与气压元件标准职能符号。

（2）此符号所表示的系统图为流体传动系统原理图。

（3）在流体传动系统原理图中，职能符号只表示元件功能，不表示元件的具体结构和参数，也不表示元件在机器中的安装位置。元件符号内的流体流动方向用箭头表示，若线段两端均有箭头，表示流动方向可逆。

（4）符号均以元件的静止位置或中间零位置表示。

（5）对于具有特殊性能的非标准液压元件，允许用半结构图表示其结构特征。

0.2.3 液压传动系统元件的总体布局

液压系统元件的总体布局分为四部分，即执行元件、液压油箱、液压泵装置和液压控制调节装置。液压油箱装有空气滤清器、过滤器、液面指示器和清洗孔等。液压泵装置包括不同类型的液压泵、驱动器及联轴器等。液压控制调节装置是指组成液压系统的各种阀类元件及其联接体。除执行元件外，液压系统元件的连接形式有集中式（液压站）和分散式。

1. 集中式（液压站）

集中式（液压站）是将液压系统的供油装置、控制调节装置独立于主设备之外，单独设置一个液压站，如图 0-4 所示。工程机械中如组合机床、冷轧机、锻压机、电炉等一般都采用集中式。这种形式的优点是安装维修方便，液压装置的振动、发热等与主设备隔开；缺点是增加了占地面积。

2. 分散式

分散式是将液压系统的供油装置、控制调节装置分散在主设备的各处。工程机械中如部分数控机床、起重机、推土机等移动设备一般都采用分散式。这种形式的优点是结构紧凑，泄漏油易回收，节省占地面积等；缺点是安装维修不方便，供油装置的振动、液压油的发热等都将对机床的工作精度产生不良影响。

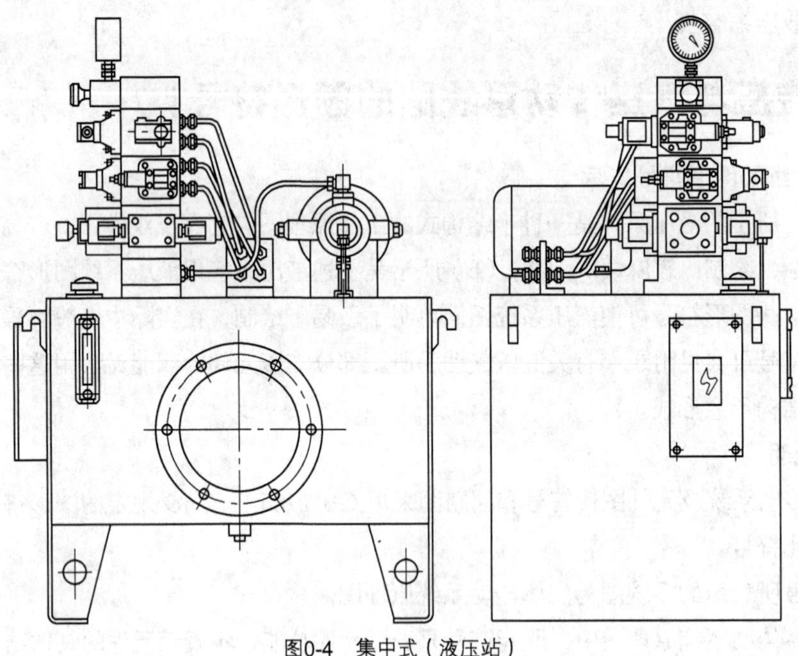

图0-4　集中式（液压站）

0.3 液压与气压传动的特点

0.3.1　液压传动的特点

液压传动与机械传动、电力传动方式相比，其优缺点如下。

1. 液压传动系统的优点

（1）液压传动能在较大范围内实现无级调速（调速范围可达 2 000）。

（2）在同等功率下，液压装置体积小，重量轻。例如液压马达的体积和重量只有同等功率电动机的 12%左右。

（3）工作平稳，换向冲击小，便于实现快速起动、制动和频繁的换向。

（4）易于实现过载保护，安全性好。采用矿物油作为工作介质，自润滑性好。

（5）操纵控制方便，便于实现设备自动化。特别是和电气控制结合时，易于实现复杂的自动工作循环。

（6）液压控制元件标准化、系列化和通用化程度高，便于设计、制造和使用、维修。

2. 液压传动系统的缺点

（1）液压传动系统中存在的泄漏和油液的可压缩性影响了传动的准确性，故不宜用于要求具有精确传动比的场合。

（2）液压传动系统工作过程中往往有较大的能量损失（如泄漏损失、摩擦损失等），因此液压传动效率不高，并且不宜作远距离传动。

（3）液压传动对油温的变化比较敏感，不宜在很高或很低的温度条件下工作。

（4）液压件制造精度较高，系统工作过程中发生故障时不易诊断和排除。

0.3.2 气压传动的特点

1. 气压传动系统的优点

（1）以空气为工作介质，便于收集。使用后可以直接排入大气中，处理简单，不污染环境。

（2）空气的黏度很小，在管道中的压力损失较小，因此压缩空气便于集中供应（空压站）和远距离输送。

（3）压缩空气的工作压力一般较低，因此对气动元件的材料和制造精度要求较低。

（4）工作环境适应性好，特别是在易燃易爆、多尘埃、强辐射、振动等恶劣环境下工作，比液压、电子、电气控制优越。

（5）维护简单，使用安全可靠，能够实现过载保护。

2. 气压传动系统的缺点

（1）由于空气的可压缩性大，所以气压传动工作速度的稳定性较差，易受负载变化的影响。

（2）工作压力较低（一般为 0.4～0.8MPa），系统输出力较小，传动效率较低。

（3）排气噪声较大，在高速排气时需安装消声器。

总的来说，液压与气压传动的优点是主要的，而它们的缺点通过科学技术的发展不断得到克服或改善。如果将液压传动、气压传动、电力传动、机械传动合理地联合使用，发挥各种传动的优势，便可以设计出各种机电液气一体化设备。

液压与气压传动技术的发展及应用

0.4.1 液压与气压传动技术的发展

液压传动相对于机械传动是一门新的技术。17 世纪中叶，法国物理学家帕斯卡提出静压传动原理，即帕斯卡原理，成为液压技术的理论基础。17 世纪末期，英国著名科学家牛顿对液体黏度及其阻力研究的成果，是现代流体动力润滑理论的基础。18 世纪中叶，瑞士科学家伯努利提出了理想液体常态运动方程，即伯努利方程。18 世纪末期，英国制造出世界上第一台水压机。液压传动在工业上被广泛采用和快速发展是在第二次世界大战后 50 多年的时间。

第二次世界大战期间，军事工业的需要促使液压技术得到迅猛发展。液压技术相继在飞机、坦克、舰艇等武器装备上推广使用。战后，液压技术很快转入民用工业，在机床、工程机械、冶金机械、塑料机械、农业机械、汽车、船舶等行业得到了广泛的应用和发展。20 世纪 60 年代以来，随着原子能技术、空间技术、计算机技术的发展，液压技术已成为包括传动、控制和检测在内的一门完整的自动化技术。当前，液压技术正向高压、高速、大功率、高效率、低噪声、经久耐用、高度集成化的方向发展。

气压传动是以压缩空气为工作介质进行能量传递或信号传递的工程技术，是实现各种生产控制、自动控制的重要手段之一。1880 年，人们第一次利用气缸做成气动制动装置，并将其用到火车的制动上。20 世纪 30 年代，气动技术成功用于车辆自动门的开启。尤其是 20 世纪 70 年代初，随着工业机械化和自动化的发展，气动技术广泛应用于生产自动化的各个领域。近年来气动技术应用领域已从机械、采矿、汽车、钢铁等重工业迅速扩展到化工、轻工和食品等行业。当前，气动技术正向高精度、高速度、小型化、复合集成化及节能环保等方向快速发展。

0.4.2 液压与气压传动技术的应用

液压与气压传动技术广泛应用于工业生产的各个部门。例如：机床上的进给系统采用液压传动，工程机械（挖掘机、装载机、起重机）、矿山机械、压力机械（压力机）以及航空航天工业中采用液压传动，而在电子工业、包装机械、印染机械、食品机械等方面多采用气压传动等。

在机床上，液压传动常应用在以下装置中。

（1）进给运动传动装置。磨床砂轮架和工作台的进给运动大部分采用液压传动；车床、六角车床、自动车床的刀架或转塔刀架，铣床、刨床、组合机床的工作台等的进给运动也都可以采用液压传动。

（2）往复运动传动装置。龙门刨床的工作台、牛头刨床或插床的滑枕，由于要作高速往复直线运动，并且要求换向冲击小、换向时间短、能耗低，因此都可以采用液压传动。

（3）仿形装置。车床、铣床、刨床上的仿形加工可以采用液压伺服系统来完成，其精度可达 0.01～0.02mm。

（4）辅助装置。机床上的夹紧装置、齿轮变速操纵装置、丝杠螺母间隙消除装置、垂直移动部件平衡装置、分度装置、工件和刀具装卸装置、工件运输装置等，采用液压传动后，有利于简化机床结构，提高机床自动化程度。

（5）静压支承。重型机床、高速机床、高精度机床上的轴承、导轨、丝杠螺母机构等处采用液体静压支承后，可以提高工作平稳性和运动精度。

液压传动在其他机械工业部门的应用情况如表 0-1 所示。

表 0-1 液压传动在机械行业中的应用

行业名称	应用场合举例
机床行业	磨床、铣床、刨床、拉床、压力机、自动机床、组合机床、数控机床、加工中心等
工程机械	挖掘机、装载机、推土机等
汽车工业	环卫车、自卸式汽车、平板车、高空作业车等
农业机械	联合收割机控制系统、拖拉机悬挂装置等
轻工、化工机械	打包机、注塑机、校直机、橡胶硫化机、胶片冷却机、造纸机等
冶金机械	电炉控制系统、轧钢机控制系统等
起重运输机械	起重机、叉车、装卸机、液压千斤顶等
矿山机械	开采机、提升机、液压支架等
建筑机械	打桩机、平地机等
船舶港口机械	起货机、锚机、舵机等
铸造机械	砂型压实机、加料机、压铸机等

0-1 什么是液压传动？液压传动的基本工作原理是怎样的？

0-2 液压与气压传动系统由哪些部分组成？各部分的作用是什么？

0-3 液压传动与其他传动方式相比有哪些优缺点？

0-4 试比较液压传动与气压传动的特点？

第1章 液压流体力学基础知识

【学习目标】

1. 掌握液压油液的特性和选择方法
2. 掌握液体的静压特性及静力学基本方程
3. 掌握并熟练应用流量与流速的关系
4. 掌握液体三大动力学方程及物理意义

液压传动以油液或其他液体作为传递能量的介质，所以有必要研究液体的物理性质，以及平衡与运动的规律。搞清基本概念，以便正确理解液压传动的基本原理和各种现象，更好地分析、设计并应用液压系统。

1.1 液压油

液压油是液压传动系统中的传动介质，对液压装置的机构、零件起着润滑、冷却和防锈作用。液压系统是否可靠、有效地工作，在很大程度上取决于系统中所用的液压油液。因此，在掌握液压系统之前，必须先对液压油液有清晰的了解。

1.1.1 液压油的作用和种类

液压传动最常用的工作介质是液压油。此外，还有乳化型传动液和合成型传动液等。

1. 液压油的用途

液压油起以下几种作用。

（1）传递运动与动力。将泵的机械能转换成液体的压力能并传至各处。由于油本身具有黏度，因此，在传递过程中会产生一定的动力损失。

（2）润滑。液压元件内各移动部位都可受到液压油充分润滑，从而降低元件磨耗。

（3）密封。油本身的黏性对细小的间隙有密封的作用。

（4）冷却。系统损失的能量会变成热，被油带出。

2. 液压油的种类

液压系统中常用的液压油液的种类如表 1-1 所示。

表 1-1 常见液压油系列品种及用途

种类	牌号		原名	用途
	油名	代号		
普通液压油	N_{32} 号液压油 N_{68}G 号液压油	YA-N_{32} YA-N_{68}	20 号精密机床液压油 40 号液压—导轨油	用于环境温度 0～45℃工作的各类液压泵的中、低压液压系统
抗磨液压油	N_{32} 号抗磨液压油 N_{150} 号抗磨液压油 N_{168}K 号抗磨液压油	YA-N_{32} YA-N_{150} YA-N_{168} K	20 抗磨液压油 80 抗磨液压油 40 抗磨液压油	用于环境温度−10～40℃工作的高压柱塞泵或其他泵的中、高压系统
低温液压油	N_{15} 号低温液压油 N_{46}D 号低温液压油	YA-N_{15} YA-N_{46} D	低凝液压油 工程液压油	用于环境温度−20℃至高于 40℃工作的各类高压油泵系统
高黏度指数液压油	N_{32}H 号高黏度指数液压油	YD-N_{32} D		用于温度变化不大且对黏温性能要求更高的液压系统

液压油主要分为下列两类。

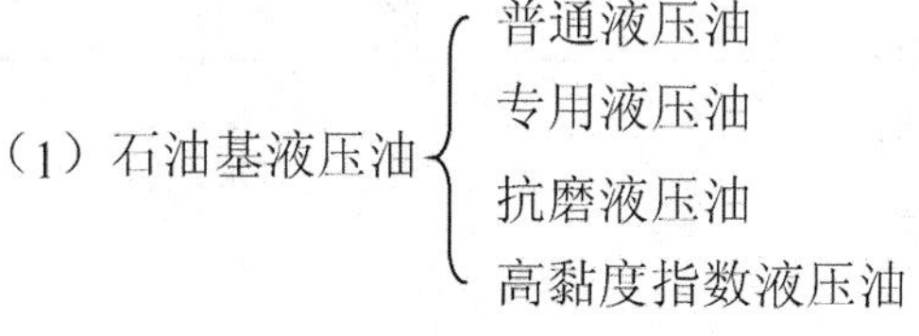

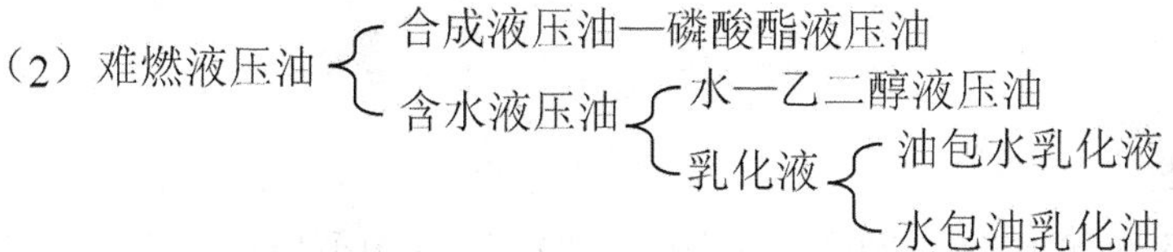

石油基液压油：这种液压油是以石油的精炼物为基础，加入各种可改进油液性能的添加剂而成。添加剂有两类：一类是改善油液化学性能的，如抗氧添加剂、防锈剂、防腐剂等；另一类是改善油液物理性能的，如增稠剂、抗泡剂、抗磨添加剂等。不同工作条件要求使用不同性能的液压油。不同品种的液压油因精制程度和加入添加剂的不同而不同。

磷酸脂液压油：是难燃液压油之一，它的使用范围宽，可达−54～135℃。抗燃性好，氧化安定性和润滑性都很好。缺点是与多种密封材料的相容性很差，有一定的毒性。

水—乙二醇液压油：这种液体由水、乙二醇和添加剂组成，其中蒸馏水占 35%～55%，因而抗燃性好。这种液体的凝固点低，达−50℃，黏度指数高（130～170），为牛顿流体。缺点是能使油漆涂料变软。但对一般密封材料无影响。

乳化液：乳化液属抗燃液压油，它由水、基础油和各种添加剂组成。分水包油乳化液和油包水乳化液，前者含水量达 90%～95%，后者含水量达 40%。

1.1.2 液压油的物理性质

1. 密度

工程中常用体积表示流体的量的多少。为了便于比较，把单位体积液体的质量称为液体的密度，即

$$\rho = \frac{m}{V} \tag{1-1}$$

式中，m 为液体的质量（kg）；V 为液体的体积（m^3）；ρ 为液体的密度（kg/m^3）。

一般矿物油的密度为 850～950 kg/m^3，液压油的密度为 900 kg/m^3。

矿物油型液压油的密度随温度的上升而有所减小，随压力的增大而稍有增加，但变动值很小，一般可以忽略不计。我国采用 20℃时的密度作为油液的标准密度。

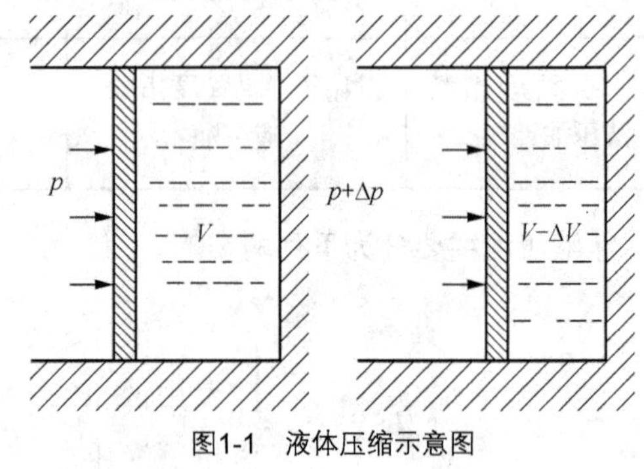

图1-1 液体压缩示意图

2. 可压缩性

液体受压力作用而发生体积减小的特性称为液体的可压缩性。如图 1-1 所示，若压力为 P 时液体的体积为 V，当压力增加ΔP 时，液体的体积变化为ΔV，则液体在单位压力变化下的体积相对变化量为κ，即

$$\kappa = -\frac{1}{\Delta P} \times \frac{\Delta V}{V} \tag{1-2}$$

式中，κ 为液体的压缩系数。

由于压力增大时液体的体积减小（$\Delta V < 0$），因此在式（1-2）右边须加一负号，以使 κ 为正值。

液体体积压缩系数 κ 的倒数，称为体积弹性模量 K，简称体积模量，即

$$K = \frac{1}{\kappa} = -\Delta P \frac{V}{\Delta V} \qquad (1\text{-}3)$$

K 表示单位体积相对压缩量所需的压力增量。在实际应用中常用 K 值来说明液体抗压缩能力的大小。

表 1-2 所示为各种液压油液的体积模量，由表中石油型液压油体积模量的数值可知，它的可压缩性是钢（$K = 2.06 \times 10^{11}$Pa）的 100～150 倍，所以对于一般液压系统，可认为油液是不可压缩的。

表 1-2　　各种液压油液的体积模量（20˚C，标准大气压）

液压油种类	石油基	水—乙二醇基	乳化液型	磷酸酯型
体积模量 K/Pa	$(1.4～2.0) \times 10^9$	3.15×10^9	1.95×10^9	2.65×10^9

液压油的体积模量和温度、压力有关。温度增大时，K 值减小，在液压油液正常的工作范围内，K 值会有 5%～25%的变化；压力增大时，K 值增大，但这种变化不呈线性关系，当 $P \geqslant 3$MPa 时，K 值基本上不再增大。液压油液中如混有气泡，K 值将大大减小。

封闭在容器内的液体在外力作用下的情况与弹簧受力后的反应极为相似。外力增大，体积减小；外力减小，体积增大。这种弹簧的刚度 k_n，在液体承压面积 A 不变时（见图 1-2），可以通过压力变化$\Delta P = \Delta F/A$、体积变化$\Delta V = A\Delta l$（Δl 为液柱长度变化），和式（1-3）求出，即

$$k_n = -\frac{\Delta F}{\Delta l} = \frac{A^2 k}{V} \qquad (1\text{-}4)$$

液压油液的可压缩性对在动态下工作的液压系统来说影响极大，但当液压系统在静态（稳态）下工作时，一般可以不予考虑。

3. 黏性

（1）黏性的定义。液体在外力作用下流动（或有流动趋势）时，分子间的内聚力要阻止分子相对运动而产生的一种内摩擦力，这种现象叫做液体的黏性。液体只有在流动（或有流动趋势）时才会呈现出黏性，静止液体是不呈现黏性的。

黏性的大小可用黏度来衡量。黏度是选择液压用流体的主要指标，是影响流动流体的重要物理性质。

当液体流动时，液体与固体壁间的附着力及流体本身的黏性使流体内各处的速度大小不等。以流体沿如图 1-3 所示的平行平板间的流动情况为例，设上平板以速度 υ_0 向右运动，下平板固定不动。紧贴于上平板上的流体粘附于上平板上，其速度与上平板相同。紧贴于下平板上的流体粘附于下平板上，其速度为零，中间流体的速度则根据它与下平板间的距离大小近似线性分布。我们把这种流动看成是许多无限薄的流体层在运动，当运动较快的流体层在运动较慢的流体层上滑过时，两层间由于黏性会产生内摩擦力的作用。

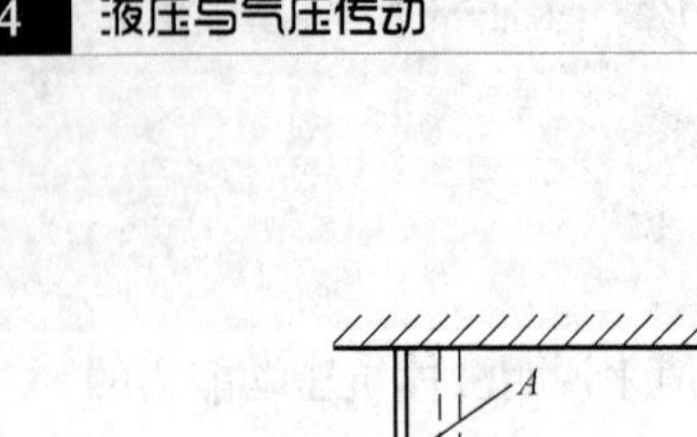

图1-2 油液弹簧的刚度计算简图

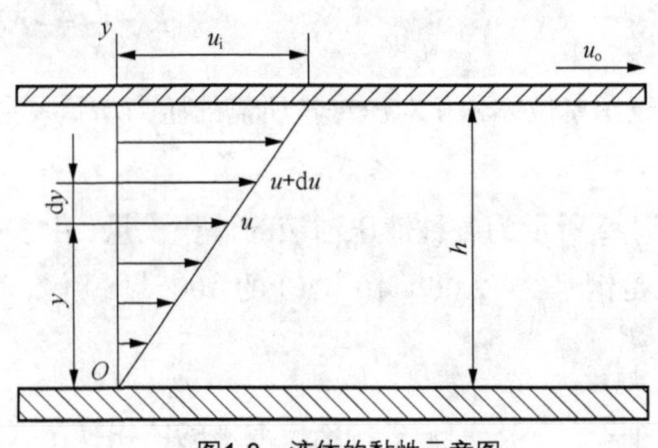

图1-3 液体的黏性示意图

根据实际测定的数据可知，流体层间的内摩擦力 F 与流体层的接触面积 A 及流体层的相对流速 du 成正比，而与此二流体层间的距离 dy 成反比，即

$$F=\mu A\frac{\mathrm{d}u}{\mathrm{d}y} \tag{1-5}$$

若以单位面积上的内摩擦力 τ（$\tau=F/A$）表示切应力，则有

$$\tau=\mu\frac{\mathrm{d}u}{\mathrm{d}y} \tag{1-6}$$

式中，μ 为衡量流体黏性的比例系数，称为绝对黏度或动力黏度；$\frac{\mathrm{d}u}{\mathrm{d}y}$ 为相对运动速度对液层间距离的变化率，也称为速度梯度或剪切率。

上式是牛顿液体内摩擦定律的数学表达式。当速度呈梯度变化时，μ 为不变常数的流体称为牛顿流体，μ 为变数的流体称为非牛顿流体。除高黏性或含有大量特种添加剂的液体外，一般的液压用流体均可看作是牛顿流体。

（2）黏性的度量。液压油黏性的大小用黏度来度量。黏度通常有 3 种：动力黏度、运动黏度、相对黏度。

① 动力黏度。动力黏度又称为绝对黏度，它直接表示流体的黏性，即内摩擦力的大小，用 μ 表示。动力黏度的物理意义是：当速度梯度 du/dy = 1 时，单位面积上内摩擦力的大小，即

$$\mu=\frac{F}{A\frac{\mathrm{d}u}{\mathrm{d}y}}=\frac{\tau}{\frac{\mathrm{d}u}{\mathrm{d}y}} \tag{1-7}$$

动力黏度的国际计量单位（SI）为 N · s/m^2（牛顿 · 秒/平方米）或为 Pa·s（帕 · 秒），它与以前沿用的非法定计量单位 P（泊，dyne · s/m^2）之间的关系是 1Pa · s = 10 P。

② 运动黏度。液体的动力黏度 μ 与其密度 ρ 的比值，称为液体的运动黏度，用符号 ν 表示，即

$$\nu=\frac{\mu}{\rho} \tag{1-8}$$

国际（SI）计量单位为 m^2/s，以前沿用的单位为 St（斯）（cm^2/s）和 cSt（厘斯）（mm^2/s）。

$$1\text{m}^2/\text{s}=10^4\text{St}=10^6\text{cSt}$$

运动黏度ν没有什么明确的物理意义，它不能像动力黏度μ一样直接表示流体的黏性大小，但对于ρ值相近的流体，例如各种矿物油系液压油之间，还是可以用来大致比较它们的黏性的。由于在理论分析和计算中常常用到绝对黏度与密度的比值，为方便起见才采用运动黏度这个物理量来代替物理量。它之所以被称为运动黏度，是因为在它的量纲中只有运动学的要素长度和时间的量纲，类似于运动学的物理量。

液压油的牌号采用液压油在 40℃温度下运动黏度平均 cSt（厘斯）值来标注，如某一种牌号为 L-HL22 的普通液压油，是指其在 40℃ 时运动黏度平均值为 22cSt。

③ 相对黏度。动力黏度和运动黏度是理论分析和推导中经常使用的黏度表示方式，它们都难以直接测量。因此，工程上采用另一种可用仪器直接测量的黏度，即相对黏度。

相对黏度是以相对于蒸馏水的黏性的大小来表示该液体的黏性的。相对黏度又称条件黏度。各国采用的相对黏度测定方法有所不同。美国采用国际赛氏黏度（SSU），英国采用雷氏黏度（R），我国和德国、俄罗斯采用恩氏黏度（$°E$）。

恩氏黏度的测定方法如下：测定 200 cm^3 某一温度的被测液体在自重作用下流过直径为 2.8 mm 的小孔所需的时间t_A，然后测出同体积的蒸馏水在20℃时流过同一孔所需时间t_B（通常t_B=50～52s），t_A与t_B的比值即为流体的恩氏黏度值。恩氏黏度用符号$°E$表示。被测液体温度t ℃时的恩氏黏度，记为$°E_t$，即

$$°E_t=\frac{t_A}{t_B} \tag{1-9}$$

工业上一般以 20℃、50℃和 100℃作为测定恩氏黏度的标准温度，并相应地以符号$°E_{20}$、$°E_{50}$和$°E_{100}$来表示。知道恩氏黏度以后，利用下列的经验公式，可将恩氏黏度换算成运动黏度。

$$\nu=\left(7.31°E-\frac{6.31}{°E}\right)\times10^{-6} \tag{1-10}$$

为了使液体介质得到所需要的黏度，可以将两种不同黏度的液体按一定比例混合，混合后的黏度可按下列经验公式计算。

$$°E=\left[a°E_1+b°E_2-c(°E_1-°E_2)\right]/100 \tag{1-11}$$

式中，$°E$为混合液体的恩氏黏度；$°E_1$、$°E_2$分别为用于混合的两种油液的恩氏黏度，且$°E_1>°E_2$；a、b表示用于混合的两种液体$°E_1$、$°E_2$各占的百分数，$a+b=1$；c为与a、b有关的实验系数，见表 1-3。

表 1-3　　系数 c 的值

A（%）	10	20	30	40	50	60	70	80	90
B（%）	90	80	70	60	50	40	30	20	10
c	6.7	13.1	17.9	22.1	25.5	27.9	28.2	25	17

（3）压力对黏度的影响。压力增大时，液压油黏度增大。一般情况下，压力对黏度的影响比较小。在一般液压传动系统使用的压力范围内，增大的数值很小，可忽略不计。

（4）温度对黏度的影响。液压油黏度对温度的变化是十分敏感的。当温度升高时，其分子之间的内聚力减小，黏度就随之降低，造成泄漏，增加磨损，降低效率；当温度降低时，黏度增大，造成流动困难，使泵不易转动等。不同种类的液压油，其黏度随温度变化的规律也不同。我国常用黏温图表示油液黏度随温度变化的关系，图 1-4 所示为几种国产液压油的黏度—温度曲线。

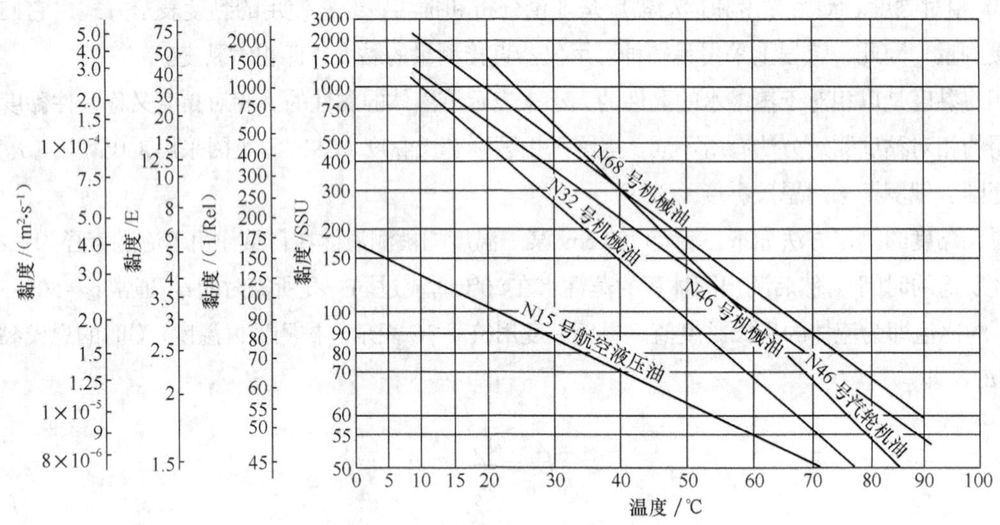

图1-4 几种国产液压油的黏度—温度曲线

对于一般常用的液压油，当运动黏度不超过 76 mm²/s，温度在 30 ℃～150 ℃ 范围内时，可用下述近似公式计算其温度为 t 时的运动黏度：

$$\nu_t = \nu_{50}(50/t)^n \tag{1-12}$$

式中，ν_t 为温度在 t℃时油的运动黏度；ν_{50} 为温度为 50℃时油的运动黏度；n 为黏温指数。黏温指数 n 随油的黏度而变化，其值可参考表 1-4 所列。

表 1-4 黏温指数

ν_{50}/mm$^2\cdot$s^{-1}	2.5	6.5	9.5	12	21	30	38	45	52	60
n	1.39	1.59	1.72	1.79	1.99	2.13	2.24	2.32	2.42	2.49

（5）其他性质。液压油液还有其他一些性质，如稳定性（热稳定性、氧化稳定性、水解乳化性、剪切稳定性等）、抗泡沫性、抗乳化性、防锈性、润滑性以及相溶性（与所接触的金属、密封材料、涂料等不起作用便是相溶性好，否则便是不好）等，都对它的选择和使用有重要的影响。

1.1.3 对液压油液的要求及选用

1. 对液压油液的要求

液压油是液压传动系统的重要组成部分，是用来传递能量的工作介质。除了传递能量外，它还起着润滑运动部件和保护金属不被锈蚀的作用。液压油的质量及其各种性能将直接影响液压系统的工作。从液压系统使用油液的要求来看，有以下几点。

① 适宜的黏度，一般液压系统所用液压油的黏度范围为：$v = 11.5 \times 10^{-6} \sim 35.3 \times 10^{-6}\ \mathrm{m^2/s}$ 或 2～5（$°E_{50}$ 值），具有良好的黏温性能。

② 润滑性能好。在液压传动机械设备中，除液压元件外，其他一些有相对滑动的零件也要用液压油来润滑。因此，液压油应具有良好的润滑性能。为了改善液压油的润滑性能，可加入适量添加剂。

③ 良好的化学稳定性。即对热、氧化、水解等都具有良好的稳定性。

④ 对液压装置及相对运动的元件具有良好的润滑性。

⑤ 对金属材料具有防锈性和防腐性。

⑥ 比热、热传导率大，热膨胀系数小。

⑦ 抗泡沫性好，抗乳化性好。

⑧ 油液纯净，含杂质量少。

⑨ 流动点和凝固点低，闪点（明火能使油面上的油蒸气内燃，但油本身不燃烧时油液的温度）和燃点高。

此外，对油液的无毒性、经济性等，也应根据不同的情况有所要求。

2. 对液压油液的选用

正确而合理地选用液压油，乃是保证液压设备高效率正常运转的前提。

选用液压油时，可根据液压元件生产厂样本和说明书所推荐的品种号数来选用液压油，或者根据液压系统的工作压力、工作温度、液压元件种类及经济性等因素全面考虑。一般是先确定适用的黏度范围，再选择合适的液压油品种。同时还要考虑液压系统工作条件的特殊要求，如在寒冷地区工作的系统则要求油的黏度指数高、低温流动性好、凝固点低；伺服系统则要求油质纯、压缩性小；高压系统则要求油液抗磨性好。在选用液压油时，黏度是一个重要的参数。黏度的高低将影响运动部件的润滑、缝隙的泄漏以及流动时的压力损失、系统的发热温升等。所以，在环境温度较高，工作压力高或运动速度较低时，为减少泄漏，应选用黏度较高的液压油，反之则反。

但是总的来说，应尽量选用较好的液压油，虽然初始成本要高些，但由于优质油使用寿命长，对元件损害小，所以从整个使用周期看，其经济性要比选用劣质油好些。

1.1.4 液压油的污染与防护

液压油是否清洁，不仅影响液压系统的工作性能和液压元件的使用寿命，而且直接关系到液压系统是否能正常工作。液压系统多数故障与液压油受到污染有关，因此控制液压油的污染是十分重要的。

1. 污染原因

液压油被污染的原因主要有以下几方面。

（1）液压系统的管道及液压元件内的型砂、切屑、磨料、焊渣、锈片、灰尘等污垢在系统使用前冲洗时未被洗干净，在液压系统工作时，这些污垢就进入到液压油里。

（2）外界的灰尘、砂粒等在液压系统工作过程中通过往复伸缩的活塞杆、流回油箱的漏油等进入液压油里。另外在检修时，稍不注意也会使灰尘、棉绒等进入液压油里。

（3）液压系统本身也不断地产生污垢，直接进入液压油里，如金属和密封材料的磨损颗粒，过滤材料脱落的颗粒或纤维，及油液因油温升高氧化变质而生成的胶状物等。

2. 油液污染的危害

液压油污染严重时，直接影响液压系统的工作性能，使液压系统频繁发生故障，缩短液压元件寿命。造成这些危害的原因主要是污垢中的颗粒。对于液压元件来说，由于这些固体颗粒进入到元件里，使得元件的滑动部分磨损加剧，并可能堵塞液压元件里的节流孔、阻尼孔，或使阀芯卡死，从而造成液压系统的故障。水分和空气的混入使液压油的润滑能力降低并加速氧化变质，产生气蚀，加速液压元件的腐蚀，使液压系统出现振动、爬行等故障。

3. 防止污染的措施

造成液压油污染的原因多而复杂，同时液压油自身也在不断产生污垢，因此要彻底解决液压油的污染问题是很困难的。为了延长液压元件的寿命，保证液压系统可靠地工作，将液压油的污染度控制在某一限度以内是较为可行的办法。对液压油的污染控制工作主要从两个方面着手：一是防止污染物侵入液压系统，二是把已经侵入的污染物从系统中清除出去。污染控制要贯穿于整个液压装置的设计、制造、安装、使用、维护和修理等各个阶段。

为防止油液污染，在实际工作中应采取如下措施。

（1）液压油在使用前保持清洁。液压油在运输和保管过程中都会受到外界污染，新买来的液压油看上去很清洁，其实很“脏”，必须将其静放数天后经过滤再加入液压系统中使用。

（2）液压系统在装配后、运转前保持清洁。液压元件在加工和装配过程中必须清洗干净。液压系统在装配后、运转前应彻底进行清洗，最好用系统工作中使用的油液清洗。清洗时油箱除通气孔（加防尘罩）外必须全部密封，密封件不可有飞边、毛刺。

（3）液压油在工作中保持清洁。液压油在工作过程中会受到环境污染，因此应尽量防止工作中空气和水分的侵入。为完全消除水、气和污染物的侵入，采用密封油箱。通气孔上加空气滤清器，防止尘土、磨料和冷却液侵入。经常检查并定期更换密封件和蓄能器中的胶囊。

（4）采用合适的过滤器。这是控制液压油污染的重要手段。应根据设备的不同要求，在液压系统中选用不同过滤方式、不同精度和不同结构的过滤器，并要定期检查和清洗过滤器和油箱。

（5）定期更换液压油。更换新油前，油箱必须先清洗一次。系统较脏时，可用煤油清洗。排尽后注入新油。

（6）控制液压油的工作温度。液压油的工作温度过高对液压装置不利，其自身也会加速变质，产生各种生成物，缩短其使用期限。一般液压系统的工作温度最好控制在65℃以下，机床液压系统则应控制在55℃以下。

1.2 流体静力学基础

液压传动是以液体作为工作介质进行能量传递的，因此要研究液体处于相对平衡状态下的力学规律及其实际应用。所谓相对平衡是指液体内部各质点间没有相对运动，以至于液体本身完全可以和容器一起如同刚体一样做各种运动。因此，液体在相对平衡状态下不呈现黏性，不存在切应力，只有法向的压应力，即静压力。本节主要讨论液体的平衡规律和压强分布规律以及液体对物体壁面的作用力。

1.2.1 液体静压力及其特性

作用在液体上的力有两种类型：一种是质量力，另一种是表面力。

质量力作用在液体所有质点上，它的大小与质量成正比，重力、惯性力都属于质量力。单位质量液体受到的质量力称为单位质量力，在数值上等于重力加速度。表面力作用于所研究液体的表面上，如法向力、切向力。

单位面积上作用的表面力称为应力。表面力可以是其他物体（例如活塞、大气层）作用在液体上的力；也可以是一部分液体作用在另一部分液体上的力。对于液体整体来说，其他物体作用在液体上的力属于外力，而液体间的作用力属于内力。由于理想液体质点间的内聚力很小，液体不能抵抗拉力或切向力，即使是微小的拉力或切向力都会使液体发生流动。因为静止液体不存在质点间的相对运动，也就不存在拉力或切向力，所以静止液体只能承受压力。

1. 压力的定义

所谓静压力是指静止液体单位面积上所受的法向力，用符号 p 表示。静压力在液压传动中简称压力，在物理学中则称为压强。

静止液体内某质点处的法向力 ΔF 对其微小面积 ΔA 的极限称为压力 p，即

$$p = \lim_{\Delta A \to 0} \frac{\Delta F}{\Delta A} \tag{1-13}$$

若法向力 F 均匀地作用在面积 A 上，则压力表示为

$$p = \frac{F}{A} \tag{1-14}$$

2. 液体的静压力特性

液体静压力具有下述两个重要特性。

（1）液体静压力垂直于作用面，其方向与该面的内法线方向一致。

（2）静止液体中，任何一点所受到的各方向的静压力都相等。

1.2.2 流体静力学基本方程及其应用

1. 流体静力学基本方程

如图 1-5（a）所示，密闭容器中盛有液体，作用在液面上的压力为 p_0，现在求离液面 h 深处 A 点压力，在液体内取 1 个底面包含 A 点的小液柱，设其底部面积为 ΔA，高为 h。这个小液柱在重力及周围液体的压力作用下，处于平衡状态，其受力情况如图 1-5（b）所示。

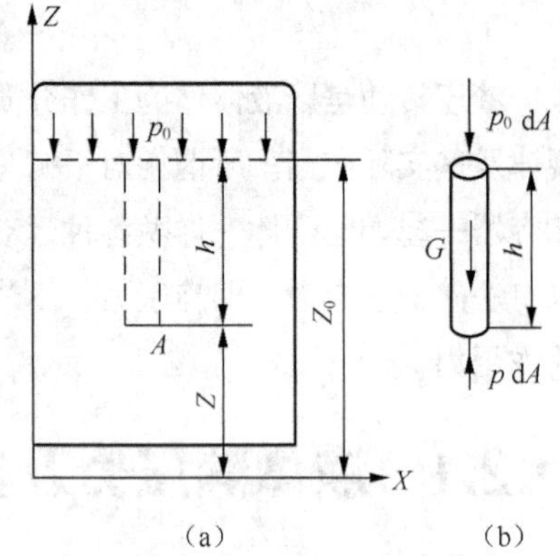

图1-5 重力作用下的静止液体

则 A 点所受的压力为

$$p = p_0 + \rho g h \tag{1-15}$$

式中，g 为重力加速度，此表达式即为液体静压力的基本方程，由此式可知如下几点。

（1）静止液体内任一点处的压力由两部分组成，一部分是液面上的压力 p_0，另一部分是 ρg 与该点离液面深度 h 的乘积。

（2）同一容器中同一液体内的静压力随液体深度 h 的增加呈线性规律增加。

（3）连通器内同一液体中深度 h 相同的各点压力都相等。由压力相等的点组成的面称为等压面。重力作用下静止液体中的等压面是一个水平面。

（4）可通过下述 3 种方式使液面产生压力 p_0：

① 通过固体壁面（如活塞）使液面产生压力。

② 通过气体使液面产生压力。

③ 通过不同质量的液体使液面产生压力。

2. 流体静力学基本方程的意义

图 1-5 所示的盛有液体的密闭容器中，若选一基本水平面 OX，根据静力学基本方程，可以确定距液面深度 h 处 A 点的压力 p，即

$$\frac{p}{\rho g} + Z = \frac{p_0}{\rho g} + Z_0 = 常数 \tag{1-16}$$

式（1-16）为流体静力学基本方程的另一种形式。设 A 点液体质点的质量为 m，重力为 mg，如果质点从 A 点下降到基准水平面，它的重力所做的功为 mgZ 。因此 A 处的液体质点具有位置势能 mgZ ，单位质量液体的位能就是 $mgZ/mg=Z$ ，Z 又称作位置水头。而 $p/\rho g$ 表示 A 点单位质量液体的压力能，常称为压力水头。由以上分析可知，静止液体中任一点都有单位质量液体的位能和压力能，即具有两部分能量，而且各点的总能量之和为一常量。也就是说静止液体中单位质量液体的压力能和位能可以互相转换，但各点的总能量保持不变，即能量守恒，这就是静力学基本方程式中包含的物理意义。

1.2.3 压力的表示方法及单位

1. 压力的表示方法

液压系统中的压力就是指压强，液体压力通常有绝对压力、相对压力（表压力）、真空度三种表示方法。以大气压力作为基准所测得的压力，称为相对压力。由于大多数测压仪表所测得的压力都是相对压力，故相对压力也称表压力。以绝对真空为基准零值时所测得的压力，我们称它为绝对压力。当绝对压力低于大气压时，习惯上称为出现真空。某点的绝对压力比大气压小的那部分数值叫作该点的真空度。如某点的绝对压力为 4.052×10^4Pa（0.4 大气压），则该点的真空度为 0.6078×10^4Pa（0.6 大气压）。

绝对压力与相对压力的关系为：

$$\text{绝对压力} = \text{相对压力} + \text{大气压力}$$

绝对压力小于大气压时，相对压力负值部分叫做真空度。即

$$\text{真空度} = \text{大气压} - \text{绝对压力} = -(\text{绝对压力} - \text{大气压})$$

由此可知，当以大气压为基准计算压力时，基准以上的正值是表压力，基准以下的负值就是真空度。绝对压力、相对压力和真空度的相互关系如图 1-6 所示。

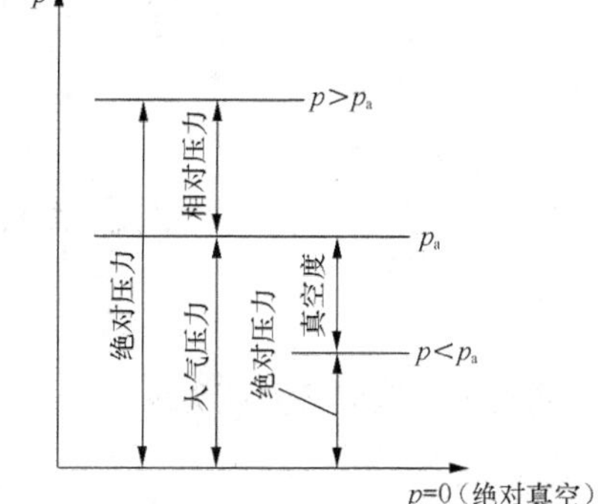

图1-6 绝对压力、表压力和真空度的关系

2. 压力的单位

在 SI 制中，压力的单位为 N/m^2 为或 Pa（帕斯卡）。由于 Pa 单位太小，工程上常采用 kPa（千帕）和 MPa（兆帕）。

$$1\text{MPa}=10^3\text{kPa}=10^6\text{Pa}$$

在液压技术中，原来采用的压力单位有工程大气压巴（bar）和千克每平方厘米（kg/cm^2）等，其换算关系为：

$$1\ \text{bar}=1.02\ \text{kgf/cm}^2=10^2\ \text{kPa}=0.1\ \text{MPa}$$

【例 1-1】 如图 1-7 所示，容器内盛有油液。已知油的密度 $\rho=900\ \text{kg/m}^3$，活塞上的作用力 $F=1\,000$ N，活塞的面积 $A=1\times10^{-3}\ \text{m}^2$，假设活塞的重量忽略不计。问活塞下方深度为 $h=0.5$ m 处的压力等于多少？

解：活塞与液体接触面上的压力均匀分布，有

$$p_0 = \frac{F}{A} = \frac{1\,000\text{N}}{1\times10^{-3}\ \text{m}^2} = 10^6\ \text{N/m}^2$$

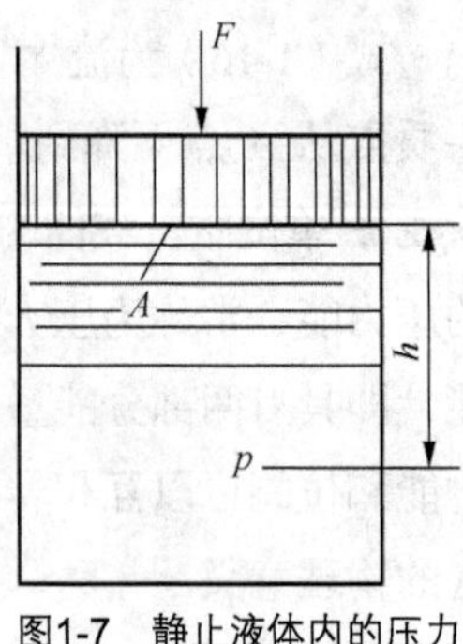

图1-7 静止液体内的压力

根据静力学基本方程式（1-15），深度为 h 处的液体压力为

$$p = p_A + \rho gh = 104 + 900\times9.8\times0.5$$
$$= 1.004\,4\times10^6\,(\text{N/m}^2) \approx 10^6\,(\text{Pa})$$

从本例可以看出，液体在受外界压力作用的情况下，液体自重所形成的那部分压力 ρgh 相对甚小，在液压系统中常可忽略不计，因而可近似认为整个液体内部的压力是相等的。

1.2.4 帕斯卡原理及应用

密封容器内放置静止液体。当边界上的压力 p_0 发生变化时，例如增加 Δp，则容器内任意一点的压力将增加同一数值 Δp_0 也就是说，在密封容器内施加于静止液体任一点的压力将以等值同时传到液体内部各点。这就是帕斯卡原理或静压传递原理。在液压传动系统中，通常是外力产生的压力要比液体自重所产生的压力大得多。因此可把液体的自重略去，而认为静止液体内部各点的压力处处相等，如图 1-8 所示。

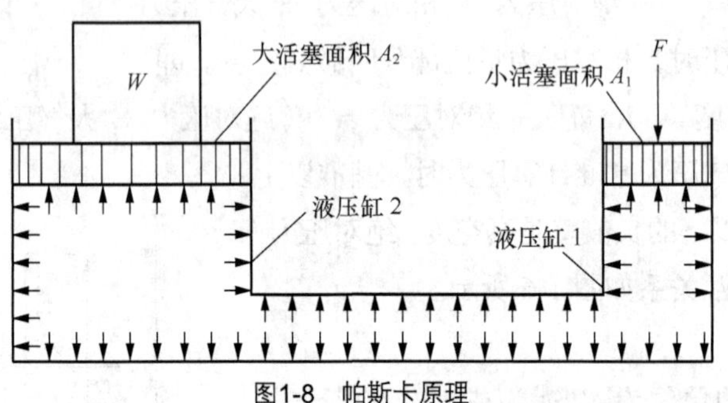

图1-8 帕斯卡原理

容器内的液体各点压力为

$$p = \frac{W}{A_2} = \frac{F}{A_1} \tag{1-17}$$

可见液压系统中的压力是由外界负载决定的，而与流入流体的多少无关。同时，液压传动不仅可以进行力的传递，而且还能将力放大或改变力的方向。

【例 1-2】 图 1-9 所示为相互连通的两个液压缸，已知大缸内径 $D = 100$ mm，小缸内径 $d = 20$ mm，大活塞上放一质量为 5 000 kg 的物体。问：在小活塞上所加的力 F 有多大才能使大活塞顶起重物？

解：物体的重力为

$$G = mg = 5\,000\ \text{kg} \times 9.8\ \text{m/s}^2$$
$$= 49\,000\ \text{kg·m/s}^2 = 49\,000\ \text{N}$$

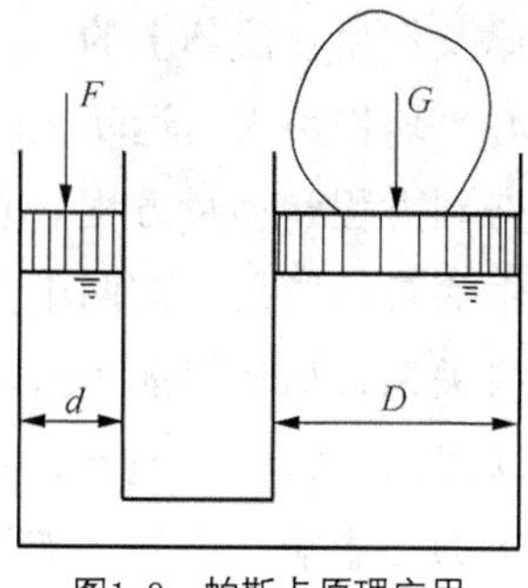

图1-9 帕斯卡原理应用

根据帕斯卡原理，因为外力产生的压力在两缸中均相等，即

$$F = \frac{d^2}{D^2}G = \frac{20^2\ \text{mm}^2}{100^2\ \text{mm}^2} \times 49\,000\ \text{N} = 1\,960\ \text{N}$$

这道例题表明，若两活塞的面积比足够大，那么用很小的力 F 就可以产生很大的推力，使得重物上升。液压千斤顶和水压机就是按此原理制成的。

1.2.5 液压静压力对固体壁面的作用力

静止液体和固体壁面相接触时，固体壁面上各点在某一方向上所受静压作用力的总和，便是液体在该方向作用于固体壁面上的力。

在液压传动中，略去液体自重产生的压力，液体中各点的静压力是均匀分布的，且垂直作用于受压表面。因此，当承受压力的表面为平面时，液体对该平面的总作用力 F 为液体的压力 P 与受压面积 A 的乘积，其方向与该平面相垂直。如压力油作用在直径为 D 的柱塞上，则有 $F = PA = P\pi D^2/4$。

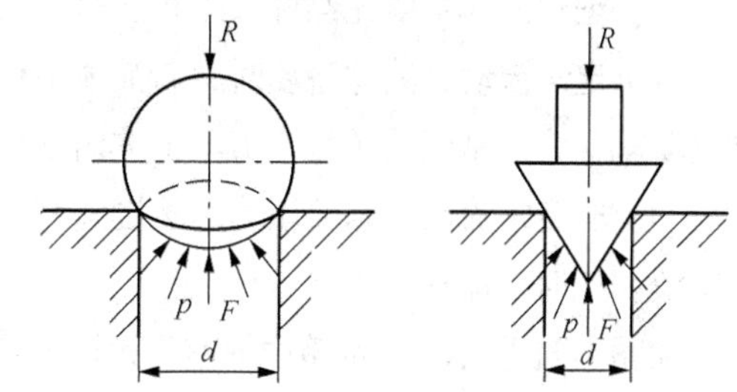

图1-10 液压力作用在曲面上的力

当承受压力的表面为曲面时，由于压力总是垂直于承受压力的表面，所以作用在曲面上各点的力不平行但相等。要计算曲面上的总作用力，必须明确要计算哪个方向上的力，力的大小就等于压力和曲面在该方向的垂直曲面内投影面积的乘积。此规律对任意曲面都适用。图 1-10 为球面和锥面所受液压力分析图。要计算出球面和锥面在垂直方向受力 F，只要先计算出曲面在垂直方向的投影面积 A，然后再与压力 P 相乘，即

$$F = PA = P\pi D^2/4 \tag{1-18}$$

式中，D 为承压部分曲面投影圆的直径。

1.3 流体动力学基础

在液压传动系统中，液压油总是在不断的流动中，因此要研究液体在外力作用下的运动

规律及作用在流体上的力，以及这些力和流体运动特性之间的关系。对液压流体力学我们只关心平均作用力与运动之间的关系。本节主要讨论 3 个基本方程式，即液流的连续性方程、伯努利方程和动量方程。它们是刚体力学中的质量守恒、能量守恒及动量守恒原理在流体力学中的具体应用。前两个方程描述了压力、流速与流量之间的关系，以及液体能量相互间的变换关系，后者描述了流动液体与固体壁面之间的受力关系。液体是有黏性的，并在流动中表现出这一特性。因此，在研究液体运动规律时，不但要考虑质量力和压力，还要考虑黏性摩擦力的影响。此外，液体的流动状态还与温度、密度等参数有关。为了便于分析，可以简化条件，从理想液体着手。所谓理想液体是指没有黏性的液体，同时，将其在恒温条件下的黏度和密度视为常量，以此讨论液体的运动规律。然后再通过实验对产生的偏差加以补充和修正，使之符合实际情况。

1.3.1 基本概念

在推导液体流动的 3 个基本方程之前，必须弄清有关液体流动时的一些基本概念。这些概念主要有以下几个方面。

1. 理想液体、定常流动

（1）理想液体：既无黏性又不可压缩的假想液体。

（2）定常流动：液体流动时，若液体中任何一点的压力、速度和密度都不随时间而变化，则这种流动就称为定常流动（恒定流动或非时变流动）。

（3）非定常流动：只要压力、速度和密度中有一个随时间而变化，液体就是作非定常流动（非恒定流动或时变流动）。

如图 1-11 所示，从水箱中放水，如果水箱上方有一补充水源，使水位 H 保持不变，则水箱下部出水口流出的液体中各点的压力和速度均不随时间变化，故为定常流动。反之则为非定常流动。

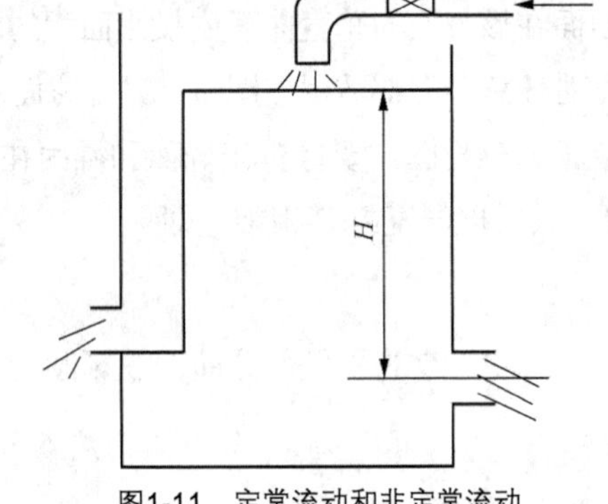

图1-11 定常流动和非定常流动

2. 迹线、流线、流束和通流截面

（1）迹线：迹线是流场中液体质点在一段时间内运动的轨迹线。

（2）流线：流线是流场中液体质点在某一瞬间运动状态的一条空间曲线。在该线上各点的液体质点的速度方向与曲线在该点的切线方向重合。在非定常流动时，因为各质点的速度可能随时间改变，所以流线形状也随时间改变。在定常流动时，因流线形状不随时间而改变，所以流线与迹线重合。由于液体中每一点只能有一个速度，所以流线之间不能相交也不能折转。

（3）流管：某一瞬时 t 在流场中画一封闭曲线，经过曲线的每一点作流线，由这些流线组成的表面称流管。

（4）流束：充满在流管内的流线的总体，称为流束。

（5）通流截面：流束中与所有流线正交的截面称为通流截面，截面上每点处的流动速度都垂直于这个面。

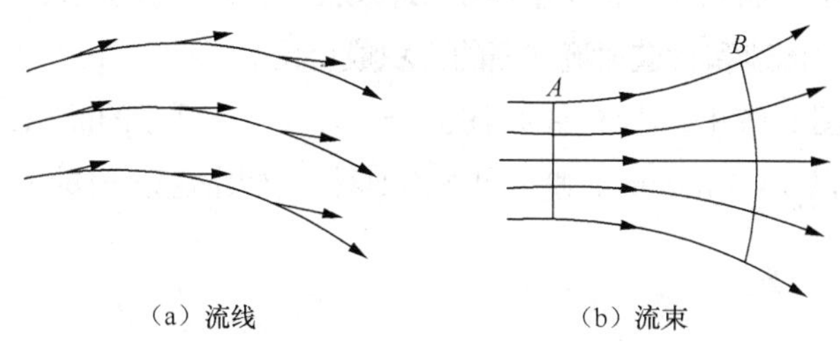

（a）流线　　（b）流束

图1-12　流线与流束

3. 流量和平均流速

（1）流量：单位时间内通过某通流截面的液体的体积称为流量，用 q 表示［见图 1-13（a）］。流量的单位为 m^3/s（立方米/秒），常用单位为 L/min（升/分）或 mL/s（毫升/秒）。

（2）平均流速：假想在通流截面上流速是均匀分布的，则流量等于平均流速乘以通流截面面积［见图 1-13（b）］，即

$$q = \upsilon A \tag{1-19}$$

故平均流速

$$\upsilon = \frac{q}{A} \tag{1-20}$$

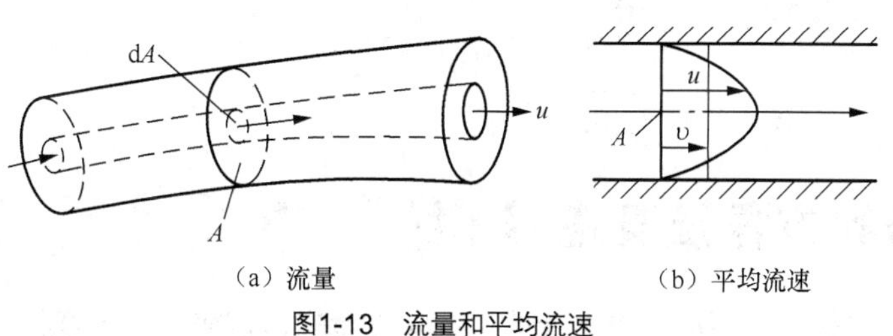

（a）流量　　（b）平均流速

图1-13　流量和平均流速

4. 流动液体的压力

静止液体内任意点处的压力在各个方向上都是相等的。可是在流动液体内，由于惯性力和黏性力的影响，任意点处在各个方向上的压力并不相等，但在数值上相差甚微。当惯性力很小，且把液体当作理想液体时，流动液体内任意点处的压力在各个方向上的数值仍可以看做是相等的。

1.3.2　连续性方程及其应用

连续性方程是从流动液体的质量守恒定律中演化出来的。如果液体作定常流动，且不可压缩，

那么任取一流管，如图 1-14 所示，两端通流截面面积为 A_1 和 A_2，平均流速分别为 υ_1 和 υ_2，则通过任一截面的流量 q 为：

$$q = A\upsilon = A_1\upsilon_1 = A_2\upsilon_2 = \text{常数} \tag{1-21}$$

式（1-21）称为不可压缩液体作定常流动时的连续性方程。它说明通过流管任一通流截面的流量相等。当流量一定时，流速和管道通流截面的面积成反比。

【例 1-3】 已知，图 1-15 中，小活塞的面积 $A_1 = 10\ \text{cm}^2$，大活塞的面积 $A_2 = 100\ \text{cm}^2$，管道的截面积 $A_3 = 2\ \text{cm}^2$。小活塞以 $\upsilon_1 = 1\ \text{m/min}$ 的速度向下移动时，求大活塞上升的速度 υ_2，管道中液体的流速 υ_3。

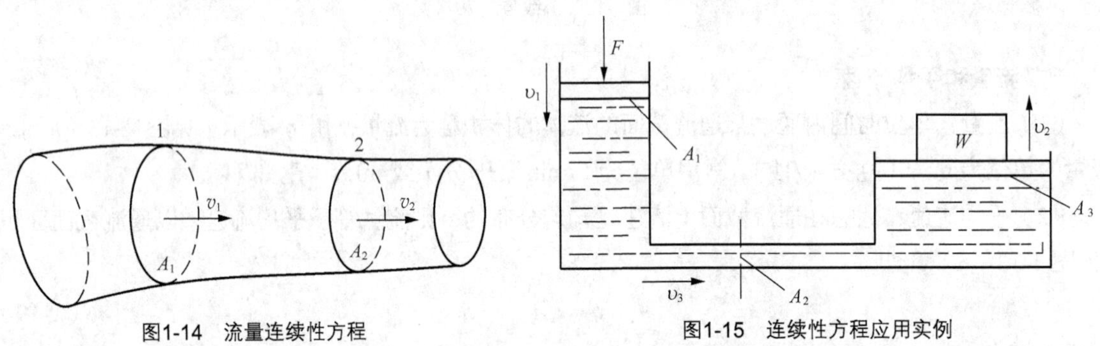

图1-14 流量连续性方程　　图1-15 连续性方程应用实例

解：由连续性方程 $\upsilon_1 A_1 = \upsilon_2 A_2 = \upsilon_3 A_3$ 有：

$$\upsilon_2 = \frac{A_1}{A_2}\Box\upsilon_1 = \frac{10}{100}\times 1 = 0.1\ \text{m/min}$$

$$\upsilon_3 = \frac{A_1}{A_3}\Box\upsilon_1 = \frac{10}{2}\times 1 = 5\ \text{m/min}$$

1.3.3 伯努利方程及其应用

能量守恒是自然界的客观规律，流动液体也遵守能量守恒定律，这个规律是用伯努利方程的形式来表达的。伯努利方程是一个能量方程，掌握这一物理意义是十分重要的。伯努利方程就是能量守恒定律在流动液体中的表现形式。

1. 理想液体的伯努利方程

在没有黏性和不可压缩的稳流中，任取两通流截面，如图 1-16 所示。依能量守恒定律可得

$$\frac{p_1}{\rho g} + \frac{\upsilon_1^2}{2g} + h_1 = \frac{p_2}{\rho g} + \frac{\upsilon_2^2}{2g} + h_2 \tag{1-22}$$

即

$$\frac{p}{\rho g} + \frac{\upsilon^2}{2g} + h = \text{常数} \tag{1-23}$$

式（1-23）中，p 表示压力（Pa），ρ 表示密度（kg/m^3），υ 表示流速（m/s），g 表示重力加速度（m/s^2），h 表示水位高度（m）。

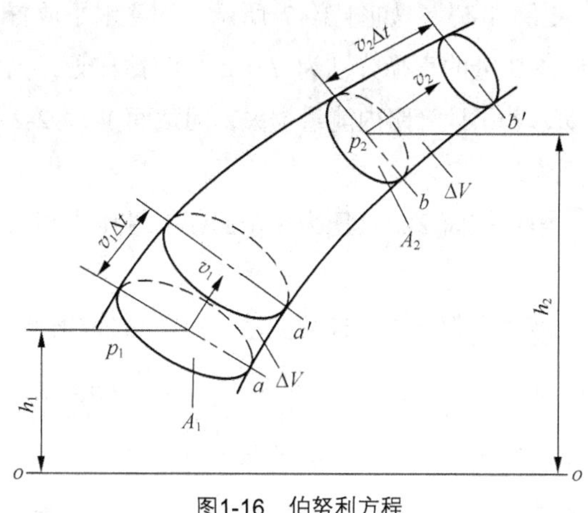

图1-16 伯努利方程

我们称式（1-23）为理想液体作定常流动的伯努利方程。其物理意义是：在密闭管道内作定常流动的理想液体，具有3种形式的能量，即压力能、位能和动能。在沿管道流动的过程中，3种形式的能量可以相互转化。但在任一截面处，其能量的总和为一常数。

如果流动是在同一水平面内，即 $h_1=h_2$，则式（1-22）可写成

$$\frac{p_1}{\rho g}+\frac{\upsilon_1^2}{2g}=\frac{p_2}{\rho g}+\frac{\upsilon_2^2}{2g} \tag{1-24}$$

式（1-24）表明，沿流线压力越低，速度越高。

2. 实际液体的伯努利方程

实际液体在管道中流动时，由于液体具有黏性，会产生内摩擦力；而管道形状和尺寸的变化，会使液体产生局部扰动，也会造成能量损失。因此，实际液体伯努利方程为

$$\frac{p_1}{\rho g}+\frac{\alpha_1\upsilon_1^2}{2g}+h_1=\frac{p_2}{\rho g}+\frac{\alpha_2\upsilon_2^2}{2g}+h_2+h_w \tag{1-25}$$

式（1-25）中，h_w 为单位质量液体从截面 A_1 流到截面 A_2 过程中的能量损耗。

α_1、α_2 为动能修正系数，层流时 $\alpha=2$，紊流时 $\alpha\approx1$。

3. 应用伯努利方程应注意事项

（1）h 和 p 是截面上同一点的两个参数，至于 A_1、A_2 上的点倒不一定都要取在同一条流线上，但一般对管流而言，计算点都取在轴心线上。把这两个点都取在两截面的轴心处，不过是为了方便。

（2）液流是定常流动。如不是定常流动，要加入惯性项。

（3）两个计算通流截面应取在平行流动或缓变流动处，但两截面之间的流动不受此限制。至于两截面间是何流动状态，是没有关系的，这最多影响能量损失的大小。

（4）液流仅受重力作用，亦即放置液体的容器没有牵连加速度的情况。

（5）液体不可压缩，密度在运动中保持不变。

（6）流量沿程不变，即没有分流。

（7）适当地选取基准面，一般取液平面，这时 p 一般等于 p_a，$\upsilon=0$。

（8）截面上的压力应取同一种表示法，都取相对压力，或都取绝对压力。压力小于大气压时，则表压力为负值，但用真空度表示时要写正值。如表压力为−0.07 MPa，则真空度为0.07 MPa。

（9）不要忘记动能修正系数，层流时 $\alpha=2$，紊流时 $\alpha\approx1$。

【例 1-4】 如图 1-17 所示，油管水平放置，截面 1-1、2-2 处的直径分别为 d_1、d_2，液体在管路内作连续流动，若不计管路内能量损失，问截面 1-1、2-2 处哪一点压力高？

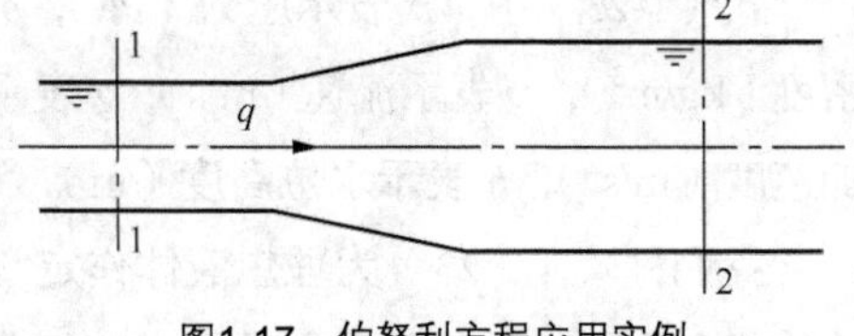

图1-17 伯努利方程应用实例

解：截面 2-2 处压力比截面 1-1 处压力高。其分析如下：

液体在管道内作连续流动，有流量连续性方程

即 $$q = A\upsilon = A_1\upsilon_1 = A_2\upsilon_2 = 常数$$

由图可知 $A_1 < A_2$

故 $$\upsilon_1 > \upsilon_2 \tag{1}$$

又由理想液体伯努利方程

$$\frac{p_1}{\rho g}+\frac{\upsilon_1^2}{2g}+h_1=\frac{p_2}{\rho g}+\frac{\upsilon_2^2}{2g}+h_2$$

由于油管水平放置，故可取 $h_1 = h_2 = 0$

即有 $$\frac{p_1}{\rho g}+\frac{\upsilon_1^2}{2g}=\frac{p_2}{\rho g}+\frac{\upsilon_2^2}{2g} \tag{2}$$

由（1）（2）两式可知，$p_2 > p_1$

即：截面 2-2 处压力比截面 1-1 处压力高。

1.3.4 动量方程及其应用

动量方程是动量定理在流体力学中的具体应用。流动液体的动量方程是流体力学的基本方程之一，它是研究液体运动时作用在液体上的外力与其动量的变化之间的关系。在液压传动中，计算液流作用在固体壁面上的力时，应用动量方程去解决会比较方便。

作用在物体上的外力等于物体在单位时间内的动量的变化量，即

$$F=\frac{m_2\upsilon_2-m_1\upsilon_1}{t}=\frac{m}{V}\frac{V}{t}\left(\upsilon_2-\upsilon_1\right)=\rho q(\upsilon_2-\upsilon_1) \tag{1-26}$$

分别将动量系数（β_1、β_2）带入上式，则得

$$\boldsymbol{F}=\rho q(\beta_2\boldsymbol{\upsilon}_2-\beta_1\boldsymbol{\upsilon}_1) \tag{1-27}$$

式（1-27）为流动液体的动量方程，它是一个矢量表达式。液体对固体壁面的作用力 F 与液体所受外力 F 大小相等方向相反。 式中 β_1、β_2 为动量修正系数，紊流时取 1，层流时取 1.33。

1.4 管道流动

1.4.1 流态与雷诺数

1. 液体的流态

液体在管道中流动时存在两种不同状态，即层流和紊流，可通过实验观察，如图 1-18 所示。

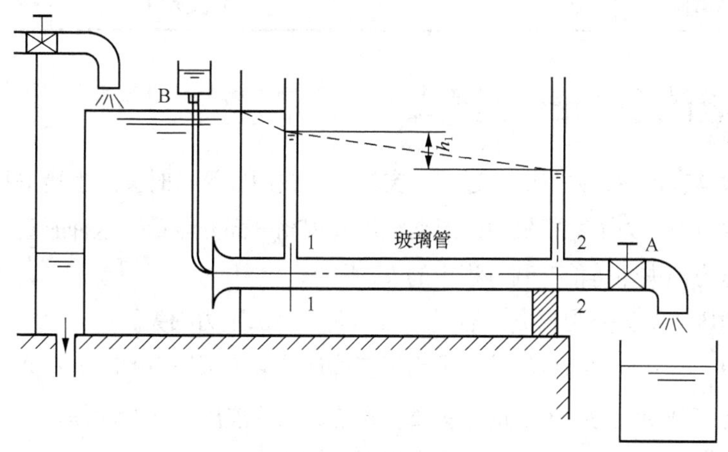

图1-18 雷诺实验

试验时保持水箱中水位恒定并尽可能平静。将阀门 A 微微开启，使少量水流流经玻璃管，即玻璃管内平均流速 υ 很小。这时，如将颜色水容器的阀门 B 也微微开启，使颜色水也流入玻璃管内，我们可以在玻璃管内看到一条细直而鲜明的颜色流束，而且不论颜色水放在玻璃管内的任何位置，它都能呈直线状。这说明管中水流都是安定地沿轴向运动，液体质点没有垂直于主流方向的横向运动，所以颜色水和周围的液体没有混杂。如果把 A 阀缓慢开大，管中流量和它的平均流速 υ 也将逐渐增大，直至平均流速增加至某一数值，颜色流束开始弯曲颤动。这说明玻璃管内液体质点不再保持安定，开始发生脉动，不仅具有横向的脉动速度，还具有纵向脉动速度。如果 A 阀继续开大，则脉动加剧，颜色水就完全与周围液体混杂而不再维持流束状态。

（1）层流：在液体运动时，如果质点没有横向脉动，则不引起液体质点混杂，显示层次分明，能够维持安定的流束状态的流动。

（2）紊流：如果液体流动时质点具有脉动速度，则引起流层间质点相互错杂交换的流动。

2. 雷诺数

液体流动时究竟是层流还是紊流，须用雷诺数来判别。实验证明，液体在圆管中的流动状态不

仅与管内的平均流速 υ 有关，还和管径 d、液体的运动黏度 ν 有关。但是，真正决定液流状态的，却是这三个参数所组成的一个称为雷诺数 Re 的无量纲纯数。

$$Re = \upsilon d/\nu \tag{1-28}$$

如液流的雷诺数相同，则其流动状态也相同。当液流的雷诺数 Re 小于临界雷诺数时，液流为层流；反之为紊流。常见的液流管道的临界雷诺数由实验测得，见表 1-5。

表 1-5　　常见液流管道的临界雷诺数

管道的材料与形状	Re_{cr}	管道的材料与形状	Re_{cr}
光滑的金属圆管	2 000～2 320	带槽装的同心环状缝隙	700
橡胶软管	1 600～2 000	带槽装的偏心环状缝隙	400
光滑的同心环状缝隙	1 100	圆柱形滑阀阀口	260
光滑的偏心环状缝隙	1 000	锥状阀口	20～100

1.4.2 管道流动的压力损失

由于流动液体具有黏性，并且流动过程中突然转弯或通过阀口时会产生撞击和旋涡，因此液体流动时必然会产生阻力。为了克服阻力，流动液体会损耗一部分能量，这种能量损失可用液体的压力损失来表示。压力损失即是伯努利方程中的 h_w 项。

液压系统中的压力损失分为两类：沿程压力损失和局部压力损失。

在液压技术中，研究阻力的目的是：①为了正确计算液压系统中的阻力；②为了找出减少流动阻力的途径；③为了利用阻力所形成的压差 Δp 来控制某些液压元件的动作。

1. 沿程压力损失

油液沿等直径直管流动时所产生的压力损失称为沿程压力损失。因液体的流动状态不同，沿程压力损失的计算方法有所区别。这类压力损失是由液体流动时的内、外摩擦力所引起的。

经理论推导，液体流经等径 d 的直管时，在管长 l 段上的压力损失 ΔP_f 表达式为

$$\Delta P_f = \lambda \frac{l}{d} \frac{\rho \upsilon^2}{2} \tag{1-29}$$

式中，ρ 为液体的密度（kg/m^3）；υ 为液流的平均流速（m/s）；λ 为沿程阻力系数。若液体处于层流时，λ 的取值为：理论值 $\lambda = 64/Re$，金属管 $\lambda = 75/Re$，橡胶管 $\lambda = 80/Re$；若液体处于紊流时，λ 的取值为：光滑管 $\lambda = 0.316\,4Re^{0.25}$，而粗糙管的 λ 值不仅与 Re 有关，而且和管壁的表面粗糙度有关，具体的 λ 值可从有关手册上查取。

上式表明：管路越长，流速越快，则沿程压力损失越大；管径增大，沿程压力损失减小。

2. 局部压力损失

局部压力损失是液体流经阀口、弯管等通流截面变化的部位时所引起的压力损失。液流通过这些地方时，由于液流方向和速度均发生变化，形成旋涡（见图 1-19），使液体的质点间相互撞击，

从而产生较大的能量损耗。

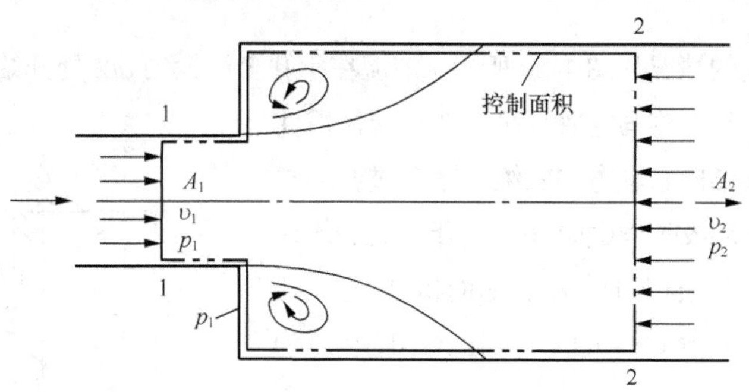

图1-19 突然扩大处的局部损失

局部压力损失的计算表达式为

$$\Delta P_r = \xi \frac{\rho v^2}{2} \tag{1-30}$$

式中，ξ 为局部阻力系数，其值仅在液流流经突然扩大的截面时可以用理论推导方法求得，其他情况均须通过实验来确定；v 为液体的平均流速（m/s），一般情况下指局部阻力下游处的流速。

3. 管路系统中的总压力损失与效率

管路系统的总压力损失等于所有沿程压力损失和所有局部压力损失之和，即：

$$\sum \Delta P = \sum \Delta P_f + \sum \Delta P_r = \sum \lambda \frac{l}{d} \frac{\rho v^2}{2} + \sum \xi \frac{\rho v^2}{2} \tag{1-31}$$

液压传动中的压力损失过大，也就是液压系统中功率损耗增加，这将导致油液发热加剧，泄漏量增加，效率下降，液压系统性能变坏。因此应该尽量减少压力损失。只要油液黏度适当，尽量采用光滑内壁的管道，尽量缩小管道长度，减少管道截面的突变及弯曲，就能把压力损失控制在最小的范围内。

1.5 孔口流动

在液压传动系统中常遇到油液流经小孔或间隙的情况，例如节流调速中的节流小孔，液压元件相对运动表面间的各种间隙。研究液体流经这些小孔和间隙的流量压力特性，对于研究节流调速性能，计算泄漏都是很重要的。

液体流经小孔的情况可以根据孔长 l 与孔径 d 的比值分为 3 种情况：$l/d \leqslant 0.5$ 时，称为薄壁小孔；$0.5 < l/d \leqslant 4$ 时，称为短孔；$l/d > 4$ 时，称为细长孔。

1.5.1 液流流经薄壁小孔的流量

液体流经薄壁小孔的情况如图 1-20 所示。液流在小孔上游大约 $d/2$ 处开始加速并从四周流向小孔。由于流线不能突然转折到与管轴线平行，在液体惯性的作用下，外层流线逐渐向管轴方向收缩，逐渐过渡到与管轴线方向平行，从而形成收缩截面 Ac。对于圆孔，约在小孔下游 $d/2$ 处完成收缩。通常把最小收缩面积 Ac 与孔口截面积之比值称为收缩系数 Cc，即 $Cc = Ac/A$。其中 A 为小孔的通流截面积。

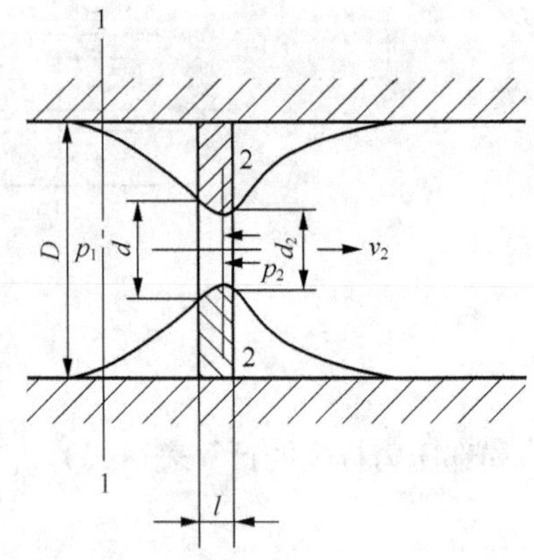

图1-20 液体在薄壁小孔中的流动

液流收缩的程度取决于 Re、孔口及边缘形状、孔口离管道内壁的距离等因素。对于圆形小孔，当管道直径 D 与小孔直径 d 之比 $D/d \geqslant 7$ 时，流速的收缩作用不受管壁的影响，称为完全收缩。$D/d<7$ 时，管壁对收缩程度有影响时，则称为不完全收缩。

对于图 1-20 所示的通过薄壁小孔的液流，经理论推导得出其流量 q 公式为：

$$q = C_d A_T \sqrt{\frac{2\Delta p}{\rho}} \tag{1-32}$$

式中，A_T 为小孔的通流截面积，Δp 为流体流经小孔的前后的压差，C_d 为流量系数。当管道直径与小孔直径之比 $D/d \geqslant 7$ 时，若 $Re \leqslant 10^5$，则 $C_d = 0.94Re^{-0.05}$ $(Re = 800 \sim 5\,000)$；若 $Re>10^5$，则 $C_d = 0.60 \sim 0.61$。当液流为不完全收缩时，其流量系数为 $C_d \approx 0.7 \sim 0.8$。

通过对式（1-32）分析可知，薄壁小孔的流量与油液的黏度无关，因此流量受油温变化的影响较小。流量与孔口前后的压力差呈非线性关系。

1.5.2 液流流经细长孔和短孔的流量

液体流经细长小孔时，一般都是层流状态，与液流在等径直管中流动情况类似。通过理论推导得出液体流过细长孔流量为

$$q = \frac{\pi d^4}{128\mu l}\Delta p = \frac{d^2}{32\mu l} \times \frac{\pi d^2}{4}\Delta p = CA_T\Delta p \tag{1-33}$$

式中，d 为细长小孔的直径，μ 为液体的动力黏度，l 为小孔的长度，Δp 为小孔两端的压力差，A_T 为小孔的通流截面积。

通过细长小孔的流量与小孔的通流截面积 A_T 及小孔两端的压力差 Δp 成正比；流量与动力黏度 μ 反比，即当通过细长孔的液体黏度不同或黏度变化时，流量也随之发生变化，所以流经细长孔的液体的流速受温度的影响比较大。

变换式（1-33）可得，液体流经细长孔时，其压力损失的计算公式为

$$\Delta P=\frac{128\mu lq}{\pi d^{4}} \qquad (1\text{-}34)$$

由上式可知，ΔP 与 d^4 成反比。当其直径 d 很小时，ΔP 相对较大，即液体通过细小长孔的液阻很大。因此，在设计液压元件是，常在压力表座、阀芯或阀体上设有细长的阻尼小孔，以减小由液压泵运行等原因造成的液体流量或压力的波动，使系统运行平稳，且保护仪表等重要元件。为了便于分析问题，把式（1-33）、式（1-34）一并用下式表示，即

$$q=CA_T\Delta P^m \qquad (1\text{-}35)$$

式中，ΔP 为小孔两端的压力差，A_T 为小孔通流截面的面积，C 为由孔的形状尺寸和液体的性质所决定的参数。小孔为细长孔时，$C=\frac{d^2}{32\mu l}$，为薄壁孔和短孔时，$C=C_d\sqrt{\frac{2}{\rho}}$；$m$ 为指数，当孔口为薄壁小孔时，$m=0.5$，当孔口为细长孔时，$m=1$。

由式（1-35）可知，无论是哪种小孔，通过该小孔的流量均与其通流截面积 A_T 成反比。改变 A_T，即可改变小孔流入执行元件的流量，从而达到调节和控制流速的目的。中小功率液压系统中的节流阀就是利用的此原理而设计的。同理，当小孔的通流截面积 A_T 不变时，小孔两端的压力差 ΔP 变化，通过小孔的流量也会发生变化，近而使执行元件的运动速度发生变化。

液流流经短孔的流量仍可用薄壁小孔的流量计算式 $q=C_dA_T\sqrt{\frac{2\Delta p}{\rho}}$ 求得，其中的流量系数可在有关液压设计手册中查得。短孔加工比薄壁小孔容易，故常用作固定的节流器使用。

液压冲击和空穴现象

1.6.1 液压冲击

在液压系统中，当极快地换向或关闭液压回路时，会致使液流速度急速地改变（变向或停止）。由于流动液体的惯性或运动部件的惯性，会使系统内的压力发生突然升高或降低。这种现象称为液压冲击（水力学中称为水锤现象）。在研究液压冲击时，必须把液体当作弹性物体，同时还须考虑管壁的弹性。

液压冲击的危害是很大的。发生液压冲击时管路中的冲击压力往往急增很多倍，使得按工作压力设计的管道破裂。此外，所产生的液压冲击波会引起液压系统的振动和冲击噪声。因此在液压系统设计时要考虑这些因素，应当尽量减少液压冲击的影响。为此，一般可采用如下措施。

（1）缓慢关闭阀门，削减冲击波的强度。

（2）在阀门前设置蓄能器，以减小冲击波传播的距离。

（3）应将管中流速限制在适当范围内，或采用橡胶软管，也可以减小液压冲击。

（4）在系统中设置安全阀，可起卸载作用。

1.6.2 空穴现象

通常，液体中溶解有空气，水中溶解有约 2%体积的空气，液压油中溶解有 6%～12%体积的空气。成溶解状态的气体对油液体积弹性模量没有影响，成游离状态的小气泡则对油液体积弹性模量产生显著的影响。空气的溶解度与压力成正比。当压力降低时，原先压力较高时溶解于油液中的气体成为过饱和状态，于是分解出游离状态的微小气泡。一般情况下其速率是较低的，但当压力低于空气分离压 Pg 时，溶解的气体就要以很高速度分解出来，成为游离微小气泡，并聚合长大，使原来充满油液的管道变为混有许多气泡的不连续状态，这种现象称为空穴现象。油液的空气分离压随油温及空气溶解度而变化，当油温 $t = 50$℃时，$Pg < 4 \times 10^6$Pa（0.4bar）（绝对压力）。

管道中发生空穴现象时，气泡随着液流进入高压区，体积急剧缩小，气泡又凝结成液体，形成局部真空，周围液体质点以极大速度来填补这一空间，使气泡凝结处瞬间局部压力可高达数百巴，温度可达近千度。在气泡凝结附近壁面，因反复受到液压冲击与高温作用，以及油液中逸出气体的强酸化作用，使金属表面产生腐蚀。因空穴产生的腐蚀一般称为气蚀。泵吸油时，管路连接处密封不严，使空气进入管道；回油管高出油面，使空气冲入油中，而被泵吸油管吸入油路；以及泵吸油管道阻力过大，流速过高。这些均是造成空穴的原因。

此外，油液流经节流部位时，流速增高，压力降低。在节流部位前后压差 $P_1P_2 \geqslant 3.5$ 时，将发生节流空穴。空穴现象会引起系统的振动，产生冲击、噪音、气蚀等现象，使工作状态恶化，应采取如下措施进行预防。

（1）限制泵吸油口高出油面的距离，泵吸油口要有足够的管径，过滤器压力损失要小，自吸能力差的泵用辅助供油。

（2）管路密封要好，防止空气渗入。

（3）节流口压力降要小，一般控制节流口前后压差比 $P_1P_2 < 3.5$。

本章是全书的基础部分，主要介绍了液压流体力学的基础知识，包括液压油的作用、种类、要求及选用；流体静力学、动力学方程及基本应用；管道流动状态、孔口流动及液压冲击和空穴现象等基本概念。

通过本章的学习应掌握液压油液的特性和选择、常用液体的静压特性、静力学基本方程及应用、流量与流速的关系，以及液体动力学方程的物理意义及应用。学会应用液压流体力学的基础知识，对工程实际问题进行理论联系实际的分析及应用，为后续章节的学习打好基础。

1-1 什么是液体的黏性？

1-2 选用液压油主要应考虑那些因素？

1-3 液压系统中压力是怎样形成的？压力的大小取决于什么？

1-4 写出理想液体的伯努利方程，并说明它的物理意义以及与实际液体的伯努利方程的区别。

1-5 什么是液压冲击及空穴现象？它们是如何产生的？预防措施有那些？

1-6 如图 1-21 所示，有一直径为 d、质量为 m 的活塞浸在液体中，并在力 F 的作用下处于静止状态。若液体的密度为 ρ，活塞浸入深度为 h，试确定液体在测压管内的上升高度 x。

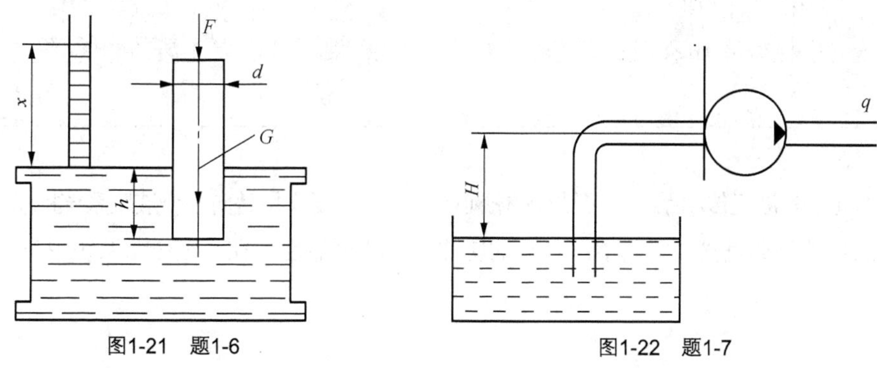

图1-21 题1-6 图1-22 题1-7

1-7 如图 1-22 所示，液压泵从油箱吸油。液压泵排量 $V = 72\text{cm}^3/\text{r}$，转速 $n = 1\,500$ r/min，油液黏度 $\nu = 40 \times 10^{-4}\,\text{m}^2/\text{s}$，密度 $\rho = 900\ \text{kg/m}^3$。吸油管长度 $l = 6$ m，吸油管直径 $d = 30$ mm，不计局部损失，试求为保证泵吸油口真空度不超过 0.4×10^5Pa 时，液压泵吸油口高于油箱液面的最大值 H，并回答此 H 是否与液压泵的转速有关。

1-8 如图 1-23 所示，一流量计在截面 1-1、2-2 处的通流面积分别为 A_1、A_2，测压管读数差为 Δh，求通过管路的流量 q。

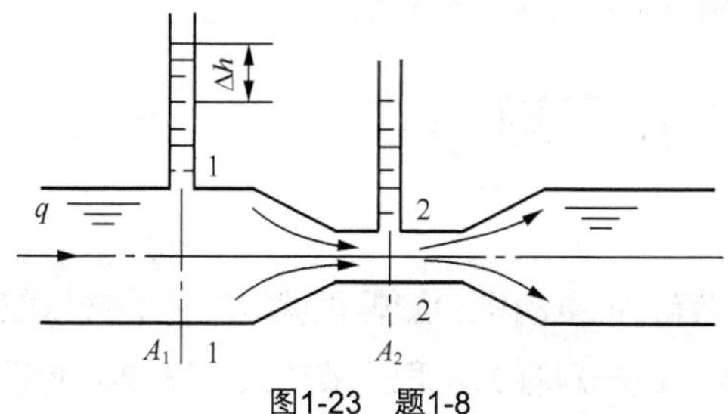

图1-23 题1-8

第2章 液压动力元件

【学习目标】

1. 掌握容积式液压泵的工作原理、工作压力、排量和流量的概念
2. 理解液压泵机械效率和容积效率的物理意义
3. 掌握齿轮泵、叶片泵、柱塞泵及螺杆泵的工作原理及基本结构
4. 掌握液压泵主要性能参数的分析与计算

液压动力元件是液压传动系统不可缺少的核心元件，其主要作用是向整个液压系统提供动力源。液压动力元件的性能好坏直接影响到液压系统的工作性能和可靠性，在液压传动系统中有及其重要的地位。

2.1 液压泵的工作原理

液压传动系统以液压泵作为动力元件，向系统提供一定流量和压力的液体。液压泵是将原动机输出的机械能转换为工作液体的压力能的一种能量转换装置。

2.1.1 液压泵的工作原理

1. 液压泵的工作原理

液压泵是一种能量转换装置，把电动机的旋转机械能转换为液压能输出。液压泵都是依靠密封容积变化的原理来进行工作的，故一般称为容积式液压泵。图 2-1 所示为一单柱塞液压泵的工作原理图。图中柱塞 2 装在缸体 3 中形成一个密封容积 a，柱塞在弹簧 4 的作用下始终压紧在偏心轮上。

原动机驱动偏心轮 1 旋转使柱塞 2 做往复运动，使密封容积 a 的大小发生周期性的交替变化。当 a 由小变大时就形成部分真空，使油箱中油液在大气压作用下，经吸油管顶开单向阀 6 进入油腔 a 而实现吸油；反之，当 a 由大变小时，a 腔中吸满的油液将顶开单向阀 5 流入系统而实现压油。这样液压泵就将原动机输入的机械能转换成液体的压力能，原动机驱动偏心轮不断旋转，液压泵就不断地吸油和压油。

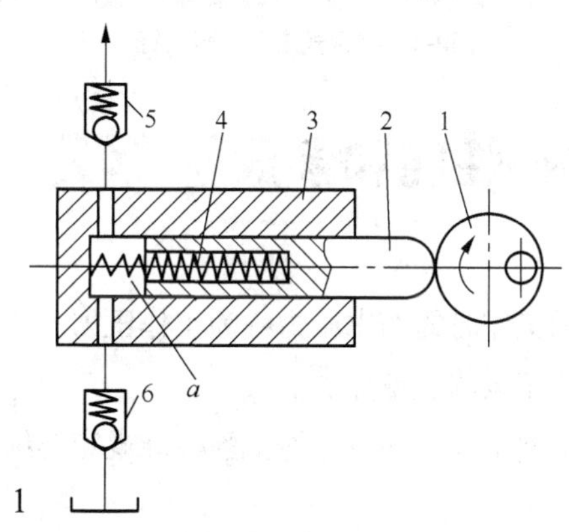

图2-1　单柱塞液压泵工作原理图

1—凸轮；2—柱塞；3—缸体；4—弹簧；5、6—单向阀

2. 容积式液压泵的特点

（1）具有若干个密封且可以周期性变化的空间。液压泵输出流量与此空间的容积变化量和单位时间内的变化次数成正比，与其他因素无关。这是容积式液压泵的一个重要特性。

（2）油箱内液体的绝对压力必须恒等于或大于大气压力。这是容积式液压泵能够吸入油液的外部条件。因此，为保证液压泵正常吸油，必须保证油箱与大气相通，或采用密闭的充压油箱。

（3）具有相应的配油机构，将吸油腔和排油腔隔开，保证液压泵有规律地、连续地吸、排液体。液压泵的结构原理不同，其配油机构也不相同。图 2-1 中的单向阀 5、6 就是配油机构。

2.1.2　常用容积式液压泵

液压泵按其在单位时间内所能输出的油液的体积是否可调节而分为定量泵和变量泵两类；按运动部件的形状和运动方式分为齿轮式、叶片式、柱塞式和螺杆式四大类。常用的容积式液压泵分类如图 2-2 所示。

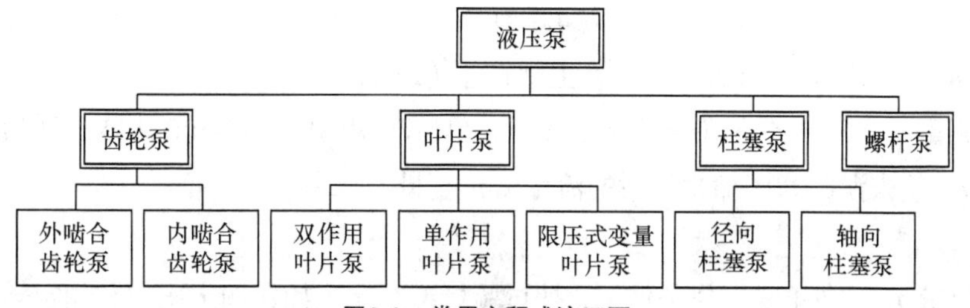

图2-2　常用容积式液压泵

常用容积式液压泵职能符号如图 2-3 所示。

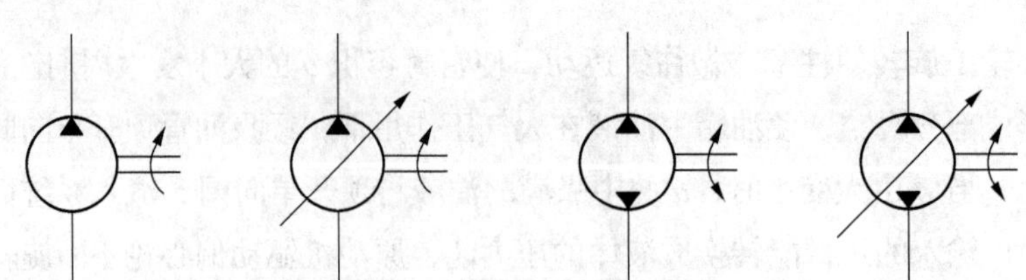

（a）单向定量液压泵　（b）单向变量液压泵　（c）双向定量液压泵　（d）双向变量液压泵

图2-3　容积式液压泵职能符号

2.1.3 液压泵的主要性能和参数

1. 泵的压力

（1）工作压力：液压泵实际工作时的输出压力称为工作压力。工作压力取决于外负载的大小和排油管路上的压力损失，而与液压泵的流量无关。

（2）额定压力：液压泵在正常工作条件下，按试验标准规定连续运转的最高压力称为液压泵的额定压力。

（3）最高允许压力：在超过额定压力的条件下，根据试验标准规定，允许液压泵短暂运行的最高压力值，称为液压泵的最高允许压力。

液压系统的用途不同，其所需压力也不相同。工程实际中液压泵的压力等级大致分为以下几类，见表 2-1。

表 2-1　压力等级

压力等级	低压	中压	中高压	高压	超高压
压力 p（MPa）	≤2.5	＞2.5～8	＞8～16	＞16～31.5	＞31.5

2. 泵的排量和流量

（1）排量 V_P：液压泵每转一周，由其密封容积几何尺寸变化计算而得的排出液体的体积称为液压泵的排量。排量可以调节的液压泵称为变量泵；排量不可以调节的液压泵则称为定量泵。

（2）理论流量 q_{Pt}：理论流量是指在不考虑液压泵的泄漏流量的条件下，在单位时间内所排出的液体体积。

如果液压泵的排量为 V_P，其主轴转速为 n_P，则该液压泵的理论流量 q_{Pt} 为

$$q_{Pt} = V_P n_P \tag{2-1}$$

式中 V_P 为液压泵的排量（m^3/r），n_P 为主轴转速（r/s）。

（3）实际流量 q_P：液压泵在某一具体工况下，单位时间内所排出的液体体积称为实际流量，它等于理论流量 q_{Pt} 减去泄漏和压缩损失后的流量 Δq_P，即

$$q_P = q_{Pt} - \Delta q_P \tag{2-2}$$

（4）额定流量 q_{Pn}：在正常工作条件下，按试验标准规定（如在额定压力和额定转速下）必须保证的流量。

3. 泵的功率和效率

（1）液压泵的功率损失。液压泵的功率损失有容积损失和机械损失两部分。

① 容积损失：容积损失是指液压泵流量上的损失。液压泵的实际输出流量总是小于理论流量，其主要原因是由于液压泵内部高压腔的泄漏、油液的压缩以及在吸油过程中吸油阻力太大、油液黏度大、液压泵转速高等原因而导致油液不能全部充满密封工作腔。液压泵的容积损失用容积效率 η_{Pv} 来表示，它等于液压泵的实际输出流量 q_P 与其理论流量 q_{Pt} 之比，即

$$\eta_{Pv}=\frac{q_P}{q_{Pt}}=\frac{q_{Pt}-\Delta q_P}{q_{Pt}}=1-\frac{\Delta q_P}{q_{Pt}} \tag{2-3}$$

因此，液压泵的实际输出流量 q_P 为

$$q_P=q_{Pt}\eta_{Pv}=V_P n_P \eta_{Pv} \tag{2-4}$$

式中，V_P 为液压泵的排量（m^3/r），n_P 为液压泵的转速（r/s）。

液压泵的容积效率随着液压泵工作压力的增大而减小，且随液压泵的结构类型不同而异，但恒小于 1。

② 机械损失：机械损失是指液压泵在转矩上的损失。液压泵的实际输入转矩 T_{Pi} 总是大于理论上所需要的转矩 T_{Pt}，其主要原因是由于液压泵体内相对运动部件之间因机械摩擦而引起的摩擦转矩损失以及液体的黏性而引起的摩擦损失。液压泵的机械损失用机械效率表示，它等于液压泵的理论转矩 T_{Pt} 与实际输入转矩 T_{Pi} 之比，设转矩损失为 ΔT_P，则液压泵的机械效率 η_{Pm} 为

$$\eta_{Pm}=\frac{T_{Pt}}{T_{Pi}}=\frac{1}{1+\dfrac{\Delta T_P}{T_{Pt}}} \tag{2-5}$$

（2）液压泵的功率。

① 输入功率 P_{Pi}：输入功率指作用在液压泵主轴上的机械功率，当输入转矩为 T_{pi}，角速度为 $2\pi n_P$ 时

$$P_{Pi}=T_{Pi}2\pi n_P \tag{2-6}$$

② 输出功率 P_{Po}：输出功率指液压泵在工作过程中的实际吸、压油口间的压差 Δp_P 和输出流量 q_P 的乘积，即

$$P_{Po}=\Delta p_P q_P \tag{2-7}$$

式中，Δp_P 为液压泵吸、压油口之间的压力差（N/m^2），q_P 为液压泵的实际输出流量（m^3/s），P_{Po} 为液压泵的输出功率（W）。

在实际的计算中，若油箱通大气，液压泵吸、压油的压力差往往用液压泵出口压力 p_P 代入。

③ 液压泵的总效率 η_P：液压泵的总效率是实际输出功率与其输入功率的比值，即

$$\eta_P=\frac{P_{Po}}{P_{Pi}}=\frac{\Delta p_P q_P}{T_{Pi}2\pi n_P}=\eta_{Pm}\eta_{Pv} \tag{2-8}$$

2.2 齿轮泵

齿轮泵是液压系统中广泛采用的一种液压泵，一般做成定量泵，可分为外啮合齿轮泵和内啮合齿轮泵，其中以外啮合齿轮泵应用最广。图 2-4 所示为 CB-B 型外啮合齿轮泵的外形，该齿轮泵为分离三片式结构，其内部结构如图 2-5 所示。

图2-4　CB-B型外啮合齿轮泵外形

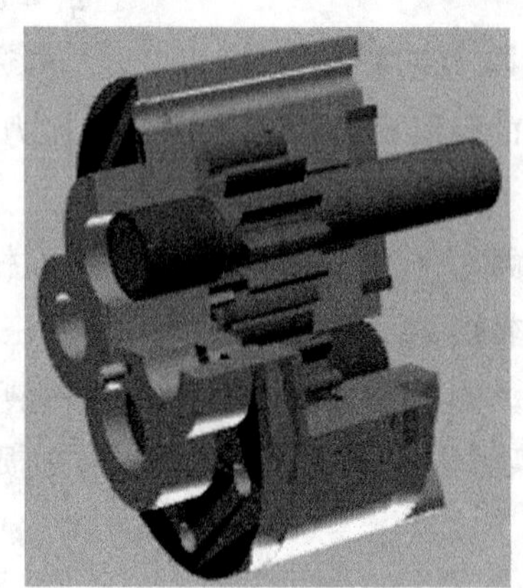

图2-5　CB-B型外啮合齿轮泵内部结构

2.2.1　齿轮泵的工作原理

1. 外啮合齿轮泵的工作原理

图 2-6 所示为外啮合齿轮泵的工作原理图。外啮合齿轮泵由装在壳体内的一对齿轮所组成，齿轮两侧有端盖（图中未示出），壳体、端盖和齿轮的各个齿间槽组成了许多密封工作腔。

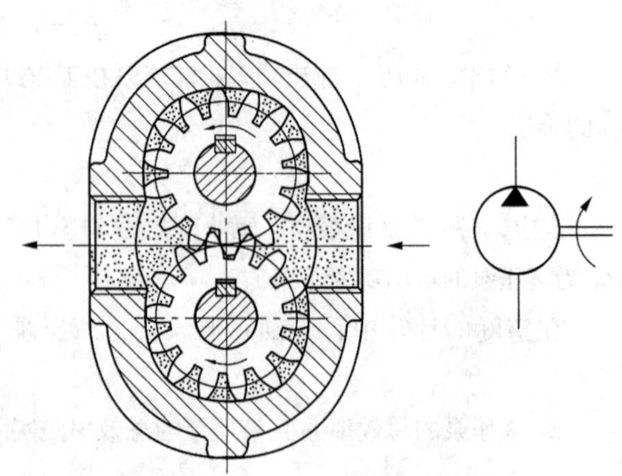

图2-6　外啮合齿轮泵的工作原理图

当齿轮按图示方向旋转时，右侧吸油腔由于相互啮合的轮齿逐渐脱开，密封工作容积逐渐增大，形成部分真空。此时油箱中的油液在外界大气压力的作用下，经吸油管进入吸油腔，将齿间槽充满，并随着齿轮旋转，把油液带到左侧压油腔内。在压油区一侧，由于轮齿在这里逐渐进入啮合，密封工作腔容积不断减小，油液便被挤出去，从压油腔输送到压力管路中。在齿轮泵的工作过程中，只要两齿轮的旋转方向不变，其吸、排油腔的位置也就固定不变。这里啮合点处的齿面接触线一直分隔高、低压两腔，起着配油的作用。因此在齿轮泵中不需要设置专门的配流机构，这是它和其他类型容积式液压泵的不同之处。

2. 内啮合齿轮泵的工作原理

内啮合齿轮泵的工作原理也是利用齿间密封容积的变化来实现吸油、压油的。图 2-7 所示为内啮合齿轮泵的工作原理图。它是由配油盘（前、后盖）、外转子（从动轮）和偏心安置在泵体内的内转子（主动轮）等组成。内、外转子相差一齿，图中内转子为 6 个齿，外转子为 7 个齿，由于内外转子是多齿啮合，这就形成了若干密封容积。当内转子围绕中心 O_1 旋转时，带动外转子绕外转子中心 O_2 作同向旋转。这时，由内转子齿顶 A_1 和外转子齿谷 A_2 间形成的密封容积 c（图中虚线部分）。随着转子的转动密封容积逐渐扩大，于是就形成局部真空，油液从配油窗口 b 被吸入密封腔，至 A_1'、A_2'位置时封闭容积最大，这时吸油完毕。当转子继续旋转时，充满油液的密封容积便逐渐减小，油液受挤压，于是通过另一配油窗口 a 将油排出，至内转子的另一齿全部和外转子的齿凹 A_2 全部啮合时，压油完毕。内转子每转一周，由内转子齿顶和外转子齿谷所构成的每个密封容积完成吸、压油各一次。当内转子连续转动时，即完成了液压泵的吸、排油工作。

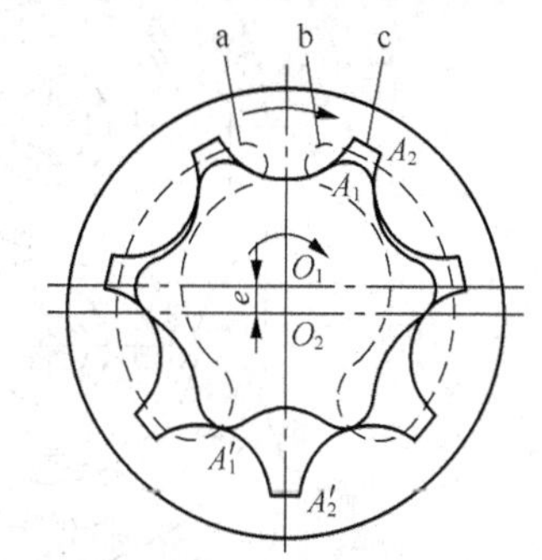

图2-7 内啮合齿轮泵的工作原理图

内啮合齿轮泵的外转子齿形是圆弧，内转子齿形为短幅外摆线的等距线，故又称为内啮合摆线齿轮泵，也叫转子泵。

内啮合齿轮泵有许多优点，如结构紧凑，体积小，零件少，转速可高达 10 000r/mim，运动平稳，噪声低，容积效率较高等。缺点是流量脉动大，转子的制造工艺复杂等，目前已采用粉末冶金压制成型。随着工业技术的发展，摆线齿轮泵的应用将会愈来愈广泛。内啮合齿轮泵可正、反转，可作液压马达用。

2.2.2 齿轮泵的结构

1. 外啮合齿轮泵结构

图 2-8 所示为外啮合齿轮泵的基本结构图，图中显示了外啮合齿轮泵的详细结构及主要组成部分，它是典型的外啮合齿轮泵。

2. 内啮合齿轮泵结构

图 2-9 是内啮合齿轮泵的基本结构图，图中显示了内啮合齿轮泵的详细结构及主要组成部分。

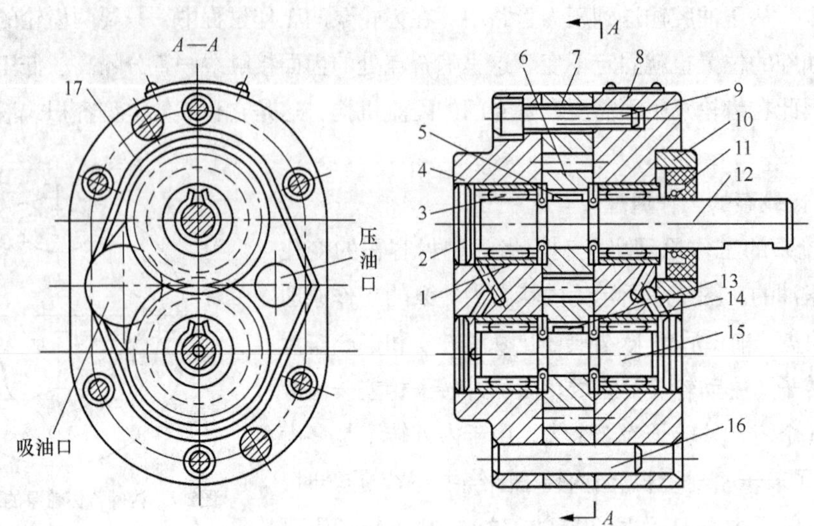

图2-8 CB-B型外啮合齿轮泵结构图

1—轴承外环；2—堵头；3—滚针轴承；4—后泵盖；5—键；6—齿轮；7—泵体；8—前泵盖；9—螺钉；10—压环；11—密封环；12—主动轴；13—键；14—泄油孔；15—从动轴；16—定位销；17—封油槽

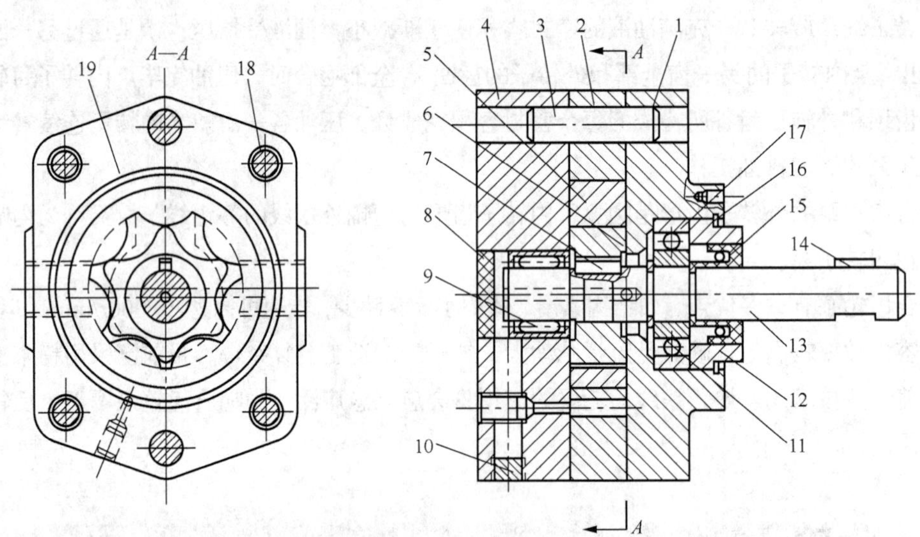

图2-9 CB-B型外啮合齿轮泵结构图

1—前盖；2—泵体；3—圆柱销；4—后盖；5—外转子；6—内转子；7—平键；8—压盖；9—滚针轴承；10—堵头；11—卡圈；12—法兰；13—轴；14—平键；15—密封环；16—弹簧挡圈；17—滚珠轴承；18—螺栓；19—卸荷槽

2.2.3 齿轮泵存在的主要问题及解决办法

1. 困油现象

齿轮泵要平稳工作，齿轮啮合的重叠系数必须大于 1，也就是要求在一对齿轮即将脱开啮合前，后面的一对齿轮就要开始啮合。就在两对轮齿同时啮合的这一小段时间内，留在齿间的油液困在两对轮齿和前后泵盖所形成的一个密闭空间中，如图 2-10（a）所示。

当齿轮继续旋转时，这个空间的容积就逐渐减小，直到两个啮合点 A、B 处于节点两侧的对称位置时，如图 2-10（b）所示，这时封闭容积减至最小。由于油液的可压缩性很小，当封闭空间的容积减小时，被困的油受挤压，压力急剧上升，油液从零件结合面的缝隙中强行挤出，使齿轮和轴承受到很大的径向力。当齿轮继续旋转，这个封闭容积又逐渐增大到图 2-10（c）所示的最大位置。容积增大时又会造成局部真空，使油液中溶解的气体分离，产生空穴现象，使齿轮泵产生强烈的噪声，这就是困油现象。需要注意的是，内啮合齿轮泵无困油现象。

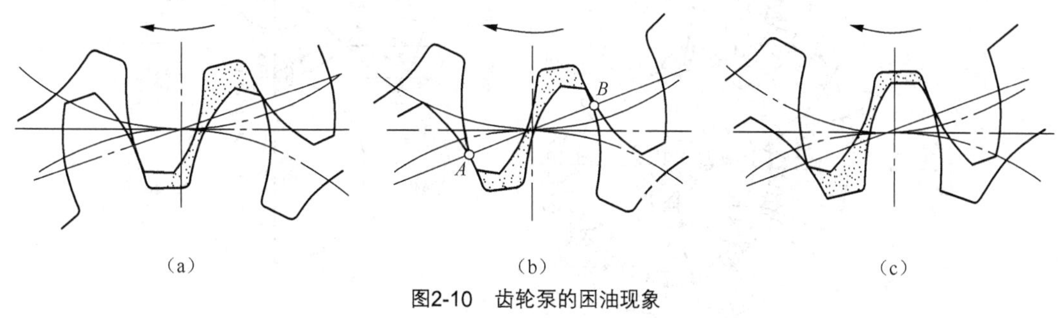

图2-10 齿轮泵的困油现象

解决方法：在齿轮泵的两侧端盖上开卸荷槽，如图 2-11 所示。在端盖上开卸荷槽的原则是：当封闭容积由大变小时，泵与压油腔相通；当封闭容积由小变大时，泵与吸油腔相通；两槽间距应保证吸、排油腔始终隔开。

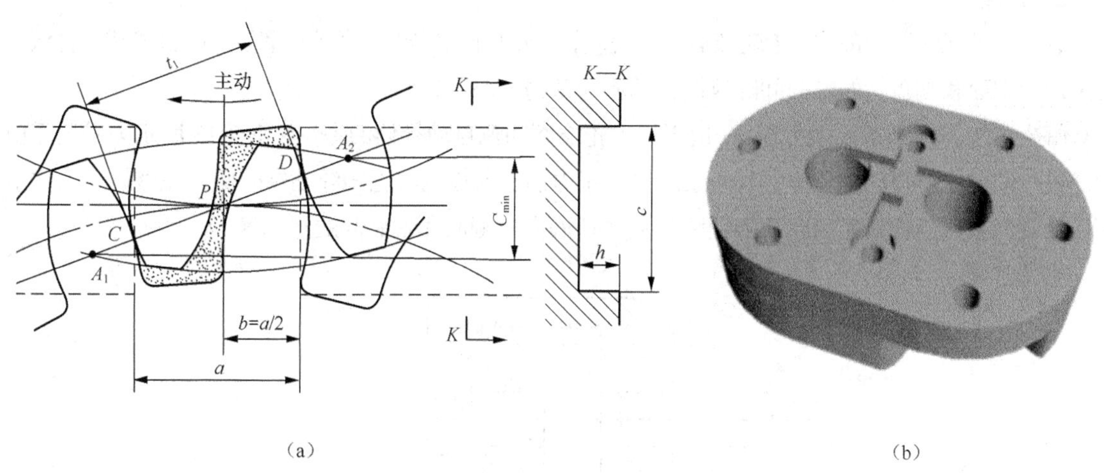

图2-11 齿轮泵两侧端盖上开设的卸荷槽

2. 径向不平衡力

在齿轮泵中，作用在齿轮外圆上各处的压力是不相等的。在压油腔和吸油腔处，齿轮外圆和齿廓表面承受着工作压力和吸油腔压力。在齿轮和壳体内孔的径向间隙中，可以认为压力由压油腔压力逐渐分级下降至吸油腔压力，如图 2-12 所示。这些液体压力综合作用的结果，相当于给齿轮一个径向的作用力（即不平衡力），使齿轮和轴承受载，这就是径向不平衡力。工作压

力越大，径向不平衡力也越大，甚至可以使轴发生弯曲，使齿顶和壳体发生接触，加速轴承的磨损，降低轴承的寿命。

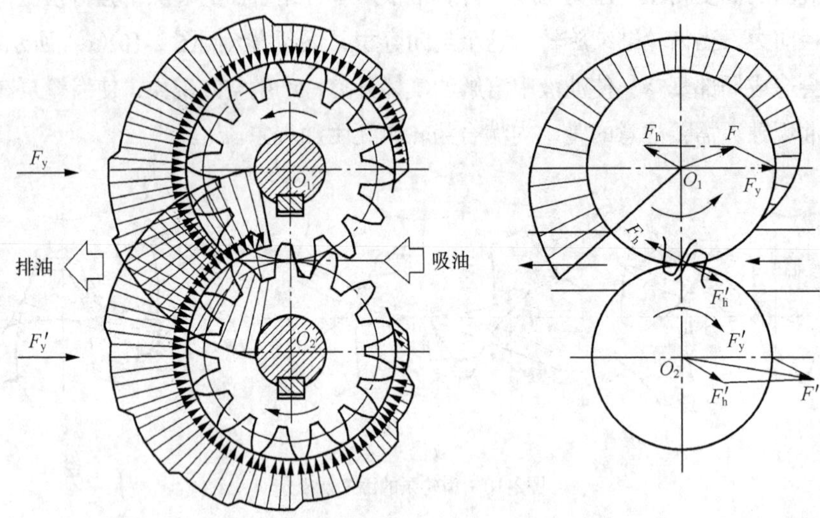

图2-12　齿轮径向液压力分布及齿轮受力分析

解决方法：缩小压油口，使压力油的径向压力仅作用在 1~2 个齿的小范围内。同时可适当增大径向间隙，使齿轮在不平衡力作用下，避免齿顶与壳体相接触和摩擦。

3. 泄漏

有 3 个可能泄漏的部位：齿轮端面和端盖间，齿轮外圆和壳体内孔间，两个齿轮的轮齿啮合处。其中齿轮端面和端盖间的轴向间隙泄漏占总泄漏量的 75%～80%。

解决方法：减少端面的泄漏。一般采用齿轮端面间隙自动补偿的办法，图 2-13 所示为采用浮动轴套进行端面间隙自动补偿。它利用泵的出口压力油引入齿轮轴上的浮动轴外侧，在液体压力作用下，使轴套紧贴齿轮的侧面，从而消除间隙并补偿齿轮侧面和轴套间的磨损量。

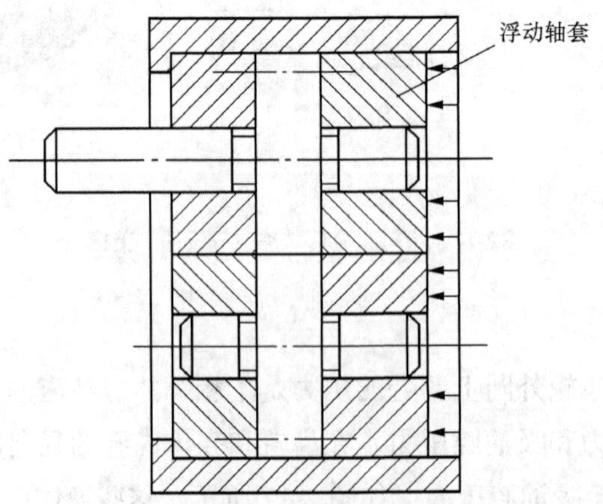

图2-13　采用浮动轴套进行自动补偿原理

2.3 叶片泵

叶片泵的结构较齿轮泵复杂，但其工作压力较高，且流量脉动小，工作平稳，噪声较小，寿命较长，所以被广泛应用于专业机床、自动线等中低压液压系统中。叶片泵分单作用叶片泵和双作用叶片泵。

2.3.1 双作用叶片泵

1. 双作用叶片泵的工作原理

双作用叶片泵的工作原理如图 2-14 所示，其外形如图 2-15 所示。它是由定子 1、转子 2、叶片 3 和配油盘（图中未画出）等组成。转子和定子中心重合，定子内表面近似为椭圆柱形，该椭圆形由两段长半径圆弧、两段短半径圆弧和四段过渡曲线所组成。

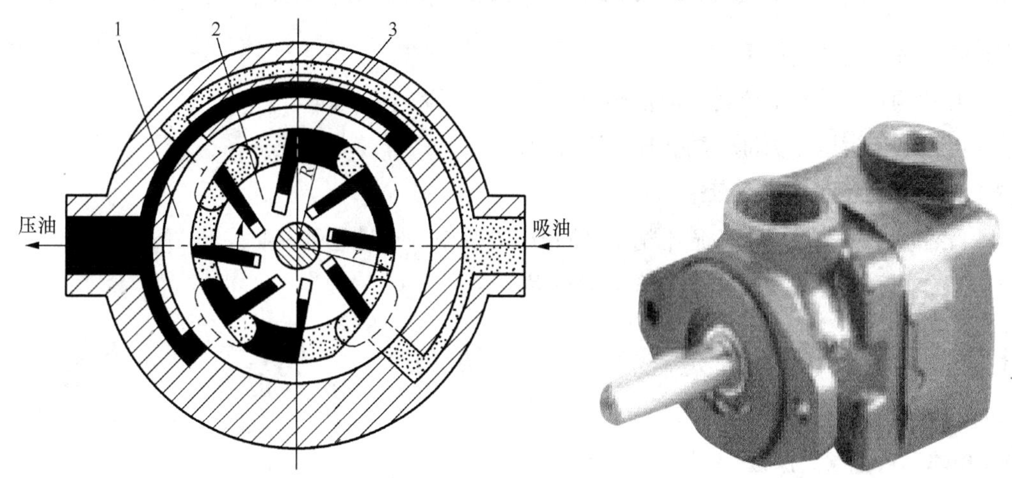

图2-14 双作用叶片泵的工作原理
1—定子；2—转子；3—叶片

图2-15 双作用叶片泵的外形

当转子转动时，叶片在离心力和根部压力油（建压后）的作用下，在转子槽内向外移动而压向定子内表面，由叶片、定子的内表面、转子的外表面和两侧配油盘间形成若干个密封空间。当转子按图示方向顺时针旋转时，处在小圆弧上的密封空间经过渡曲线向大圆弧运动的过程中，叶片外伸，密封空间的容积增大，吸入油液；密封空间从大圆弧经过渡曲线向小圆弧运动的过程中，叶片被定子内壁逐渐压进槽内，密封空间容积变小，将油液从压油口压出。因而，转子每转一周，每个工作

空间要完成两次吸油和压油，称为双作用叶片泵。这种叶片泵由于有两个吸油腔和两个压油腔，并且各自的中心夹角是对称的，作用在转子上的油液压力相互平衡，因此双作用叶片泵又称为卸荷式叶片泵。为了使径向力完全平衡，密封空间数（即叶片数）应当是保持双数，一般取叶片数为 12 或 16。双作用叶片泵大多是定量泵。

2. 双作用叶片泵的结构及特点

双作用叶片泵结构如图 2-16 所示。

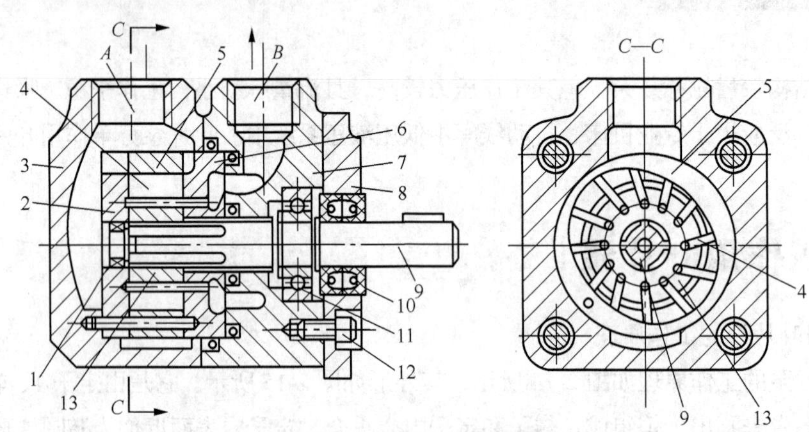

图2-16 双作用叶片泵结构

1、11—轴承；2、6—左右配流盘；3、7—前后盖体；4—叶片；5—定子；8—端盖；9—传动轴；10—防尘圈；12—螺钉；13—转子

双作用叶片泵的特点如下。

（1）叶片倾角。叶片沿旋转方向前倾 10°～14°，以减小压力角；

（2）叶片底部通以压力油，防止压油区叶片内滑；

（3）转子上的径向负荷平衡；

（4）配油盘上开有三角槽（眉毛槽），防止压力跳变，同时避免困油；

（5）双作用泵不能改变排量，只作定量泵用。

2.3.2 单作用叶片泵

1. 单作用叶片泵的原理

单作用叶片泵的工作原理如图 2-17 所示。单作用叶片泵的定子具有圆柱形内表面，定子和转子间有偏心距 e，叶片装在转子槽中，并可在槽内滑动。当转子回转时，由于离心力的作用，使叶片紧靠在定子内壁，这样在定子、转子、叶片和两侧配油盘间就形成若干个密封的工作空间。当转子按图示的方向回转时，在图的右部，叶片逐渐伸出，叶片间的工作空间逐渐增大，从吸油口吸油，这就是吸油腔。在图的左部，叶片被定子内壁逐渐压进槽内，工作空间逐渐减小，将油液从压油口压出，这就是压油腔。在吸油腔和压油腔间有一段封油区，把吸油腔和压油腔隔开。叶片泵转子每转一周，每个工作空间完成一次吸油和压油，故称单作用叶片泵。

单作用叶片泵的流量是有脉动的。理论分析表明，泵内叶片数越多，流量脉动率越小，且奇数叶片泵的脉动率比偶数叶片泵的脉动率小，所以单作用叶片泵的叶片数均为奇数，一般为 13 或 15 片。

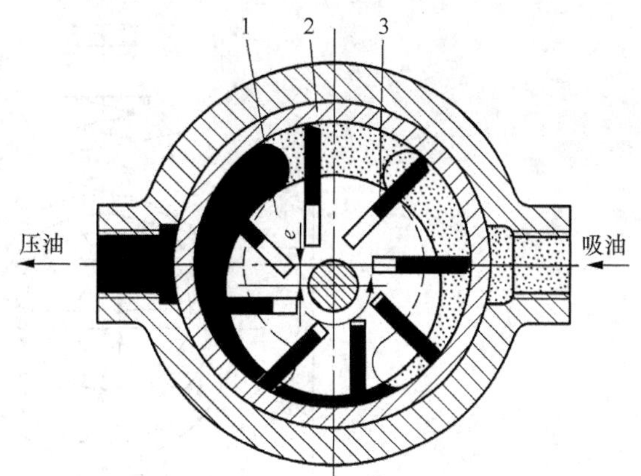

图2-17　单作用叶片泵的工作原理
1—转子；2—定子；3—叶片

2. 单作用叶片泵的结构特点

（1）定子曲线。单作用叶片泵定子内表面为圆面。

（2）叶片倾角。为保证叶片所受合力与运动方向一致，减少叶片受弯的力，叶片前倾 θ 角。

（3）径向力。转轴所受径向力不平衡，有径向不平衡力。

（4）根部通油。叶片槽根部分别接通吸、压油腔，叶片厚度对排量无影响。

（5）叶片数。因叶片矢径是转角的函数，瞬时理论流量是脉动的。叶片数取为奇数，以减小流量的脉动。

（6）变量泵。可以通过改变定子的偏心距 e 来调节泵的排量和流量。

（7）叶片伸出主要靠离心力作用。

2.3.3 限压式变量叶片泵

1. 限压式变量叶片泵的工作原理

限压式变量叶片泵是单作用叶片泵。根据前面介绍的单作用叶片泵的工作原理可知，改变定子和转子间的偏心距 e，就能改变泵的输出流量。限压式变量叶片泵能借助输出压力自动改变偏心距 e 的大小，近而改变输出流量。当压力低于某一可调节的限定压力时，泵的输出流量最大；当压力高于限定压力时，随着压力的增加，泵的输出流量线性地减少，其工作原理如图 2-18 所示。

图中，1 为转子，在转子槽中装有叶片，2 为定子，3 为配油盘上的吸油窗口，8 为压油窗口，9 为调压弹簧，10 为调压螺钉，4 为柱塞，5 为调节流量螺钉。泵的出口经通道 7 与柱塞缸 6 相通。在泵未运转时，定子在弹簧 9 的作用下，紧靠柱塞 4，并使柱塞 4 靠在螺钉 5 上。这时，定子和转子有一偏心量 e_0。调节螺钉 5 的位置，便可改变 e_0。当泵的出口压力 p 较低时，则作用在柱塞 4 上的液压力也较小。若此液压力小于上端的弹簧作用力时，设柱塞的面积为 A，调压弹簧的刚度为 k_s，预压缩量为 x_0，有

$$pA < k_s x_0 \tag{2-9}$$

此时，定子相对于转子的偏心量最大，输出流量最大。随着外负载的增大，液压泵的出口压力 p 也将随之提高，当压力升至与弹簧力相平衡的控制压力 p_B 时，有

$$p_B A = k_s x_0 \tag{2-10}$$

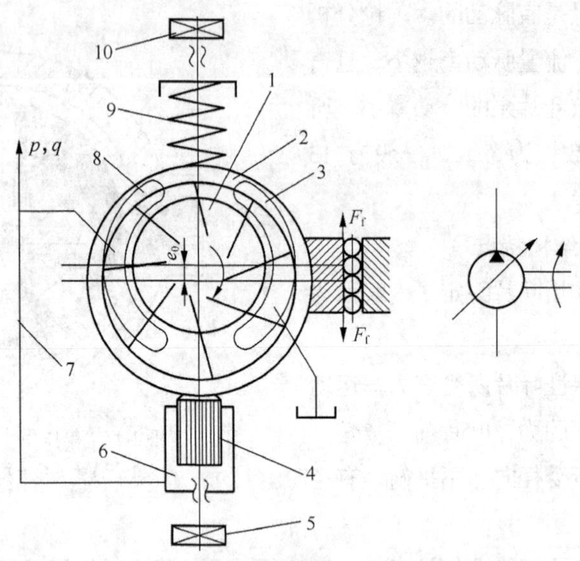

图2-18　限压式变量叶片泵的工作原理

1—转子；2—定子；3—吸油窗口；4—柱塞；5—螺钉；
6—柱塞腔；7—通道；8—压油窗口；9—调压弹簧；10—调压螺钉

当压力进一步升高，就有 $pA > k_s x_0$，这时若不考虑定子移动时的摩擦力，液压作用力需克服弹簧力推动定子向上移动，泵的偏心量随之减小，同时泵的输出流量也减小。p_B 称为泵的限定压力，即泵处于最大流量时所能达到的最高限定压力，调节调压螺钉 10，可改变弹簧的预压缩量 x_0，即可改变 p_B 的大小。

设定子的最大偏心量为 e_0，偏心量减小时，弹簧的附加压缩量为 x，则定子移动后的偏心量 e 为

$$e = e_0 - x \tag{2-11}$$

定子的受力平衡方程式为

$$pA = k_s (x_0 + x) \tag{2-12}$$

可以看出，泵的工作压力愈高，偏心量愈小，泵的输出流量也愈小。

2. 限压式变量叶片泵的结构及特性曲线

限压式变量叶片泵的基本结构如图 2-19 所示。

图 2-20 所示为限压式变量叶片泵的特性曲线。AB 段：工作压力 $p<p_B$，输出流量 q_A 不变，但供油压力增大，泄漏流量 Δq 也增加，故实际流量 q 减少。

BC 段：工作压力 $p>p_B$，弹簧压缩量增大，偏心量减少，泵的输出流量减少。当定子的偏心量 $e = 0$，则 $p_c = p_{\max}$，此时的压力为截止压力。调节弹簧的刚度 k_s，可改变 BC 段的斜率。

3. 限压式变量叶片泵的应用

限压式变量叶片泵结构复杂，轮廓尺寸大，相对运动的机件多，泄漏较大。同时，转子轴上承受较大的不平衡径向液压力，噪声较大，容积效率和机械效率都没有定量叶片泵高。而从另外一方面看，在泵的工作压力条件下，它能按外负载和压力的波动来自动调节流量，节省了能量，减少了油液的发热，对机械动作和变化的外负载具有一定的自适应调整性。

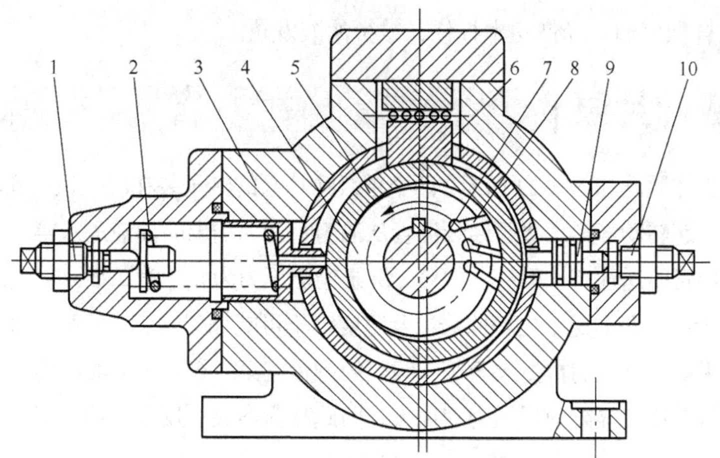

图2-19 YBX型外反馈限压式变量叶片泵结构图
1—预紧力调整螺钉；2—调压弹簧；3—泵体；4—转子；5—定子；
6—滑块；7—传动轴；8—叶片；9—反馈活塞；10—最大偏心调节螺钉

限压式变量叶片泵对于那些要实现空行程快速移动和工作行程慢速进给（慢速移动）的液压驱动是一种较合适的液压泵。一般快速行程需要快的移动速度和大的工作流量，负载压力较低，这正好对应了特性曲线的 *AB* 起始段；而工作进给时需要较高的压力，同时移动速度较低，所需流量减少，对应了特性曲线的 *BC* 段。因此，限压式变量叶片泵特别适用于那些要求执行元件有快速、慢速和保压阶段的中、低压系统，有利于节能和简化液压回路。

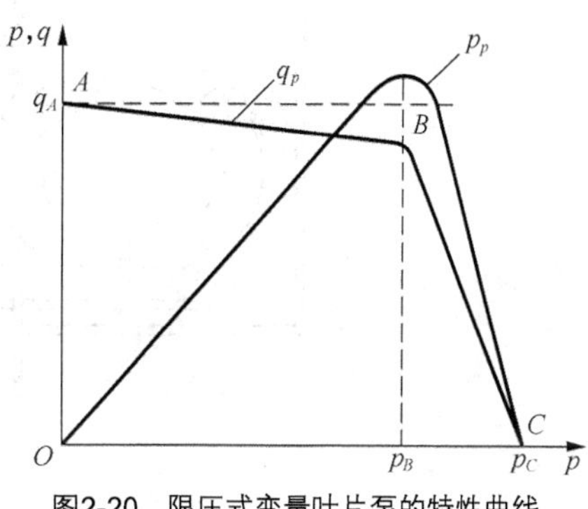

图2-20 限压式变量叶片泵的特性曲线

2.3.4 双联叶片泵

双联叶片泵是由集成在同一泵体内的两套双作用叶片泵的定子、转子、配油盘组成的，通过一根转动轴带动两个泵同时工作。它有一个进油口和两个独立的出油口，如图 2-21 所示。

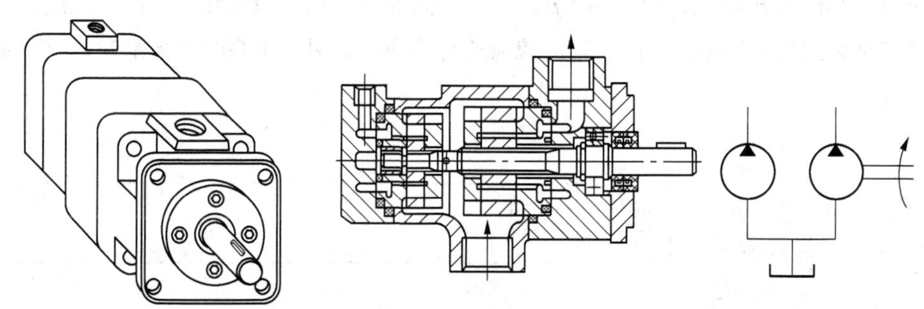

图2-21 双联叶片泵

双联叶片泵的输出流量可以分开使用，也可以合并使用。如有快速行程和工作进给要求的机床液压系统，在快速轻载时，由大小泵同时供给低压油；在重载低速时，高压小流量泵单独供油，大

泵卸荷。这样可以合理用油，降低功率损耗，减少油液发热。

2.3.5 双级叶片泵

双级叶片泵的工作原理如图 2-22 所示，两个单级叶片泵的转子装在同一根传动轴上，当传动轴回转时带动两个转子一起转动。第一级泵经吸油管从油箱吸油，输出的油液送入第二级泵的吸油口，第二级泵的输出油液经管路送往工作系统。如第一级泵输出压力为 p_1，第二级泵输出压力为 p_2。正常工作时 $p_2=2p_1$。但由于两个泵的定子内壁曲线以及宽度等不可能加工得完全一样，两个单级泵的排量不可能完全相等。如果第二级泵的排量大于第一级泵的排量，第二级泵的吸油压力（也就是第一级泵的输出压力）就要降低，第二级泵前后压力差加大，因此载荷增大；反之，第一级泵的载荷增大。

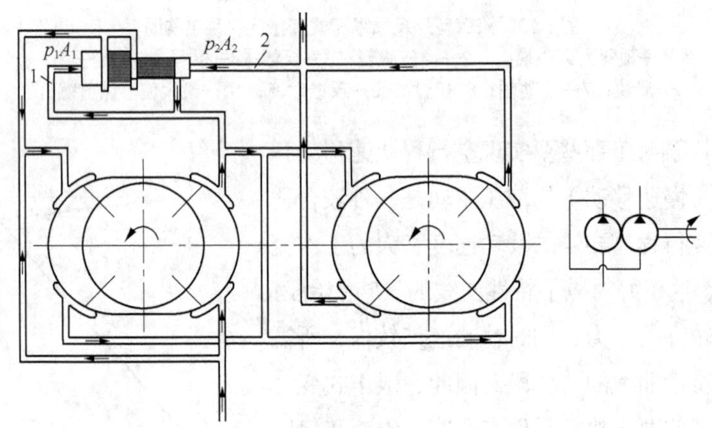

图2-22 双级叶片泵

为了平衡两个泵的载荷，在泵体内设有载荷平衡阀。第一级泵和第二级泵的输出油路分别经管路 1 和 2 通到平衡阀的大滑阀以及小滑阀的端面，两滑阀的面积比 $A_1/A_2=2$。如第一级泵的排量大于第二级泵的排量，则油液压力 p_1 增大，使 $p_1>\frac{1}{2}p_2$，即 $p_1A_1>p_2A_2$，平衡阀右移，第一级泵的多余油液从管路 1 经阀口流回第一级泵的进油管路，使两个泵的载荷获得平衡；如果第二级泵排量大于第一级泵排量，则油压 p_1 降低，使 $p_1A_1<p_2A_2$，平衡阀左移，第二级泵输出的部分油液从管路 2 经阀口流回第二级泵的进油管路，使两个泵的载荷获得平衡；如果两个泵的排量绝对相等，则平衡阀两边的阀口都封闭。

2.4 柱塞泵

柱塞泵是通过柱塞在缸体中做往复运动，使密封容积产生变化来实现吸油与压油的一种液压泵。

与齿轮泵和叶片泵相比，柱塞泵有许多优点。第一，构成密封容积的零件为圆柱形的柱塞和缸孔，加工方便，可得到较高的配合精度，密封性能好，泵的内泄漏很小，在高压条件下工作具有较高的容积效率，所容许的工作压力高；第二，只需改变柱塞的工作行程就能改变流量，易于实现；第三，柱塞泵中的主要零件均受压应力作用，材料强度性能可得到充分利用。

由于柱塞泵的结构紧凑，工作压力高、效率高，流量调节方便，故在需要高压、大流量、大功率的液压系统中和需要调节流量的场合，如在龙门刨床、拉床、液压机、工程机械、矿山冶金机械、船舶等设备中，均得到广泛应用。

柱塞泵按柱塞相对于驱动轴位置的排列方向的不同，可分为轴向柱塞泵和径向柱塞泵两种。轴向柱塞泵又分为直轴式（斜盘式）和斜轴式两种。其中直轴式应用较广。

2.4.1 柱塞泵的工作原理

1. 径向柱塞泵的工作原理

径向柱塞泵的工作原理如图 2-23 所示。柱塞 1 径向排列装在缸体 2 中，缸体由原动机带动连同柱塞 1 一起旋转。柱塞 1 在离心力或压力油的作用下抵紧定子 4 的内壁。当缸体按图示方向回转时，由于缸体和转子之间有偏心距 e，柱塞绕经上半周时要向外伸出，则柱塞底部的容积会逐渐增大，形成真空，因此便经过衬套 3（衬套 3 是压紧在缸体内，并和缸体一起回转）上的油孔从配油轴 5 和吸油口吸油；当柱塞转到下半周时，定子内壁将柱塞向里推，柱塞底部的容积逐渐减小，向配油轴的压油口压油。当缸体回转一周时，每个柱塞底部的密封容积完成一次吸油和压油，缸体连续运转，即完成压吸油工作。

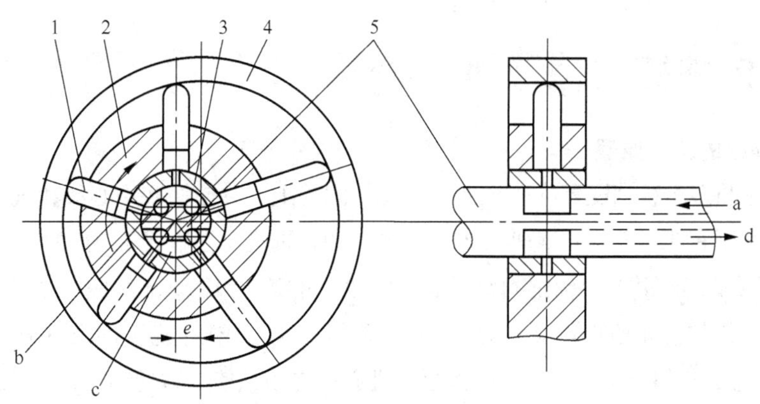

图2-23　径向柱塞泵的工作原理

1—柱塞；2—缸体；3—衬套；4—定子；5—配油轴

径向柱塞泵的配油轴 5 是固定不动的，图 2-24 所示为配油轴的结构。油液从配油轴上半部的两个进油孔 a_1 和 a_2 流入，从下半部两个压油孔 b_1 和 b_1 压出。为了实现配油，配油轴在与衬套 3 接触的部位开有上下两个缺口，从而形成吸油口和压油口，而留下的部分则形成封油区。

径向柱塞泵的输出流量受偏心距 e 的控制。若偏心距 e 做成可调的（一般是使定子作水平移动以调节偏心距 e），则径向柱塞泵就成为变量泵。偏心的方向改变，进油口和压油口也随之变换，就

形成了双向变量泵。

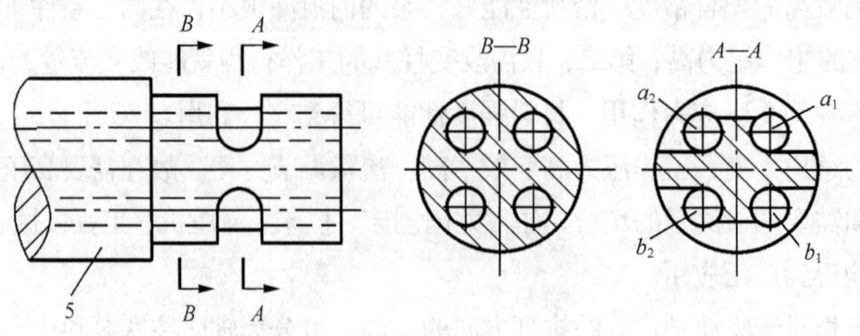

图2-24 径向柱塞泵配油轴的结构

径向柱塞泵的柱塞是沿转子的径向方向分布的，所以泵的外形结构尺寸大。配油轴的结构较复杂，自吸能力较差，且其径向作用力不平衡，易单向弯曲并加剧磨损。这些都限制了径向柱塞泵的转速和压力的提高，因此目前径向柱塞泵的应用较少。

2. 径向柱塞泵的排量和流量计算

当转子和定子之间的偏心距为 e 时，柱塞在缸体孔中的行程为 $2e$，设柱塞个数为 z，直径为 d 时，泵的排量为

$$V=\frac{\pi}{4}d^2 2ez \tag{2-13}$$

设泵的转数为 n，容积效率为 η_v，则泵的实际输出流量为

$$q=\frac{\pi}{4}d^2 2ezn\eta_v=\frac{\pi}{2}d^2 ezn\eta_v \tag{2-14}$$

2.4.2 轴向柱塞泵

1. 轴向柱塞泵的工作原理

轴向柱塞泵是将多个柱塞配置在一个共同缸体的圆周上，并使柱塞中心线和缸体中心线平行的一种泵。轴向柱塞泵有两种形式：直轴式（斜盘式）和斜轴式（摆缸式），图 2-25 所示为直轴式轴向柱塞泵的工作原理。这种泵主体由缸体 1、配油盘 2、柱塞 3 和斜盘 4 组成。柱塞沿圆周均匀分布在缸体内。斜盘轴线与缸体轴线倾斜一角度，柱塞靠机械装置或在低压油作用下压紧在斜盘上（图中为弹簧），配油盘 2 和斜盘 4 固定不转。当原动机通过传动轴使缸体转动时，由于斜盘的作用，迫使柱塞在缸体内作往复运动，并通过配油盘的配油窗口进行吸油和压油。缸体每转一周，每个柱塞各完成吸、压油一次。如改变斜盘倾角，就能改变柱塞行程的长度，即改变液压泵的排量；改变斜盘倾角方向，就能改变吸油和压油的方向，即成为双向变量泵。

配油盘上吸油窗口和压油窗口之间的密封区宽度 l 应稍大于柱塞缸体底部通油孔宽度 l_1。但不能相差太大，否则会发生困油现象。一般在两配油窗口的两端部开有小三角槽，以减小冲击和噪声。

斜轴式轴向柱塞泵的缸体轴线相对传动轴轴线成一倾角，传动轴端部用万向铰链、连杆与缸体中的每个柱塞相联结，当传动轴转动时，通过万向铰链、连杆使柱塞和缸体一起转动，并迫使柱塞

在缸体中作往复运动，借助配油盘进行吸油和压油。这类泵的优点是变量范围大，泵的强度较高。但和上述直轴式相比，其结构较复杂，外形尺寸和重量均较大。

轴向柱塞泵的优点是：结构紧凑、径向尺寸小，惯性小，容积效率高，目前最高压力可达40.0MPa，甚至更高，一般用于工程机械、压力机等高压系统中，但其轴向尺寸较大，轴向作用力也较大，结构比较复杂。

2. 轴向柱塞泵的排量和流量计算

如图 2-25 所示，柱塞的直径为 d，柱塞分布圆直径为 D，斜盘倾角为 γ 时，柱塞的行程为 $s = D\tan\gamma$，当柱塞数为 z 时，轴向柱塞泵的排量为

$$V = \pi d^2 D\tan\gamma z / 4 \tag{2-15}$$

设泵的转数为 n，容积效率为 η_v 则泵的实际输出流量为

$$V = \pi d^2 D\tan\gamma zn\eta_v / 4 \tag{2-16}$$

实际上，由于柱塞在缸体孔中运动的速度不是恒定的，因而输出流量是有脉动的。当柱塞数为奇数时，脉动较小，且柱塞数多脉动也较小。一般常用的柱塞泵的柱塞个数为 7、9 或 11。

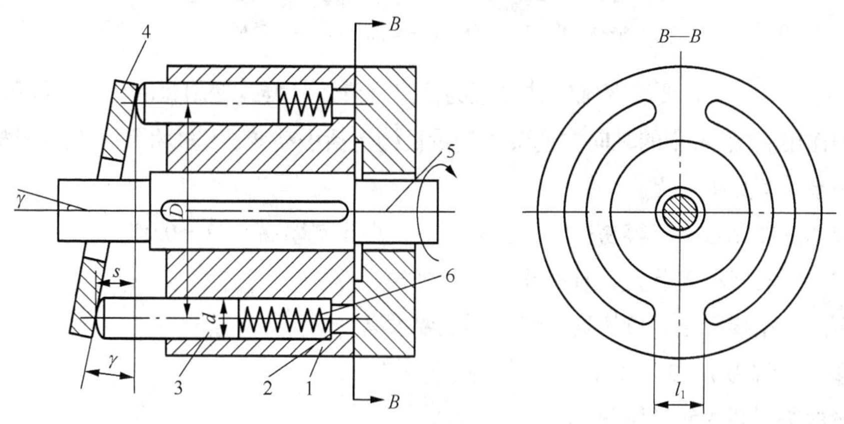

图2-25 轴向柱塞泵的工作原理

1—缸体；2—配油盘；3—柱塞；4—斜盘；5—传动轴；6—弹簧

3. 轴向柱塞泵的结构及特点

图 2-26 所示为一种直轴式轴向柱塞泵的结构。柱塞 6 的球状头部装在滑履 4 内，以缸体 7 作为支撑的弹簧 5 通过钢球推压回程盘 3。回程盘 3 和柱塞滑履 4 一同转动，在排油过程中借助斜盘 2 推动柱塞 6 作轴向运动。在吸油时依靠回程盘 3、钢球和弹簧 5 组成的回程装置将滑履 4 紧紧压在斜盘 2 表面上滑动，弹簧 5 一般被称为回程弹簧，这样的泵具有自吸能力。在滑履 4 与斜盘 2 相接触的部分有一油室，它通过柱塞 6 中间的小孔与缸体 7 中的工作腔相连。压力油进入油室后在滑履与斜盘的接触面间形成了一层油膜，起着静压支承的作用，使滑履 4 作用在斜盘 2 上的力大大减小，近而减小磨损。传动轴 9 通过左边的花键带动缸体 7 旋转，由于滑履 4 贴紧在斜盘 2 表面上，柱塞 6 在随缸体 7 旋转的同时在缸体 7 中作往复运动。缸体 7 中柱塞底部的密封工作容积是通过配油盘 8 与泵的进出口相通的。随着传动轴的转动，液压泵就连续地吸油和排油。

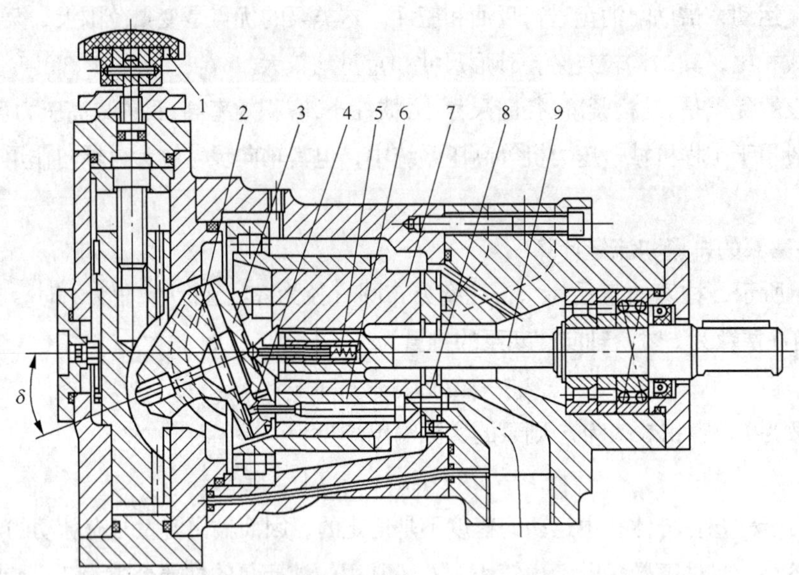

图2-26 直轴式轴向柱塞泵结构

1—转动手轮；2—斜盘；3—回程盘；4—滑履；5—弹簧；
6—柱塞；7—缸体；8—配油盘；9—传动轴

由式（2-16）可知，若要改变轴向柱塞泵的输出流量，只要改变斜盘的倾角，即可改变轴向柱塞泵的排量和输出流量。常用的轴向柱塞泵的变量机构包括手动变量机构和伺服变量机构两种类型。

轴向柱塞泵具有如下特点。

（1）柱塞和缸体配合间隙容易控制，密封性好，容积斜率高 0.93～0.95。

（2）采用滑履与回程盘装置，避免球头的头接触。

（3）高压泵，结构复杂，价格贵，使用环境要求高。

（4）柱塞数通常为 7、9、11 个，单数，减小脉动。

（5）排量取决于泵的斜盘倾角 γ。

2.5 螺杆泵

螺杆泵的液压油沿螺旋方向前进，转轴径向负载各处均相等，脉动少，运动时噪音低，可高速运转，适合作大容量泵；但压缩量小，不适合高压的场合。一般用作燃油、润滑油泵，而不用作液压泵。

2.5.1 螺杆泵的工作原理

螺杆泵的工作机构由互相啮合且装于定子内的 3 根螺杆组成，中间一根为主动螺杆，由电机带动，旁边两根为从动螺杆、另外还有前、后端盖等主要零件组成，其工作原理如图 2-27 所示。螺杆的啮合线把主动螺杆 3 和从动螺杆 1 的螺旋槽分割成多个相互隔离的密封腔。随着螺杆的旋转，这些密封工作腔一个接一个地在左端形成，不断地从左向右移动。主动螺杆 3 每转一周，每个密封工作腔便移动一个螺旋导程。因此，在左端吸油腔，密封油腔容积逐渐增大，进行吸油；而在右端压油腔，密封油腔容积逐渐减小，进行压油。由此可知，螺杆直径越大，螺旋槽越深，泵的排量就越大；螺杆越长，吸油口 2 和压油口 4 之间密封层次越多，泵的额定压力就越高。螺杆泵的主动螺杆 3 和从动螺杆 1 的螺旋面在垂直于螺杆轴线的横截面上是一对共轭摆线齿轮，故又称为摆线螺杆泵。

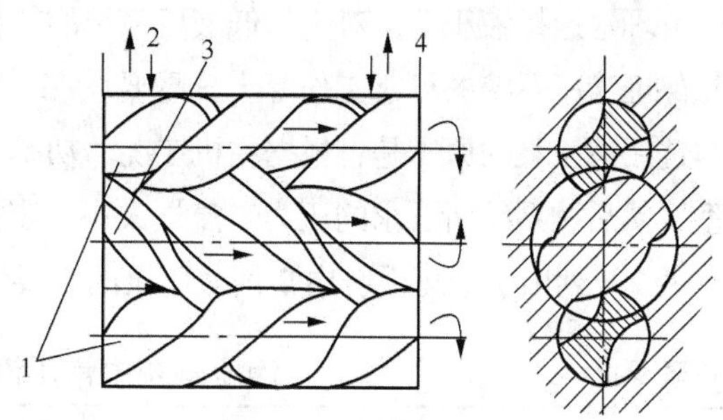

图2-27　螺杆泵的工作原理

1. 从动螺杆；2—吸油腔；3—主动螺杆；4—压油腔

2.5.2　螺杆泵的结构及特点

图 2-28 所示为螺杆泵的基本结构。根据其工作原理及基本结构分析可知，螺杆泵具有结构简单紧凑，体积小，动作平稳，噪声小，流量和压力脉动小，转动惯量小，快速运动性能好等特点，但是螺杆形状复杂，加工比较困难。

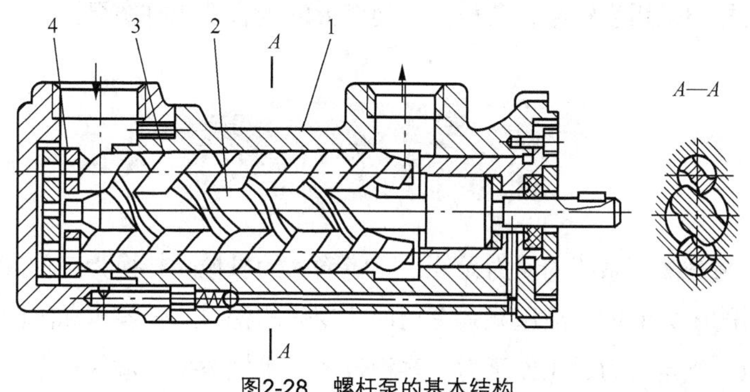

图2-28　螺杆泵的基本结构

1—泵体；2—主动螺杆；3—从动螺杆；4—轴承

2.6 液压泵性能比较及选用

液压泵是液压系统提供一定流量和压力的液压动力元件，它是每个液压系统不可缺少的核心元件。合理地选择液压泵，对于降低液压系统的能耗，提高液压系统的效率，降低噪声，改善工作性能和保证液压系统的可靠工作都十分重要。

选用液压泵的原则是：根据主机工况、功率大小和系统对工作性能的要求，首先确定液压泵的类型，然后按系统所要求的压力、流量大小确定规格型号。

表 2-2 列出了液压系统中常用液压泵的主要性能。

表 2-2　　液压系统中常用液压泵的性能比较

性能	外啮合齿轮泵	双作用叶片泵	限压式变量叶片泵	径向柱塞泵	轴向柱塞泵	螺杆泵
输出压力	低压	中压	中压	高压	高压	低压
流量调节	不能	不能	能	能	能	不能
效率	低	较高	较高	高	高	较高
输出流量脉动	很大	很小	一般	一般	一般	最小
自吸特性	好	较差	较差	差	差	好
对油的污染敏感性	不敏感	较敏感	较敏感	很敏感	很敏感	不敏感
噪声	大	小	较大	大	大	最小

一般来说，由于各类液压泵各自突出的特点，其结构、功用和转动方式各不相同，因此应根据不同的使用场合选择合适的液压泵。一般在机床液压系统中采用双作用叶片泵和限压式变量叶片泵；在筑路机械、港口机械中采用齿轮泵；负载大、功率大的场合选用柱塞泵。

本章小结

本章介绍的液压泵是液压系统的动力元件，它将输入的机械能转换为工作液体的压力能，为液压系统提供一定流量的压力液体。液压泵具有周期性变化的密封工作容积和配流机构，排量和压力是泵的两个基本参数，额定压力、工作压力、容积效率、机械效率、输入功率、输出功率等参数是分析计算泵时的主要参数。

本章介绍了齿轮泵、叶片泵、柱塞泵和螺杆泵，应该注意它们在工作原理、结构形式、性能特点、存在的问题及解决的办法和应用范围上的差别。

思考与习题

2-1　液压传动中常用的液压泵按结构分为哪些类型？

2-2　液压泵要完成吸油和压油的工作过程，必须具备什么条件？

2-3 液压泵的工作压力取决于什么？泵的工作压力、最高压力和额定压力分别指什么？三者有何关系？

2-4 什么叫液压泵的排量、理论流量、流量？

2-5 齿轮泵的密封容积是怎样形成的？什么是齿轮泵的困油现象？有何危害？如何解决？

2-6 试述单作用叶片泵和双作用叶片泵各有什么特点？

2-7 限压式变量叶片泵的限定压力、最大流量如何调节？

2-8 已知某液压系统，泵的排量 $V_P=10\text{mL/r}$，电机转速 $n_P=1\ 200\ \text{r/min}$，泵的输出压力 $p_P=5\text{MPa}$，泵容积效率 $\eta_{Pv}=0.92$，总效率 $\eta_P=0.84$。

求：（1）泵的理论流量 q_{Pt}

（2）泵的实际流量 q_P

（3）泵的输出功率 P_{Po}

（4）驱动电机功率 P_{Pi}

2-9 某液压泵的转速为 $n_P=950\ \text{r/min}$，排量 $V_P=168\ \text{mL/r}$，在额定压力为 $p_P=29.5\ \text{MPa}$ 和同样转速下，测得的实际流量为 $q_P=150\ \text{L/min}$，额定工作情况下的总效率为 $\eta_P=0.87$。

求：（1）泵的理论流量 q_{Pt}

（2）泵的容积效率 η_{Pv} 和机械效率 η_{Pm}

（3）泵在额定工作情况下所需的电机驱动功率 P_{Pi}

第3章 液压执行元件

【学习目标】

1. 掌握液压缸的类型、工作原理及其速度、推力计算
2. 了解液压缸典型结构及组成
3. 掌握液压马达的工作原理
4. 掌握液压马达主要性能参数的分析与计算

液压执行元件是将液压泵提供的液压能转变为机械能的能量转换装置，它包括液压缸和液压马达。液压马达是指输出旋转运动的液压执行元件，把输出直线运动（其中包括输出摆动运动）的液压执行元件称为液压缸。

3.1 液压缸

液压缸又称为油缸，它是液压系统中的一种执行元件，其功能是把液体压力能转换成机械能，以实现直线往复运动。液压缸的结构简单，工作可靠，在液压系统中得到了广泛的使用。

3.1.1 液压缸的类型及特点

液压缸按其结构形式可以分为活塞缸、柱塞缸和摆动缸 3 类。活塞缸和柱塞缸实现往复运动，输出推力和速度；摆动缸则能实现小于 360° 的往复摆动，输出转矩和角速度。液压缸除单个使用外，还可以几个组合起来或与其他机构组合起来，以完成特殊的功能。按作用方式的不同，液压缸可分为单作用式和双作用式两种。单作用式液压缸中的液压力只能使活塞（或柱塞）单方向运动，反方向运动必须靠外力（如弹簧或自重）来实现。双作用式液压缸可由液压力实现两个方向的运动。

详细分类见表 3-1。

表 3-1 常见液压缸的种类及特点

分类	名称	符号	说明
单作用液压缸	柱塞式液压缸		柱塞仅单向运动，返回行程是利用自重或负荷将柱塞推回
	单活塞杆液压缸		活塞仅单向运动，返回行程是利用自重或负荷将活塞推回
	双活塞杆液压缸		活塞的两侧都装有活塞杆，只能向活塞一侧供给压力油，返回行程通常利用弹簧力、重力或外力
	伸缩液压缸		它以短缸获得长行程。用液压油由大到小逐节推出，靠外力由小到大逐节缩回
双作用液压缸	单活塞杆液压缸		单边有杆，双向液压驱动，两向推力和速度不等
	双活塞杆液压缸		双向有杆，双向液压驱动，可实现等速往复运动
	伸缩液压缸		双向液压驱动，伸出由大到小逐步推出，由小到大逐节缩回
组合液压缸	弹簧复位液压缸		单向液压驱动（单作用），由弹簧力复位
	串联液压缸		用于缸的直径受限制，而长度不受限制处，获得大的推力
	增压缸（增压器）		由有效工作面积较大的低压缸驱动，使有效工作面积较小的高压缸获得高压油源
	齿条传动液压缸		活塞往复运动经装在一起的齿条驱动齿轮获得往复回转运动
摆动液压缸			输出轴直接输出扭矩，其往复回转的角度小于 360°，也称摆动马达

3.1.2 活塞式液压缸

根据使用要求不同，活塞式液压缸可分为双杆式和单杆式两种，其安装方式有缸筒固定和活塞杆固定两种。

1. 双杆式活塞缸

双杆式活塞缸的活塞两端都有一根直径相等的活塞杆伸出，如图 3-1 所示。它一般由缸体、缸盖、活塞、活塞杆和密封件等零件构成。根据安装方式不同可分为缸筒固定式和活塞杆固定式两种，如图 3-2 所示。

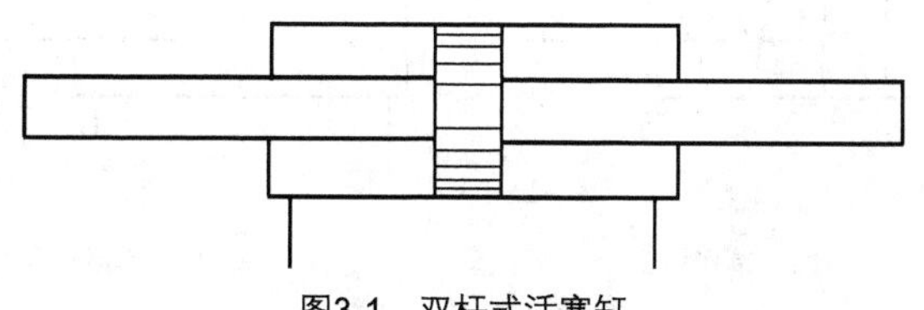

图3-1 双杆式活塞缸

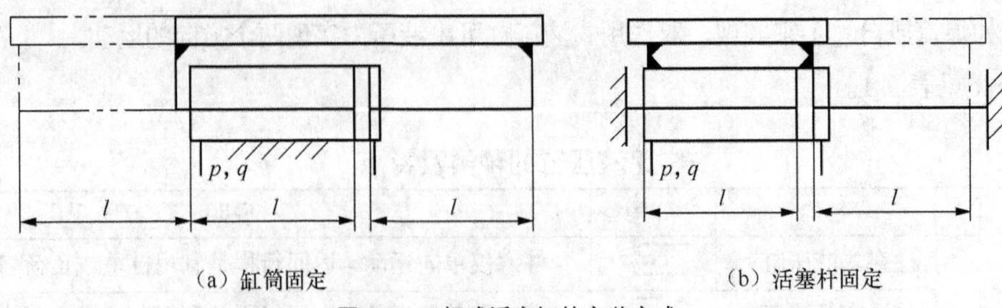

（a）缸筒固定　（b）活塞杆固定

图3-2　双杆式活塞缸的安装方式

图 3-2（a）所示的为缸筒固定式的双杆活塞缸。它的进、出口布置在缸筒两端，活塞通过活塞杆带动工作台移动。当活塞的有效行程为 l 时，整个工作台的运动范围为 $3l$，所以机床占地面积大，一般适用于小型机床。当工作台行程要求较长时，可采用图 3-2（b）所示的活塞杆固定的形式。这时，缸体与工作台相连，活塞杆通过支架固定在机床上，动力由缸体传出。这种安装形式中，工作台的移动范围只等于液压缸有效行程 l 的两倍（$2l$），因此占地面积小。进出油口可以设置在固定不动的空心的活塞杆两端，但必须使用软管连接。

由于双杆式活塞缸两端的活塞杆直径通常是相等的，因此它左、右两腔的有效面积也相等。当分别向左、右腔输入相同压力和相同流量的油液时，液压缸左、右两个方向的推力和速度相等，设活塞的直径为 D，活塞杆的直径为 d，液压缸进、出油腔的压力为 p_1 和 p_2，输入流量为 q，双杆活塞缸的推力 F 和速度 υ 为

$$F = A(p_1 - p_2) = \frac{\pi}{4}(D^2 - d^2)(p_1 - p_2) \tag{3-1}$$

$$\upsilon = \frac{q}{A} = \frac{4q}{\pi(D^2 - d^2)} \tag{3-2}$$

式（3-2）中 A 为活塞的有效工作面积。

将双杆活塞缸，设计成工作过程中一个活塞杆受拉，而另一个活塞杆不受力的形式，因此这种液压缸的活塞杆可以做得细些。

2. 单杆式活塞缸

按液压力的作用方式不同，单杆式活塞缸可分为单作用液压缸和双作用液压缸。对于单作用液压缸，液压力只能使液压缸单向运动，返回靠外力（自重或弹簧力等）作用，如图 3-3（a）所示；对于双作用液压缸，液压缸正反两个方向的运动均靠液压力作用，如图 3-3（b）所示。

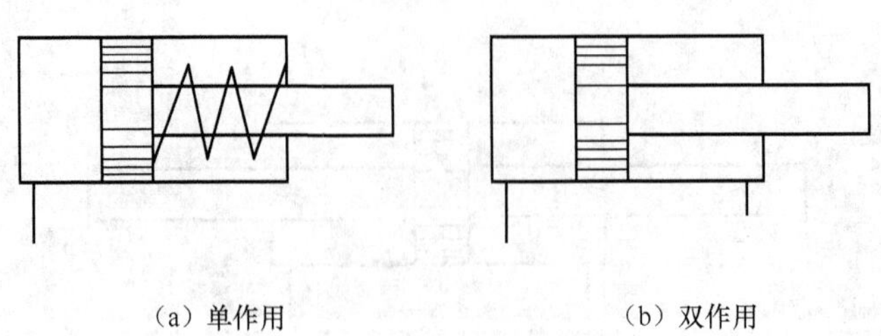

（a）单作用　（b）双作用

图3-3　单杆式活塞缸

单杆活塞缸活塞两端的有效面积不等，如果相同流量的压力油分别进入液压缸的左、右腔，则活塞移动的速度与进油腔的有效面积成反比，即油液进入无杆腔时有效面积大，速度慢；进入有杆腔时有效面积小，速度快。活塞上产生的推力则与进油腔的有效面积成正比。如图 3-4 所示，设输入液压缸的油液流量为 q，液压缸进出油口压力分别为 p_1 和 p_2。

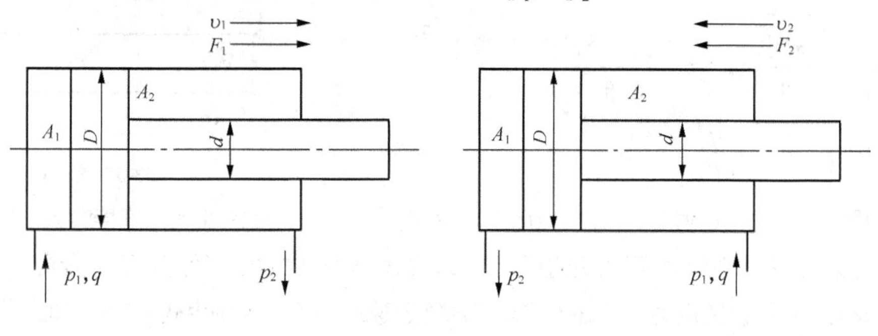

图3-4　单杆式活塞缸工作原理

当油液从如图 3-3（a）所示的左腔（无杆腔）输入时，其活塞上所产生的推力 F_1 和速度 υ_1 分别为

$$F_1 = A_1 p_1 - A_2 p_2 = \frac{\pi}{4}\left[(p_1 - p_2)D^2 + p_2 d^2\right] \tag{3-3}$$

$$\upsilon_1 = \frac{q}{A_1} = \frac{4q}{\pi D^2} \tag{3-4}$$

当油液从图 3-3（b）所示的右腔（有杆腔）输入时，其活塞上所产生的推力 F_2 和速度 υ_2 分别为

$$F_2 = A_2 p_1 - A_1 p_2 = \frac{\pi}{4}\left[(p_1 - p_2)D^2 + p_1 d^2\right] \tag{3-5}$$

$$\upsilon_2 = \frac{q}{A_2} = \frac{4q}{\pi(D^2 - d^2)} \tag{3-6}$$

由上式可知，由于 $A_1 > A_2$，所以 $F_1 > F_2$。若把两个方向上的输出速度 υ_1 和 υ_2 的比值称为速度比，记作 λ_υ，则

$$\lambda_\upsilon = \frac{\upsilon_2}{\upsilon_1} = \frac{1}{1-(d/D)^2} \tag{3-7}$$

因此，活塞杆直径越小，λ_υ 越接近于 1，活塞两个方向的速度差值也就越小，如果活塞杆较粗，活塞两个方向运动的速度差值就较大。在已知 D 和 λ_υ 的情况下，可以较方便地确定 d。

3. 差动液压缸

向单杆式活塞缸的左右两腔同时通压力油称为差动连接。作差动连接的单杆式液压缸称为差动液压缸。如图 3-5 所示，开始工作时差动缸左右两腔的油液压力相同，但是由于左腔（无杆腔）的有效面积大于右腔（有杆腔）的有效面积，故活塞向右运动，同时使右腔中排出的油液（流量 q'）也进入左腔，加大了流入左腔的油液（流量 $q + q'$），从而加快了活塞的移动速度。差动缸活塞推力

F_3 和运动速度 v_3 分别为

$$F_3 = p_1(A_1 - A_2) = p_1\frac{\pi}{4}d^2 \tag{3-8}$$

进入无杆腔的流量

$$q_1 = v_3 = \frac{\pi D^2}{4} = q + v_3\frac{\pi(D^2 - d^2)}{4} \tag{3-9}$$

$$v_3 = \frac{4q}{\pi d^2} \tag{3-10}$$

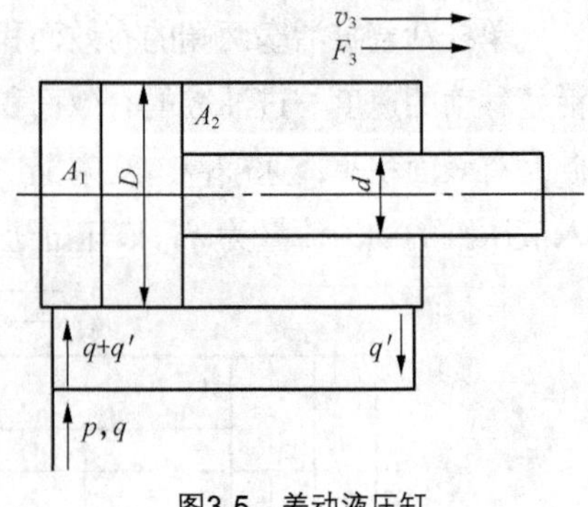

图3-5 差动液压缸

由上式可知，差动连接时液压缸的推力比非差动连接时小，速度比非差动连接时大。利用这一点，可在不加大油源流量的情况下得到较快的运动速度。这种连接方式被广泛应用于组合机床的液压动力滑台和其他机械设备的快速运动中。如果要求机床往返速度相等时，则由式（3-6）和式（3-10）得：

$$\frac{4q}{\pi(D^2 - d^2)} = \frac{4q}{\pi^2} \tag{3-11}$$

即：$D = \sqrt{2}d$

实现差动连接，并按 $D = \sqrt{2}d$ 设计缸径和杆径的油缸称为差动液压缸。

3.1.3 柱塞式液压缸

柱塞式液压缸是一种单作用液压缸，其结构如图 3-6 所示。柱塞与工作部件连接，缸筒固定在机体上。当压力油进入缸筒时，推动柱塞带动运动部件向右运动，但反向退回时必须靠其他外力或自重驱动。柱塞缸通常成对反向布置使用，如图 3-7 所示。

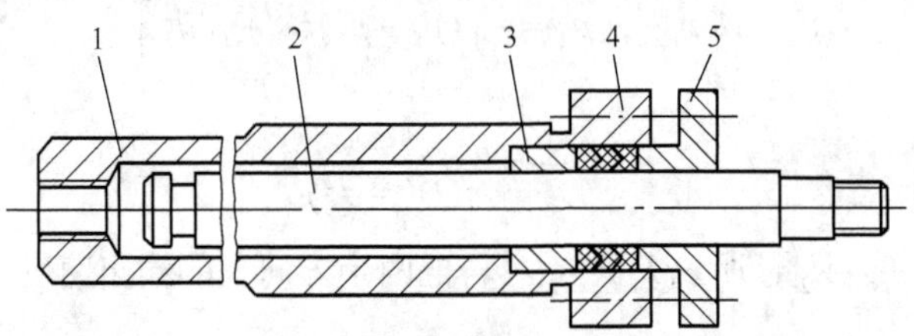

图3-6 柱塞缸结构图

1—缸筒；2—柱塞；3—导向套；4—密封圈；5—压盖

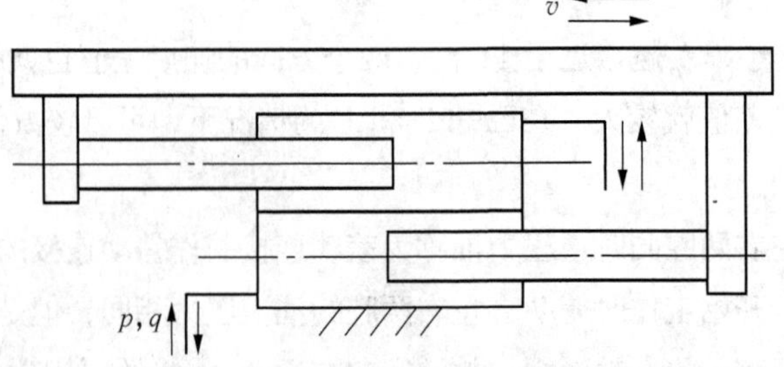

图3-7 柱塞缸成对反向布置示意图

当柱塞的直径为 d，输入液压油的流量为 q，压力为 p 时，其柱塞上所产生的推力 F 和速度 υ 分别为

$$F = pA = P\frac{\pi}{4}d^2 \tag{3-12}$$

$$\upsilon = \frac{q}{A} = \frac{4q}{\pi d^2} \tag{3-13}$$

柱塞式液压缸的主要特点是柱塞与缸筒无配合要求，缸筒内孔不需精加工，甚至可以不加工。运动时由缸盖上的导向套来导向，所以它特别适用在行程较长的场合。

3.1.4 其他液压缸

1. 增压液压缸

增压液压缸又称增压器，它利用活塞和柱塞有效面积的不同使液压系统中的局部区域获得高压。增压液压缸有单作用和双作用两种形式，单作用增压缸的工作原理如图 3-8（a）所示，当输入活塞缸的液体压力为 p_1，活塞直径为 D，柱塞直径为 d 时，柱塞缸中输出的液体压力为高压，其值为

$$p_2 = p_1 (D/d)^2 = kp_1 \tag{3-14}$$

式中，$k = (D/d)^2$，称为增压比，它代表其增压程度。

显然增压能力是在降低有效能量的基础上得到的，也就是说增压缸仅仅是增大输出的压力，并不能增大输出的能量。

单作用增压缸在柱塞运动到终点时，不能再输出高压液体，需要将活塞退回到左端位置，再向右运行时才又输出高压液体。为了克服这一缺点，可采用双作用增压缸，如图 3-8（b）所示，由两个高压端连续向系统供油。

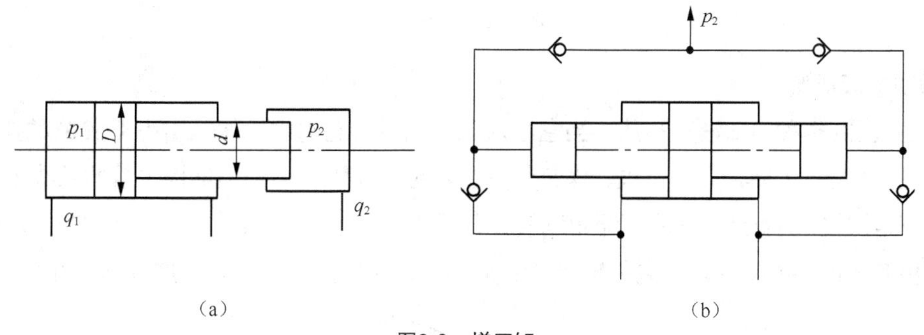

图3-8 增压缸

2. 伸缩缸

伸缩缸由两个或多个活塞缸套装而成，前一级活塞缸的活塞杆内孔是后一级活塞缸的缸筒，伸出时可获得很长的工作行程，缩回时可保持很小的结构尺寸。伸缩缸被广泛用于起重运输车辆上。

伸缩缸可以是图 3-9（a）所示的单作用式，也可以是图 3-9（b）所示的双作用式，前者靠外力回程，后者靠液压回程。

伸缩缸的外伸动作是逐级进行的。首先是最大直径的缸筒以最低的油液压力开始外伸，当到达行程终点后，稍小直径的缸筒开始外伸，直径最小的末级最后伸出。随着工作级数变大，外伸缸筒

直径越来越小，工作油液压力随之升高，工作速度变快。其值为

$$F_i = p_1 \frac{\pi D_i^2}{4} \tag{3-15}$$

$$v_i = \frac{4q}{\pi D_i^2} \tag{3-16}$$

式中的 i 指 i 级活塞缸。

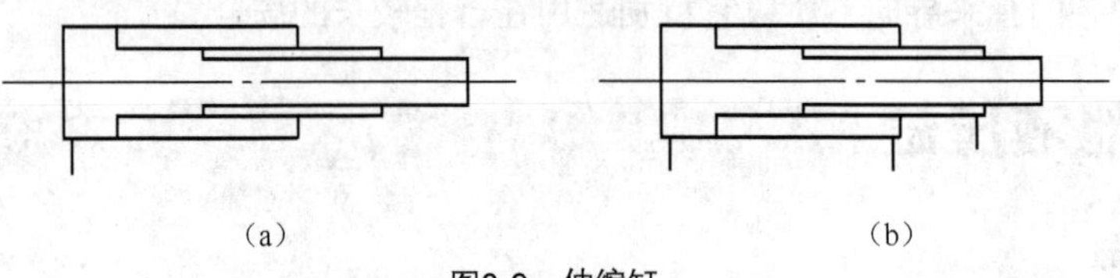

图3-9 伸缩缸

3. 齿轮缸

它由两个柱塞缸和一套齿条传动装置组成，如图 3-10 所示。柱塞的移动经齿轮齿条传动装置变成齿轮的传动，以实现工作部件的往复摆动或间歇进给运动。

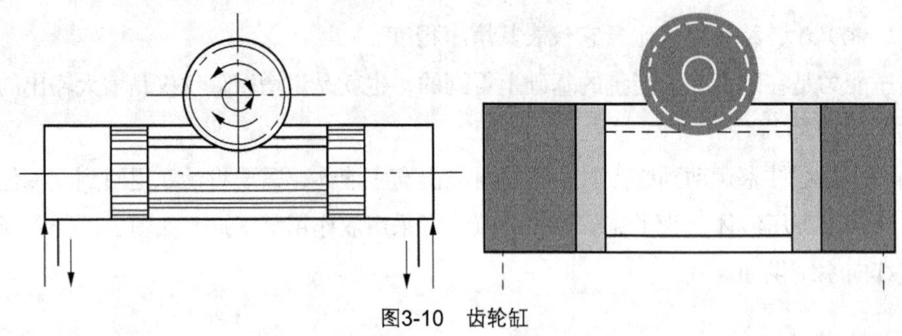

图3-10 齿轮缸

4. 摆动式液压缸

摆动式液压缸也称摆动液压马达。当它通入压力油时，它的主轴能输出小于360°的摆动运动。摆动式液压缸常用于工夹具夹紧装置、送料装置、转位装置以及需要周期性进给的系统中。图 3-11（a）所示为单叶片式摆动缸，它的摆动角度较大，可达 300°。图 3-11（b）所示为双叶片式摆动缸，它的摆动角度较小，可达 180°，它的输出转矩是单叶片式的两倍，而角速度则是单叶片式的一半。

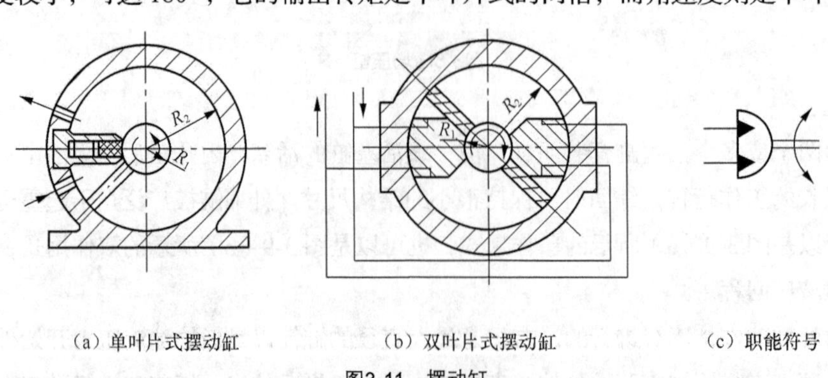

图3-11 摆动缸

3.2 液压缸的典型结构和组成

3.2.1 液压缸的典型结构

图 3-12 所示为一个较常用的双作用单活塞杆液压缸。它是由缸底 20、缸筒 10、缸盖兼导向套 9、活塞 11 和活塞杆 18 组成的。缸筒一端与缸底焊接，另一端缸盖（导向套）与缸筒用卡键 6、套 5 和弹簧挡圈 4 固定，以便拆装检修，两端设有油口 A 和 B。活塞 11 与活塞杆 18 利用卡键 15、卡键帽 16 和弹簧挡圈 17 连在一起。活塞与缸孔的密封采用的是一对 Y 形聚氨酯密封圈 12，由于活塞与缸孔有一定间隙，采用由尼龙 1010 制成的耐磨环（又叫支承环）13 定心导向。杆 18 和活塞 11 的内孔由密封圈 14 密封。较长的导向套 9 则可保证活塞杆不偏离中心，导向套外径由 O 形圈 7 密封，而其内孔则由 Y 形密封圈 8 和防尘圈 3 分别防止油外漏和灰尘侵入缸内。缸与杆端销孔与外界连接，销孔内有尼龙衬套抗磨。

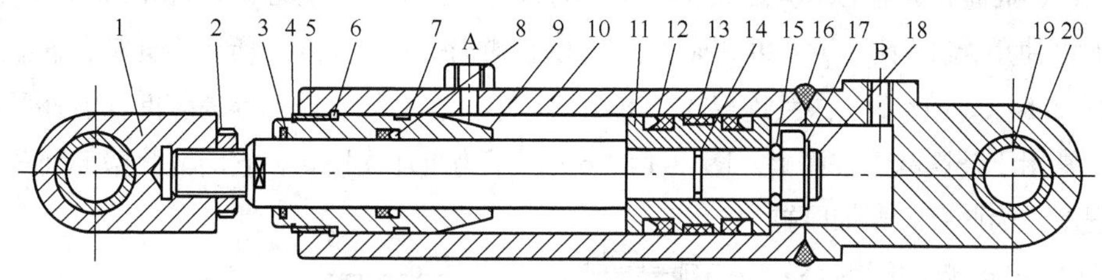

图3-12 双作用单活塞杆液压缸

1—耳环；2—螺母；3—防尘圈；4、17—弹簧挡圈；5—套；6、15—卡键
7、14—O形密封圈；8、12—Y形密封圈；9—缸盖兼导向套；10—缸筒
11—活塞；13—耐磨环；16—卡键帽；18—活塞杆；19—衬套；20—缸底

图 3-13 所示为一空心双活塞杆式液压缸的结构。由图可见，液压缸的左右两腔是通过油口 b 和 d 经活塞杆 1 和 15 的中心孔与左右径向孔 a 和 c 相通的。由于活塞杆固定在床身上，缸体 10 固定在工作台上，工作台在径向孔 c 接通压力油，径向孔 a 接通回油时向右移动；反之则向左移动。在这里，缸盖 18 和 24 是通过螺钉（图中未画出）与压板 11 和 20 相连的，并经钢丝环 12 彼此相连，左缸盖 24 空套在托架 3 孔内，可以自由伸缩。空心活塞杆的一端用堵头 2 堵死，并通过锥销 9 和 22 与活塞 8 相连。缸筒相对于活塞运动由左右两个导向套 6 和 19 导向。活塞与缸筒之间、缸盖与活塞杆之间以及缸盖与缸筒之间分别用 O 形圈 7、V 形圈 4 和 17 以及纸垫 13 和 23 进行密封，以防止油液的内、外泄漏。缸筒接近行程的左右终端时，径向孔 a 和 c 的开口逐渐减小，对移动部件起制动缓冲作用。为了排除液压缸中剩留的空气，缸盖上设置有排气孔 5 和 14，经导向套环槽的侧面

孔道（图中未画出）引出，同时与排气阀相连。

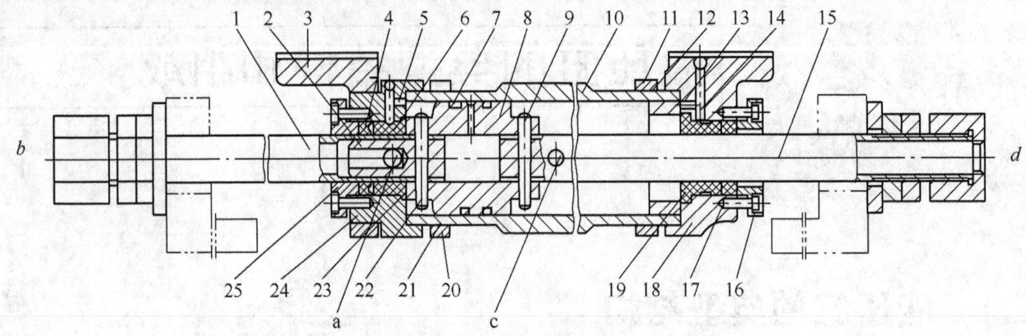

图3-13 空心双活塞杆式液压缸的结构

1—活塞杆；2—堵头；3—托架；4、17—V形密封圈；5、14—排气孔；6、19—导向套；7—O形密封圈；8—活塞；9、22—锥销；10—缸体；11、20—压板；12、21—钢丝环；13、23—纸垫；15—活塞杆；16、25—压盖；18、24—缸盖

3.2.2 液压缸的组成

从液压缸典型结构中可以看到，液压缸的结构基本上可以分为缸筒和缸盖、活塞和活塞杆、密封装置、缓冲装置和排气装置 5 个部分，分述如下。

1. 缸筒和缸盖

一般来说，缸筒和缸盖的结构形式和其使用的材料有关。工作压力 $p<10$MPa 时，使用铸铁；$p<20$MPa 时，使用无缝钢管；$p>20$MPa 时，使用铸钢或锻钢。图 3-14 所示为缸筒和缸盖的常见结构形式。图 3-14（a）所示为法兰连接式，其结构简单，容易加工，也容易装拆，但外形尺寸和重量都较大，常用于铸铁制的缸筒上。图 3-14（b）所示为半环连接式，它的缸筒壁部因开了环形槽而削弱了强度，为此有时要加厚缸壁，它容易加工和装拆，重量较轻，常用于无缝钢管或锻钢制的缸筒上。图 3-14（c）所示为螺纹连接式，它的缸筒端部结构复杂，外径加工时要求保证内外径同心，装拆要使用专用工具。它的外形尺寸和重量都较小，常用于无缝钢管或铸钢制的缸筒上。图 3-14（d）所示为拉杆连接式，该结构的通用性大，容易加工和装拆，但外形尺寸较大，且较重。图 3-14（e）所示为焊接连接式，其结构简单，尺寸小，但缸底处内径不易加工，且可能引起变形。

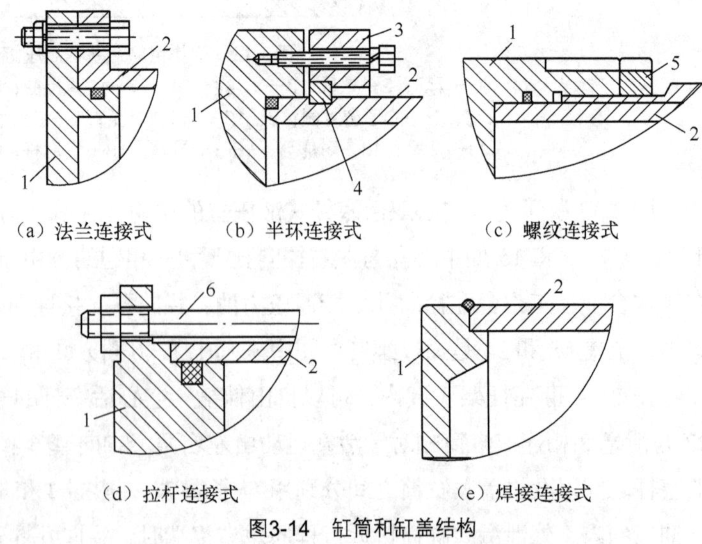

图3-14 缸筒和缸盖结构

1—缸盖；2—缸筒；3—压板；4—半环；5—防松螺帽；6—拉杆

2. 活塞与活塞杆

活塞的材料通常是钢或铸铁，有时也采用铝合金。活塞和缸筒内壁间需要密封，采用的密封件有“O”形环、“V”形油封、“U”形油封、“X”形油封和活塞环等。而活塞应有一定的导向长度，一般取活塞长度为缸筒内径的 0.6～1.0 倍。

活塞杆是由钢材做成的实心杆或空心杆，其表面经淬火再镀铬处理并抛光。活塞杆头部的结构形式如图 3-15 所示。

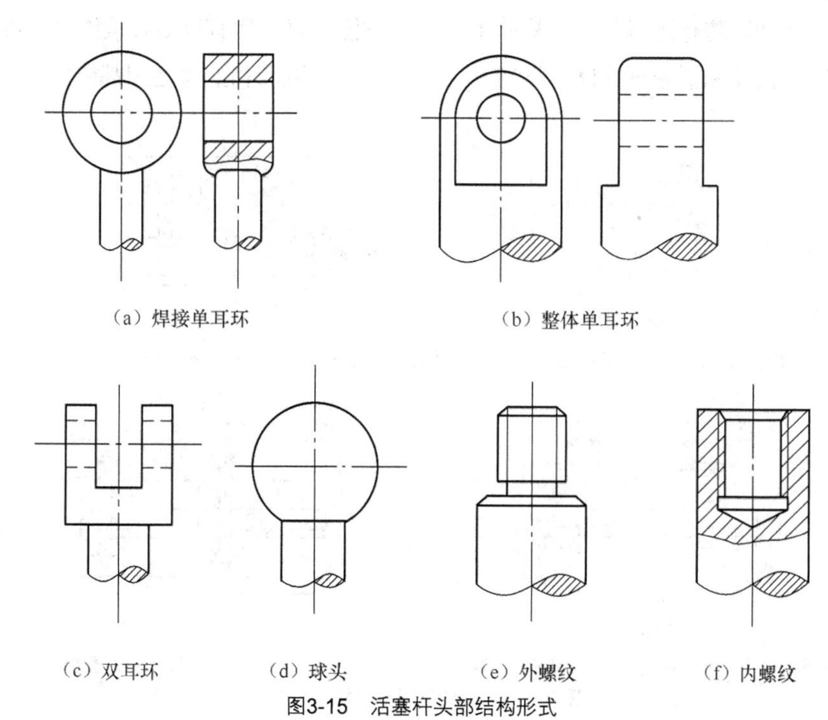

图3-15 活塞杆头部结构形式

活塞杆与活塞联接的最简单形式就是将二者做成一体。但当行程较长时，这种整体式活塞组件的加工较费事，所以常把活塞与活塞杆分开制造，然后再连接成一体。图 3-16 所示为几种常见的活塞与活塞杆的连接形式。

图 3-16（a）所示为活塞与活塞杆之间采用螺母连接，它适用于负载较小，受力无冲击的液压缸中。螺纹连接虽然结构简单，安装方便可靠，但在活塞杆上车螺纹将削弱其强度。图 3-16（b）和（c）所示为卡环式连接方式。图 3-16（b）中活塞杆 5 上开有一个环形槽，槽内装有两个半圆环 3 以夹紧活塞 4，半环 3 由轴套 2 套住，而轴套 2 的轴向位置用弹簧卡圈 1 来固定。图 3-16（c）中的活塞杆，使用了两个半圆环 4，它们分别由两个密封圈座 2 套住，半圆形的活塞 3 安放在密封圈座的中间。图 3-16（d）所示为一种径向销式连接结构，用锥销 1 把活塞 2 固连在活塞杆 3 上。这种连接方式特别适用于双杆式活塞。

3. 密封装置

液压缸中常见的密封装置如图 3-17 所示。图 3-17（a）所示为间隙密封，它依靠运动间的微小间隙来防止泄漏。为了提高这种装置的密封能力，常在活塞的表面上制出几条细小的环形槽，以增大油液通过间隙时的阻力。它的结构简单，摩擦阻力小，可耐高温，但泄漏大，加工要求高，磨损后无法恢复原有能力，只有在尺寸较小，压力较低，相对运动速度较高的缸筒和活塞间使用。图 3-17（b）所示为摩擦环密封，它依靠套在活塞上的摩擦环（尼龙或其他高分子材料制成）在 O 形密封圈弹力作用下贴紧缸壁而防止泄漏。这种材料效果较好，摩擦阻力较小且稳定，可耐高温，磨损后有自动补偿能力，但加工要求高，装拆较不便，适用于缸筒和活塞之间的密封。图 3-17（c）、图 3-17（d）所示为密封圈（O 形圈、V 形圈等）密封，它利用橡胶或塑料的弹性使各种截面的环形圈贴紧在静、动配合面之间以防止泄漏。它结构简单，制造方便，磨损后有自动补偿能力，性能可靠，在缸筒和活塞之间、缸盖和活塞杆之间、活塞和活塞杆之间、缸筒和缸盖之间都能使用。

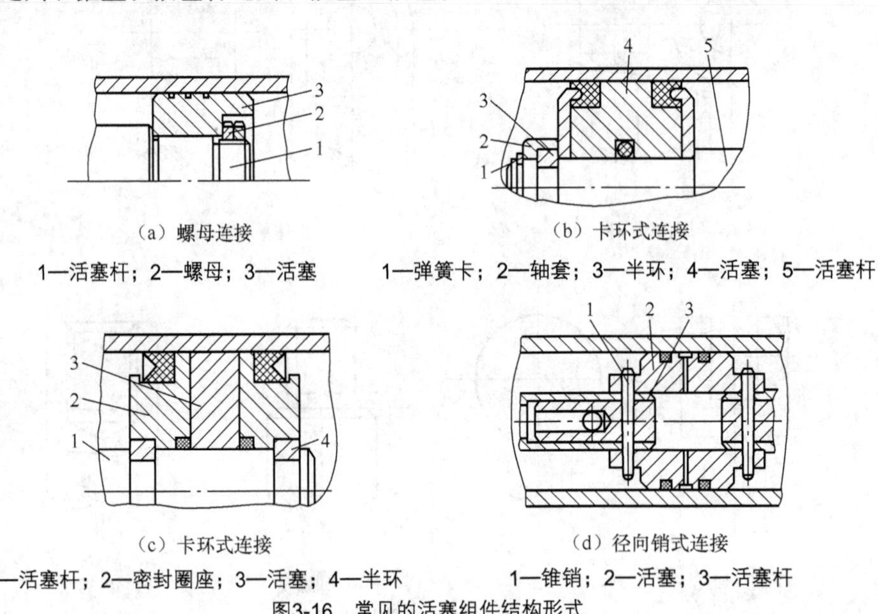

（a）螺母连接

1—活塞杆；2—螺母；3—活塞

（b）卡环式连接

1—弹簧卡；2—轴套；3—半环；4—活塞；5—活塞杆

（c）卡环式连接

1—活塞杆；2—密封圈座；3—活塞；4—半环

（d）径向销式连接

1—锥销；2—活塞；3—活塞杆

图3-16 常见的活塞组件结构形式

对于活塞杆外伸部分来说，由于它很容易把脏物带入液压缸，使油液受污染，使密封件磨损，因此常需在活塞杆密封处增添防尘圈，并放在向着活塞杆外伸的一端。

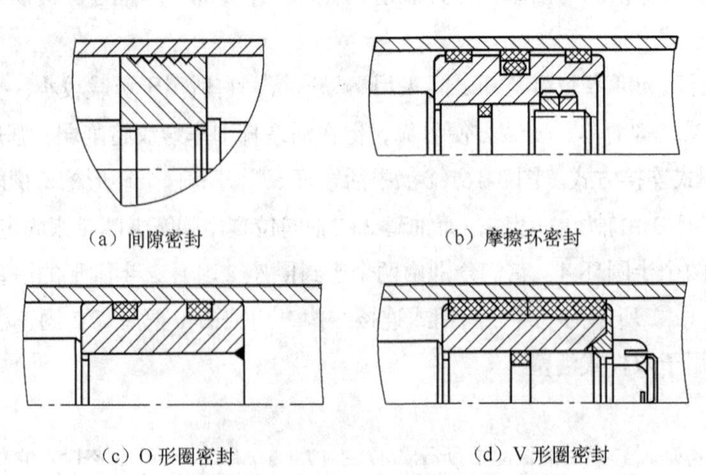

（a）间隙密封

（b）摩擦环密封

（c）O 形圈密封

（d）V 形圈密封

图3-17 密封装置

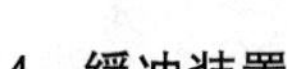

4. 缓冲装置

液压缸一般都设置缓冲装置，特别是对于大型、高速或要求高的液压缸，为了防止活塞在行程终点时和缸盖相互撞击，引起噪声、冲击，必须设置缓冲装置。

缓冲装置的工作原理是利用活塞或缸筒在其走向行程终端时封住活塞和缸盖之间的部分油液，强迫它从小孔或细缝中挤出，以产生很大的阻力，使工作部件受到制动而逐渐减慢运动速度，达到避免活塞和缸盖相互撞击的目的。

图 3-18（a）所示为间隙式缓冲装置，当缓冲柱塞进入与其相配的缸盖上的内孔时，缸盖和缓冲柱塞间形成缓冲油腔，被封闭油液只能从环形间隙 δ 排出，使回油腔压力升高而形成缓冲压力，从而使活塞运动速度降低。这种装置结构简单，制造成本低，但缓冲压力不可调节，且实现减速所需时间较长，适用于移动部件惯性不大、移动速度不太高的场合。

图 3-18（b）所示为可调节流缓冲装置，当缓冲柱塞进入配合孔之后，缸盖和缓冲柱塞间被封闭的油液只能经节流阀流出，从而使回油腔形成缓冲压力，使活塞受到制动作用。这种缓冲装置可以根据负载情况调整节流阀开口的大小，以改变缓冲压力，因此适用范围较广。

图 3-18（c）所示为可变节流缓冲装置，它在缓冲柱塞上开有三角槽，随着柱塞逐渐进入配合孔中，其节流面积越来越小，使活塞受到制动作用。这种缓冲装置缓冲作用均匀，冲击压力小，制动位置精度高。

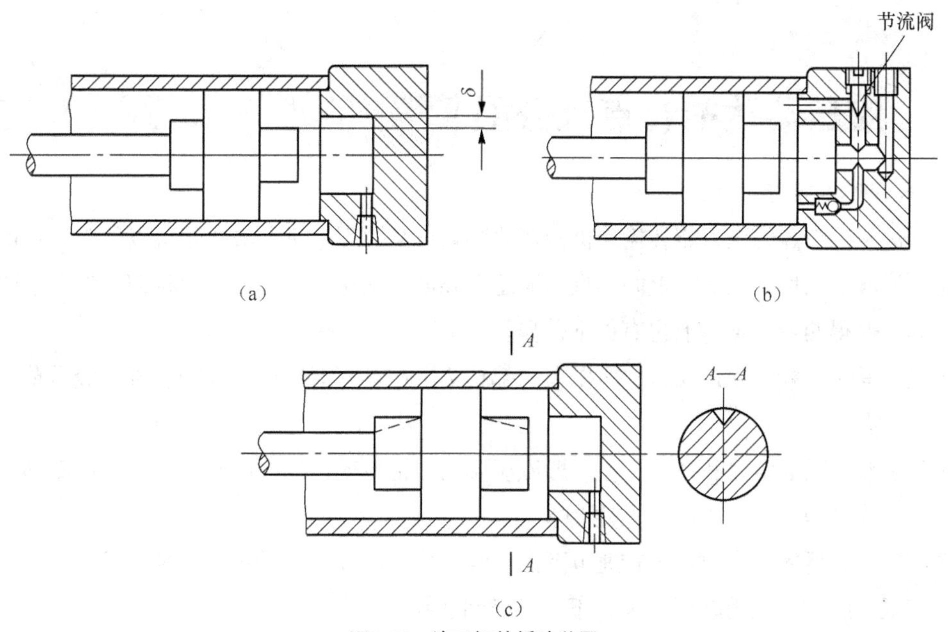

图3-18 液压缸的缓冲装置

5. 放气装置

液压缸在安装过程中或长时间停放重新工作时，液压缸里和管道系统中会渗入空气，为了防止执行元件出现爬行、噪声和发热等不正常现象，需把缸中和系统中的空气排出。一般可在液压缸的最高处设置进出油口把气带走，也可在最高处设置如图 3-19（a）所示的放气孔，或放气阀〔见图 3-19（b）、（c）〕。

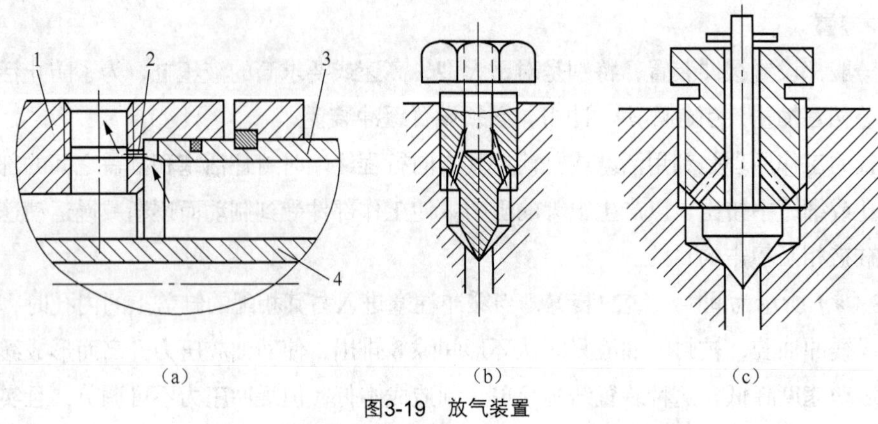

图3-19 放气装置
1—缸盖；2—放气小孔；3—缸体；4—活塞杆

3.3 液压马达

3.3.1 液压马达的特点及分类

1. 液压马达的特点

液压马达是把液体的压力能转换为机械能的装置。从原理上讲，液压泵可以作液压马达用，液压马达也可作液压泵用。但事实上同类型的液压泵和液压马达虽然在结构上相似，但由于两者的工作情况不同，使得两者在结构上也有如下差异。

（1）液压马达一般需要正反转，所以在内部结构上应具有对称性，而液压泵一般是单方向旋转的，没有这一要求。

（2）为了减小吸油阻力和径向力，一般液压泵的吸油口比出油口的尺寸大。而液压马达低压腔的压力稍高于大气压力，所以没有上述要求。

（3）液压马达要求能在很宽的转速范围内正常工作，因此，应采用液动轴承或静压轴承。因为当马达速度很低时，若采用动压轴承，不易形成润滑膜。

（4）叶片泵依靠叶片跟转子一起高速旋转而产生的离心力使叶片始终贴紧定子的内表面，起封油作用，形成工作容积。若将其当马达用，必须在液压马达的叶片根部装上弹簧，以保证叶片始终贴紧定子内表面，以便马达正常启动。

（5）液压泵在结构上需保证具有自吸能力，而液压马达就没有这一要求。

（6）液压马达必须具有较大的启动扭矩。

由于液压马达与液压泵具有上述不同的特点，使得很多类型的液压马达和液压泵不能互逆使用。

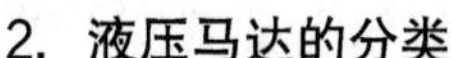

2. 液压马达的分类

（1）按结构类型划分，液压马达可以分为齿轮式、叶片式、柱塞式和其他型式。

（2）按液压马达的额定转速分为高速液压马达和低速液压马达两大类。

额定转速高于 500r/min 的属于高速液压马达，额定转速低于 500r/min 的属于低速液压马达。高速液压马达的转速较高、转动惯量小，便于启动和制动，调节（调速及换向）灵敏度高。低速液压马达的排量大、体积大、转速低（有时可达每分钟几转甚至零点几转），因此可直接与工作机构连接，不需要减速装置，使传动机构大为简化。

3.3.2 液压马达的工作原理

常用的液压马达的结构与同类型的液压泵很相似，下面对叶片马达、轴向柱塞马达的工作原理做一介绍。

1. 叶片马达

图 3-20 所示为叶片液压马达的工作原理图。

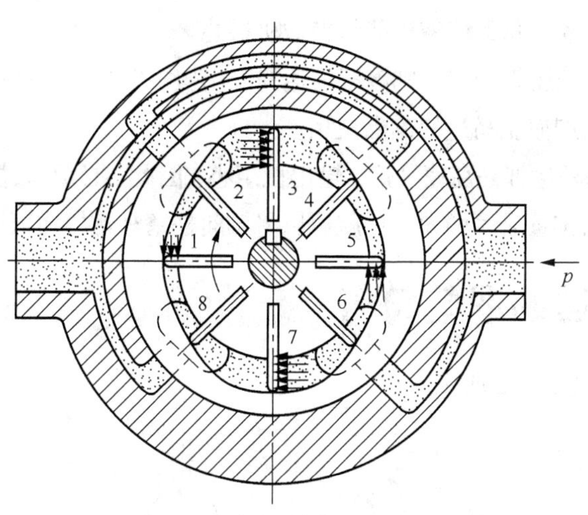

图3-20 叶片马达的工作原理图

当压力为 p 的油液从进油口进入叶片 1 和 3 之间时，叶片 2 因两面均受液压油的作用而不产生转矩。叶片 1、3 上，一面作用有压力油，另一面为低压油。由于叶片 3 伸出的面积大于叶片 1 伸出的面积，因此作用于叶片 3 上的总液压力大于作用于叶片 1 上的总液压力，于是压力差使转子产生顺时针的转矩。同样道理，压力油进入叶片 5 和 7 之间时，叶片 7 伸出的面积大于叶片 5 伸出的面积，也产生顺时针转矩。这样，就把油液的压力能转变成了机械能，这就是叶片马达的工作原理。当输油方向改变时，液压马达就反转。

当定子的长短径差值越大、转子的直径越大，输入的压力越高时，叶片马达输出的转矩就越大。对结构尺寸已确定的叶片马达，输出的转矩 T 取决于输入油的压力，输出的转速 n 取决于输入油的流量。

叶片马达的体积小，转动惯量小，因此动作灵敏，可适应的换向频率较高，但泄漏较大，不能在很低的转速下工作。因此，叶片马达一般用于转速高、转矩小和动作灵敏的场合。

2. 轴向柱塞马达

轴向柱塞马达的结构形式基本上与轴向柱塞泵一样，故其种类与轴向柱塞泵相同，也分为直轴式轴向柱塞马达和斜轴式轴向柱塞马达两类。

轴向柱塞马达的工作原理如图 3-21 所示。

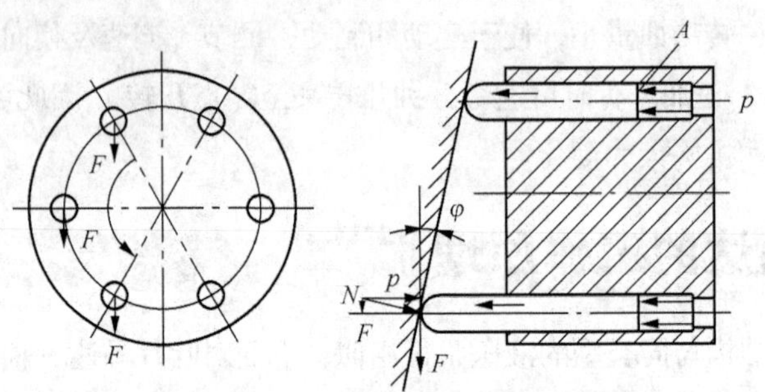

图3-21 斜盘式轴向柱塞马达的工作原理图

当压力油进入液压马达的高压腔之后，工作柱塞便受到油压作用力顶出滑靴，压在斜盘的斜面上，斜盘对柱塞产生一反作用力，其径向分力 F 通过柱塞作用在缸体上，相对于缸体中心产生一力矩，使缸体带动传动轴转动，从而将液压能转换成机械能。

若输入液压马达的油液压力一定，则液压马达的输出扭矩仅和每转排量有关。因此，提高液压马达的每转排量，可以增加液压马达的输出扭矩。

一般来说，轴向柱塞马达都是高速马达，输出扭矩小，因此，必须通过减速器来带动工作机构。如果我们能使液压马达的排量显著增大，也就可以将轴向柱塞马达做成低速大扭矩马达。

3.3.3 液压马达的职能符号

液压马达职能符号如图 3-22 所示。

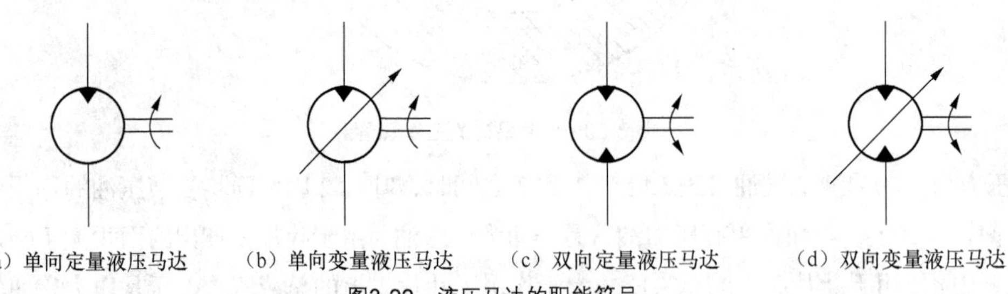

（a）单向定量液压马达　（b）单向变量液压马达　（c）双向定量液压马达　（d）双向变量液压马达

图3-22 液压马达的职能符号

3.3.4 液压马达的性能参数

1. 工作压力和额定压力

马达入口油液的实际压力称为马达的工作压力 p_M，马达入口压力和出口压力的差值称为马达的工作压差 Δp_M。在马达出口直接连接油箱的情况下，为便于定性分析问题，通常近似认为马达的工作压力 p_M 就等于工作压差 Δp_M。

马达在正常工作条件下，按试验标准规定连续运转的最高压力称为马达的额定压力。与泵相同，马达的额定压力亦受泄漏和零件强度的制约，超过此值时就会过载。

2. 流量和排量

马达轴每转一周，由其密封容腔几何尺寸变化计算而得的液体体积称为马达的排量 V_M。

马达密封容腔容积变化所需要的流量称为马达的理论流量 q_{Mt}，马达入口处所需的流量称为马达的实际流量 q_M。实际流量和理论流量之差即为马达的泄漏量 Δq_M。

3. 转速和容积效率

马达的输出转速 n_M 等于马达的理论流量 q_{Mt} 与排量 V_M 的比值，即

$$n_M = \frac{q_{Mt}}{V_M} \tag{3-17}$$

因马达实际存在泄漏，由马达的实际流量 q_M 计算马达的输出转速 n_M 时，应考虑到马达的容积效率 η_{Mv}。当液压马达的泄漏流量为 Δq_M 时，则马达的实际流量为 $q_M = q_{Mt} + \Delta q_M$。这时，液压马达的容积效率为

$$\eta_{Mv} = \frac{q_{Mt}}{q_M} = \frac{q_M - \Delta q_M}{q_M} = 1 - \frac{\Delta q_M}{q_M} \tag{3-18}$$

则马达的实际输出转速为

$$n_M = \frac{q_M}{V_M}\eta_{Mv} \tag{3-19}$$

4. 转矩和机械效率

设马达的出口压力为零，入口压力即工作压力为 p_M，排量为 V_M，则马达的理论输出转矩 T_{Mt} 有与泵相同的表达形式 ，即

$$T_{Mt} = \frac{p_M V_M}{2\pi} \tag{3-20}$$

因马达实际上存在着机械摩擦，故在计算实际输出转矩应考虑机械效率 η_{Mm}。当液压马达的转矩损失为 ΔT_M，则马达的实际输出转矩为 $T_M = \Delta T_{Mt} - \Delta T_M$。这时，液压马达的机械效率为

$$\eta_{Mm} = \frac{T_M}{T_{Mt}} = \frac{T_{Mt} - \Delta T_M}{T_{Mt}} = 1 - \frac{\Delta T_M}{T_{Mt}} \tag{3-21}$$

则马达的实际输出转矩为

$$T_M = T_{Mt}\eta_{Mm} = \frac{p_M V_M}{2\pi}\eta_{Mm} \tag{3-22}$$

5. 功率和总效率

马达的输入功率 P_{Mi} 为

$$P_{Mi} = p_M q_M \tag{3-23}$$

马达的输出功率 P_{Mo} 为

$$P_{Mo} = 2\pi n_M T_M \tag{3-24}$$

马达的总效率 η_M 即为

$$\eta_M=\frac{P_{Mo}}{P_{Mi}}=\frac{2\pi n_M T_M}{p_M q_M}=\frac{2\pi n_M T_M}{p_M\dfrac{V_M n_M}{\eta_{Mv}}}=\frac{T_M}{\dfrac{p_M V_M}{2\pi}}\eta_{Mv}=\eta_{Mm}\eta_{Mv} \tag{3-25}$$

由上式可见，液压马达的总效率等于机械效率与容积效率的乘积，在这一点上与液压泵相同。

本章介绍的液压缸和液压马达是液压系统的执行元件，它将液压系统输入的压力能转换为机械能输出并驱动工作机构做功。

通常液压缸输出直线往复运动或回转摆动，其基本结构类型为活塞式、柱塞式、摆动式。活塞式液压缸应用最为广泛，其基本的参数为力和速度，应注意活塞式液压缸在不同连接方式时的参数分析与计算，还应掌握常用液压缸的结构类型特点、工作原理、安装形式及适用范围等要求。

液压马达输出回转运动，常见的液压马达有叶片马达和柱塞马达，其基本的参数为扭矩和转速。应特别注意液压泵和液压马达在结构特点、工作原理以及参数分析计算时的异同点。

3-1 液压缸有哪些类型？结构上各有何特点？

3-2 液压缸由哪几部分组成？

3-3 液压缸为什么要设缓冲装置？缓冲方式有哪几种？

3-4 液压马达和液压泵有哪些相同点和不同点？

3-5 如图 3-23 所示，两个相同的液压缸串联起来，两缸的无杆腔和有杆腔的有效工作面积分别为 $A_1=100\ \text{cm}^2$，$A_2=80\ \text{cm}^2$，缸 1 输入的压力 $p_1=0.9\times10^6\text{Pa}$，输入的流量 $q_1=12\text{L/min}$，不计损失和泄露，试求：

（1）当两缸的负载相等（$F_1=F_2$）时，该负载的数值及两缸的运动速度是多少？

（2）当缸 2 的输入压力是缸 1 的一半（$p_2=\frac{1}{2}p_1$）时，两缸个能承受多少负载？

（3）缸 1 不承受负载（$F_1=0$）时，缸 2 能承受多少负载？

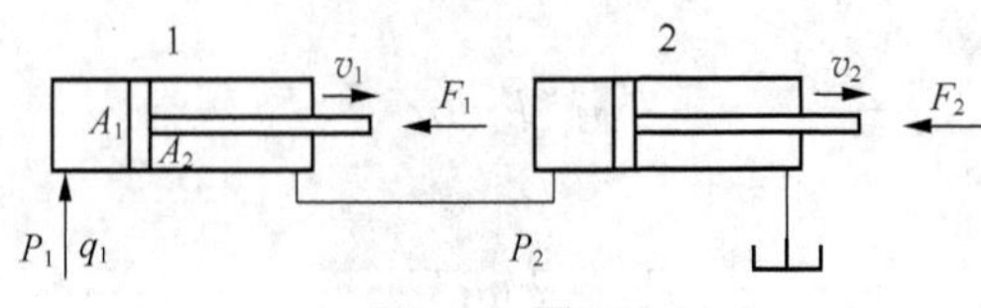

图3-23 题3-5

3-6 某一差动液压缸，要求（1）$\upsilon_{快进}=\upsilon_{快退}$（2）$\upsilon_{快进}=2\upsilon_{快退}$，求：活塞面积 A_1 和活塞杆面积 A_2 之比应为多少？

3-7 图 3-24 所示为定量泵和定量马达系统。泵输出压力 $p_p=10\times10^6\text{Pa}$，排量 $V_p=10\text{mL/r}$，转速 $n_p=1450\text{r/min}$，机械效率 $h_{Pm}=0.9$，容积效率 $h_{Pv}=0.9$；马达排量 $V_M=10\text{mL/r}$，机械效率 $h_{Mm}=0.9$，容积效率 $\eta_{Mv}=0.9$，泵出口和马达进口间管道压力损失为 $\Delta p=0.5\times10^6\text{Pa}$，其他损失不计。试求：

（1）泵的输出功率 P_{Po}(kW)

（2）驱动该泵的电机功率 P_{Pi}(kW)

（3）马达输出转速 n_M(r/min)

（4）马达输出转矩 T_M(N · M)

（5）马达输出功率 P_{Mo}(kW)

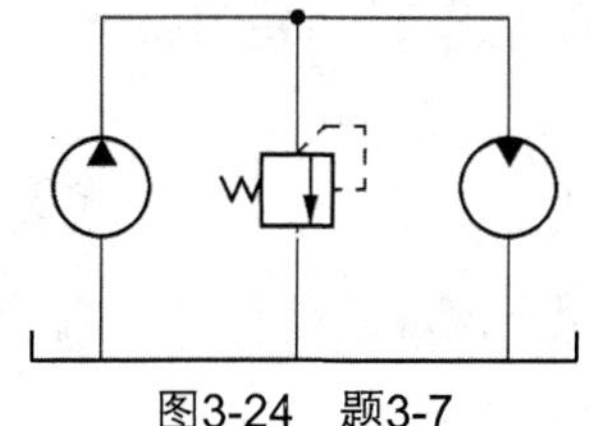

图3-24 题3-7

第4章 液压控制元件

【学习目标】

1. 掌握液压阀的分类、组成及功用
2. 掌握各种阀的工作原理及应用场合
3. 了解常见阀的结构及调整方法
4. 能识别各种阀的职能符号和工作方式

在液压传动系统中，液压控制元件主要用来控制液压执行元件的运动方向、承载能力、运动速度，从而实现对机械设备工作性能的要求。液压控制元件也称为液压控制阀，简称液压阀。液压阀的种类繁多，结构复杂。新型阀不断涌现。分析和研究工程设备中常用液压阀的工作原理、工作特性及应用场合，对分析液压设备的工作过程、工作性能和系统设计十分重要 。

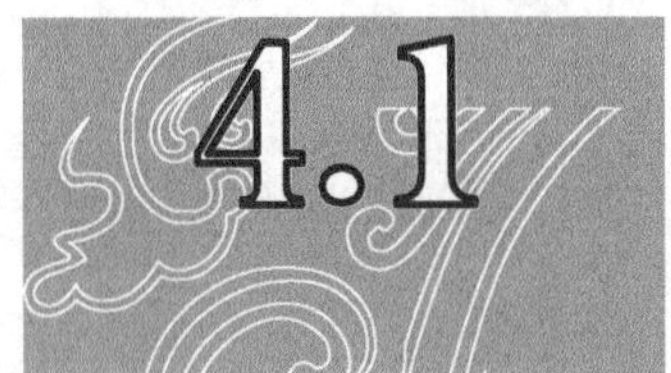

4.1 液压阀概述

液压阀是一种主要用来控制、调节液压系统中液压油的流动方向、压力的高低和流量的大小，以满足液压缸、液压马达等执行元件不同的动作要求的控制元件。

4.1.1 液压阀的基本结构与工作原理

液压阀是用来控制液压系统中油液的流动方向或调节系统压力和流量的，因此它可分为方向阀、压力阀和流量阀 3 大类。形状相同的阀可以因为作用机制的不同而具有不同的功能。压力阀和流量阀利用通流截面的节流作用控制着系统的压力和流量，而方向阀则利用通流通道的更换控制着油液的流动方向。这就是说，尽管液压阀存在着各种各样不同的类型，它们之间还是保持着一些基本的

共同之处的。例如：

（1）在结构上，所有的阀都由阀体、阀芯（座阀或滑阀）和驱动阀芯动作的元、部件（如弹簧、电磁铁）组成。

（2）在工作原理上，所有的阀都是通过改变阀芯与阀体的相对位置来控制和调节液流的压力、流量及流动方向的。所有阀的开口大小、阀进出口间的压差以及流过阀的流量之间的关系都符合孔口流量公式，只是各种阀控制的参数不相同而已。

4.1.2 液压阀的分类

液压阀可按不同的特征进行分类，见表4-1。

表4-1 液压阀的分类

分类方法	种类	详细分类
按机能分类	压力控制阀	溢流阀、顺序阀、卸荷阀、平衡阀、减压阀、比例压力控制阀、压力继电器
	流量控制阀	节流阀、单向节流阀、调速阀、分流阀、集流阀、比例流量控制阀
	方向控制阀	单向阀、液控单向阀、换向阀、梭阀、比例方向阀
按结构分类	滑阀	圆柱滑阀、旋转阀、平板滑阀
	座阀	锥阀、球阀、喷嘴挡板阀
	射流管阀	射流阀
按操纵方式分类	手动阀	手柄及手轮操纵、按钮及推压操纵、踏板操纵
	机动阀	挡块及碰块操纵、顶杆滚轮操作
	液压阀	液压操纵
	气动阀	气压操纵
	电动阀	电磁铁操纵、伺服电动机和步进电动机操纵
按连接方式分类	管式连接	螺纹式连接、法兰式连接
	板式及叠加式连接	单层连接板式、双层连接板式、集成块连接、叠加式连接
	插装式连接	螺纹式插装（二、三、四通插装阀）、法兰式插装（二通插装阀）
按控制方式分类	开关及定值控制阀	压力控制阀、流量控制阀、方向控制阀
	电液比例阀	电液比例压力阀、电源比例流量阀、电液比例换向阀、电流比例复合阀
	伺服阀	单、两级电液流量伺服阀、三级电液流量伺服阀
	数字控制阀	数字控制压力阀、流量阀与方向阀

4.1.3 液压阀的性能参数

液压阀的工作能力由阀的性能参数决定。液压阀的基本参数与阀的种类有关。不同的液压阀具有不同的性能参数，适合于不同的液压阀系统。其共性的参数与压力和流量有关。

1. 与压力有关的参数

（1）公称压力，是标志液压阀承压能力大小的参数，是液压阀在额定工作状态下的名义压力，单位为 MPa。

（2）额定压力，阀长期工作所允许的最高压力。对于压力控制阀，实际最高压力有时与阀的调压范围有关；对于换向阀，实际最高压力可能受其功率极限的限制。

2. 与流量有关的参数

流量是标志液压阀通流性能的参数。与流量有关的参数主要有公称流量和通径。对于流量阀还有最小稳定流量等参数。

（1）液压阀的公称流量，国产的中低压液压阀常用公称流量来表示元件的通流能力。它是指液压阀在额定的工作状态下通过的名义流量，代号 q_g，常用计量单位为 L/min，国际上规定的液压阀公称流量标准有：2、3、6、10、25、40、50、63、80、100、125、160、200、320、400、500、800、1 000、1 250、1 600L/min。

公称流量对于液压阀的使用没有实际意义，仅供市场选购中与动力元件配套时参考。在实际情况下，液压元件厂商在样本上给出标有液压阀各种流量值的特性曲线。此曲线对于元件的选择，了解元件在各种工作参数下的工作状态，具有更直接的实用价值。

（2）液压阀的公称通径，代表阀的通流能力的大小，以符号 DN（单位为 mm）表示，对应于阀的额定流量。与阀的进出油口连接的油管应与阀的通径相一致。阀工作时的实际流量应小于或等于它的额定流量，最大不得大于额定流量的 1.1 倍。

液压阀的通径一旦确定，所配套的管道规格也就确定了。需要说明的是，液压阀的通径仅表明该阀的通流能力和所配管道的尺寸规格，并不表示该阀的实际进出口尺寸。

4.1.4 液压阀的基本要求

液压阀作为液压系统中的控制元件，它对外并不做功，只是参与组成液压基本回路，以满足不同液压设备的工作要求。控制阀是液压系统的一个重要组成部分，通过它才能使液压系统按需要去完成各种动作。阀的质量的优劣，直接影响到液压系统的工作性能。液压系统中选用的液压阀应满足如下要求：

（1）动作灵敏，使用可靠，工作时冲击和振动小。

（2）阀口全开时，液流压力损失小；阀口关闭时，密封性能好。

（3）所控制的参数（压力或流量）稳定，受外干扰时变化量小。

（4）结构紧凑，安装、调试、维护方便，通用性好。

4.2 方向控制阀

方向控制阀在液压系统中用来控制液流的方向。它分为单向阀和换向阀两种类型。换向阀操作阀芯运动的方式有手动、机动、电动、液动、电液动等。

4.2.1 单向阀

液压系统中常见的单向阀有普通单向阀和液控单向阀两种。

1. 普通单向阀

普通单向阀的作用是使油液只沿一个方向流动，不允许反向倒流。单向阀用于控制油液向一个方向流动而不反向流动，因此又称之为止回阀。

对单向阀的基本要求是：油液向一个方向流动时压力损失要小；遏制反向流动时密封性要好；动作灵敏，工作时无撞击和噪声。

（1）工作原理与图形符号。图 4-1（a）所示为一种管式普通单向阀的结构。压力油从阀体左端的通油口 P_1 流入时，克服弹簧 3 作用在阀芯 2 上的力，使阀芯向右移动，并进一步打开阀口，通过阀芯 2 上的径向孔 a、轴向孔 b，从阀体右端的通油口 P_2 流出。压力油从阀体右端的通油口 P_2 流入时，油液压力和弹簧力一起使阀芯锥面压紧在阀座上，使阀口关闭，油液便无法通过。图 4-1（b）所示是单向阀的职能符号图。

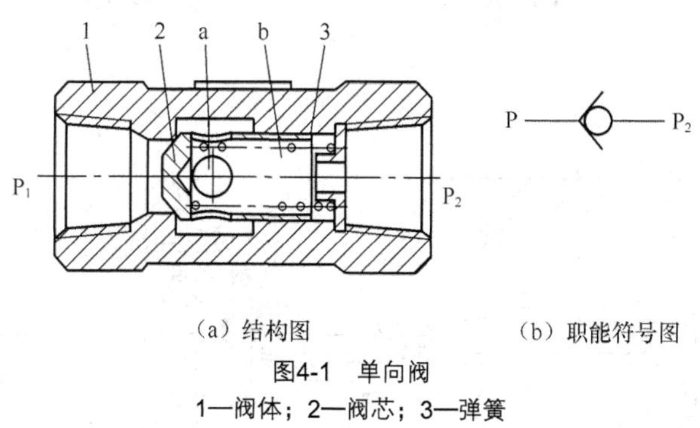

（a）结构图　　（b）职能符号图

图4-1　单向阀

1—阀体；2—阀芯；3—弹簧

单向阀的弹簧主要用来克服阀芯复位时的摩擦力和惯性力，并使单向阀关闭迅速可靠。弹簧刚度一般很小，以避免液流通过时产生过大的压力损失。一般单向阀开启压力为 0.035～0.05MPa，通过其公称流量时的压力损失不应超过 0.1～0.3MPa。单向阀用作背压阀时，要将软弹簧更换成合适的硬弹簧。这种阀常安装在液压系统的回油路上，用以产生 0.2～0.6MPa 的背压力。

（2）单向阀的应用。

① 安装在液压泵出口，防止系统压力突然升高而损坏液压泵，同时防止系统中的油液在泵停机时倒流回油箱，如图 4-2 所示。

② 安装在回油路中作为背压阀。把单向阀串联在液压缸回油管路上，使回油路上保持一定的背压力，增加工作机构的平稳性，如图 4-3 所示。此时应采用刚度较大的弹簧，使其开启压力达 0.2～0.6MPa。

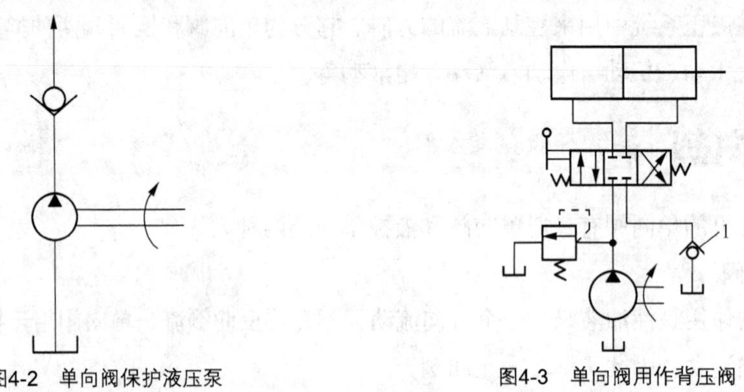

图4-2 单向阀保护液压泵　　图4-3 单向阀用作背压阀

③ 与其他阀组合成单向控制阀。

2. 液控单向阀

（1）工作原理与图形符号。液控单向阀允许液流向一个方向流动，其反向开启必须通过液压控制来实现。图 4-4（a）所示为液控单向阀的结构。当控制口 K 处无压力油通入时，它的工作机制和普通单向阀一样：压力油只能从通油口 P_1 流向通油口 P_2，不能反向倒流。当控制口 K 有控制压力油时，控制活塞 1 右侧的 a 腔通泄油口，使油液推动活塞 1 右移，推动顶杆 2 顶开阀芯 3，进而使通口 P_1 和 P_2 接通，油液便可在两个方向自由流通。图 4-4（b）所示为液控单向阀的职能符号。

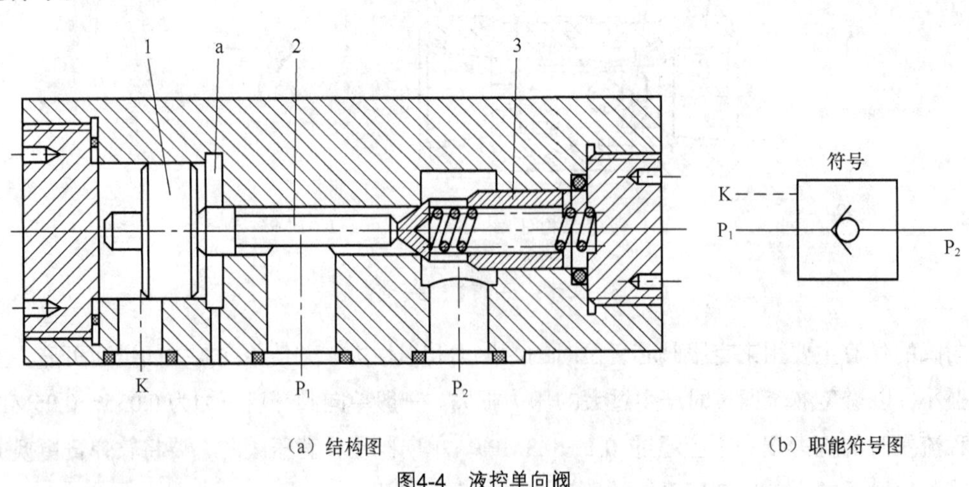

（a）结构图　　（b）职能符号图

图4-4 液控单向阀

1—活塞；2—顶杆；3—阀芯

（2）液控单向阀的应用。液控单向阀既具有普通单向阀的特点，又可以在一定条件下允许正反向液流自由通过。因此，液控单向阀通常用于液压系统的保压、锁紧和平衡回路。

如图 4-5 所示，液控单向阀可用于液压缸的锁紧。阀 4 的控制油路接在阀 5 的进油路上，阀 5 的控制油路接在阀 4 的进油路上。当压力油从阀 5 进入液压缸上腔时，液压缸下腔回油经阀 4 回油箱，活塞下降；同理，当压力油从阀 4 进入液压缸下腔时，通过控制油路将阀 5 打开，液压缸上腔的回油经阀 5 回油箱。当换向阀处于中间位置时，两液控单向阀的进油口均与油箱相通而失去压力，单向阀迅速关闭。液压缸活塞可以被锁紧在任意位置上，锁紧精度仅受液压缸内泄漏的影响。这种控制阀常用于汽车起重机的支腿锁紧。

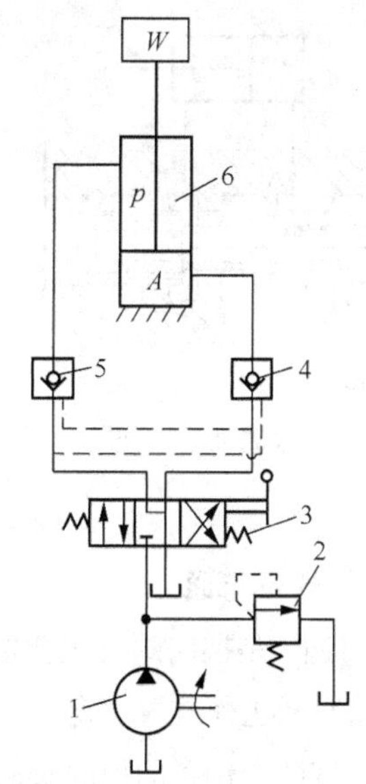

图4-5 液控单向阀用于液压缸的锁紧
1—液压泵；2—溢流阀；3—手动换向阀；
4、5—液控单向阀；6—液压缸

4.2.2 换向阀

换向阀利用阀芯相对于阀体的相对运动，使油路接通、关断，或变换油流的方向，从而使液压执行元件启动、停止或变换运动方向。

对换向阀性能的基本要求是：油液流经换向阀时的压力损失要小（一般 0.3MPa）；互不相通的油口间密封性好，泄漏量小；换向控制力小，换向可靠，动作灵敏；换向迅速且平稳无冲击。

1. 换向阀的工作原理

换向阀按阀芯形状分类，有滑阀式和转阀式两种。滑阀式换向阀在液压系统中应用广泛。图 4-6 为滑阀式换向阀工作原理图和图形符号。阀芯是具有若干个环槽的圆柱体，阀体孔内开有 5 个沉割槽，每个沉割槽都通过相应的孔道与主油路连通。其中 P 为进油口，T 为回油口，A 和 B 分别与油缸的左右两腔连通。当阀芯处于图 4-6（a）所示的位置时，P 与 B、A 与 T 相通，活塞向左运动；当阀芯处于图 4-6（b）所示的位置时，P 与 A、B 与 T 相通，活塞向右运动。因此，可通过阀芯移动来实现执行元件的正、反向运动或停止。

图 4-7（a）为转动式换向阀（简称转阀）的工作原理图。

该阀由阀体 1、阀芯 2 和使阀芯转动的操作手柄 3 组成。在图示位置，通口 P 和 A 相通、B 和 T 相通；当操作手柄转换到“止”位置时，通油口 P、A、B 和 T 均不相通；当操作手柄转换到另一位置时，则通油口 P 和 B 相通，A 和 T 相通。图 4-7（b）所示是它的职能符号。

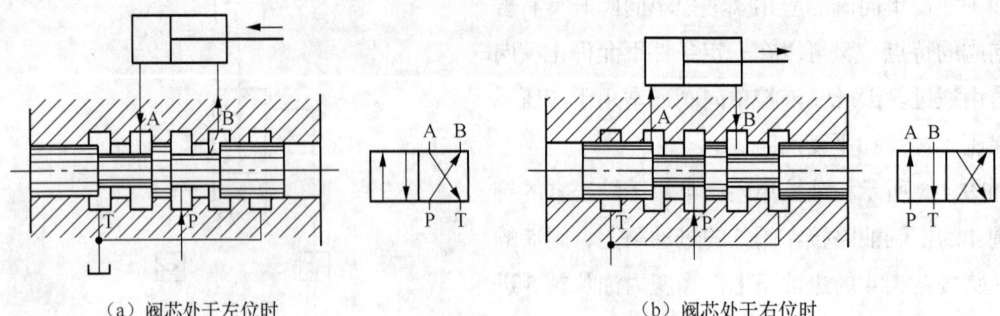

（a）阀芯处于左位时　　（b）阀芯处于右位时

图4-6　滑阀式换向阀工作原理图

2. 换向阀的位与通

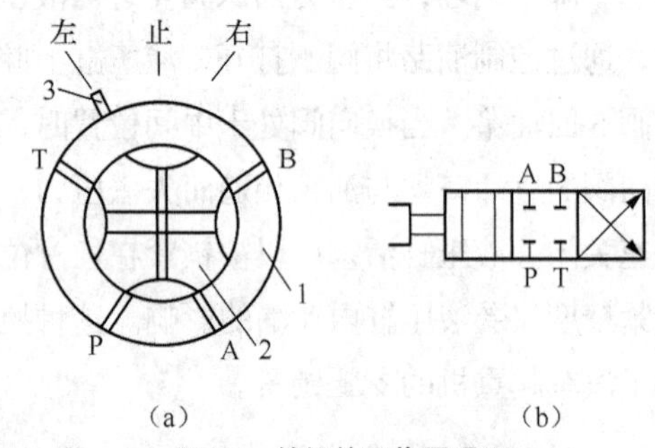

图4-7　转阀的工作原理图

1—阀件；2—阀芯；3—操作手柄

“位”和“通”是换向阀的重要概念，换向阀的功能主要由通路数及工作位置决定。“位”是指阀芯的工作位置，阀芯有两个位置的换向阀简称二位阀，阀芯有3个位置的阀简称三位阀。在图形符号中用方格表示换向阀的工作位置，二格就是二位，三格即三位。“通”是指滑阀与系统连接的油路数，即换向阀的通油口数目。有两个油口的阀简称为二通阀，那么“三通阀”、“四通阀”是指换向阀的阀体上有3个、4个各不相通且可与系统中不同油管相连的油道接口。不同油道之间只能通过阀芯移位时阀口的开关来沟通。几种不同“通”和“位”的滑阀式换向阀主体部分的结构形式和图形符号见表4-2。

表4-2　滑阀式换向阀的主体结构和图形符号

名称	结构原理图	图形符号	使用场合		
二位二通	A B		控制油路的切断（相当于一个开关）		
二位三通	A P B		控制液流方向（从一个方向变换成另一个方向）		
二位四通	B P A T		控制执行元件换向	不能使执行元件在任一位置上停止运动	执行元件正反向运动时，回油方式相同

续表

名称	结构原理图	图形符号	使用场合		
二位五通	T_1 A P B T_2		控制执行元件换向	不能使执行元件在任一位置上停止运动	执行元件正反向运动时，回油方式不相同
三位四通	A P B T			能使执行元件在任一位置上停止运动	执行元件正反向运动时，回油方式相同
三位五通	T_1 A P B T_2				执行元件正反向运动时，回油方式不相同

表 4-2 中图形符号的含义如下。

① 用方框表示阀的工作位置，有几个方框就表示几“位”。

② 方框内的箭头表示油路处于接通状态，但箭头方向不一定表示液流的实际方向；

③ 方框内符号“┴”或“┬”表示该通路不通；

④ 一个方框的上、下边与外部连接的接口数有几个，就表示几“通”。

⑤ 通常阀与系统供油路连接的进油口用字母 P 表示；阀与系统回油路连通的回油口用 T（有时用 O）表示；而阀与执行元件连接的油口用 A、B 等表示。有时在图形符号上用 L 表示泄漏油口；

⑥ 换向阀都有两个或两个以上的工作位置，其中一个为常态位，即阀芯未受到外部操纵力时所处的位置。绘制液压系统图时，油路一般应连接在常位上。

3. 换向阀的中位机能

换向阀的中位机能是指阀芯处于常态位置时，换向阀各油路的通断情况，也称为滑阀机能。滑阀机能直接影响执行元件的工作状态，不同的滑阀机能可满足系统的不同要求。三位四通换向阀常见的中位机能、符号及其特点见表 4-3。

表 4-3　　三位四通阀常用的中位机能

型式	符号	中位油口状况、特点及应用
O 形	A B P T	P、A、B、T 四口全封闭，液压缸闭锁
H 型	A B P T	P、A、B、T 四口全通，活塞浮动，在外力作用下可移动，泵卸荷

续表

型式	符号	中位油口状况、特点及应用
Y 型	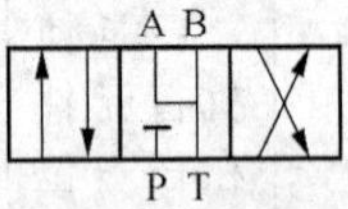 A B P T	P 封闭，A、B、T 口相通，活塞浮动，在外力作用下可移动，泵不卸荷
K 型	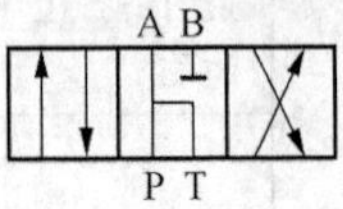 A B P T	P、A、T 口相通，B 口封闭，活塞处于闭锁状态，泵卸荷
M 型	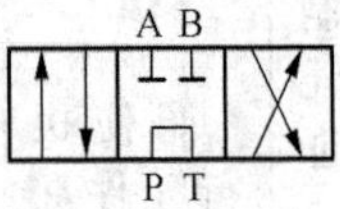 A B P T	P、T 口相通，A 与 B 口均封闭，活塞闭锁不动，泵卸荷
X 型	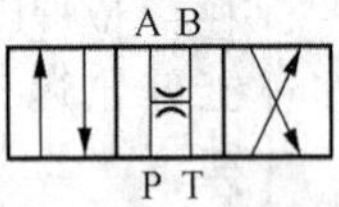 A B P T	四油口处于半开启状态，泵基本上卸荷，但仍保持一定压力
P 型	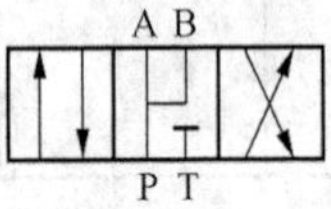 A B P T	P、A、B 口相通，T 封闭，泵与缸两腔相通，可组成差动回路
J 型	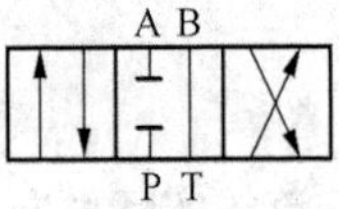 A B P T	P 与 A 封闭，B 与 T 相通，活塞停止，但在外力作用下可向一边移动，泵不卸荷
C 型	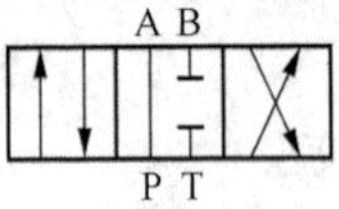 A B P T	P 与 A 相通，B 与 T 封闭，活塞处于停止位置
U 型	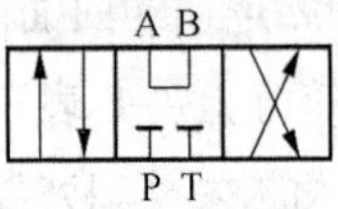 A B P T	P 和 T 封闭，A 与 B 相通，活塞浮动，在外力作用下可移动，泵不卸荷

在分析和选择阀的中位机能时，通常考虑以下几点。

（1）系统保压。当 P 口被堵塞，系统保压，液压泵能用于多缸系统。当 P 口不太通畅地与 T 口接通时（如 X 型），系统能保持一定的压力供控制油路使用。

（2）系统卸荷。P 口通畅地与 T 口接通时，系统卸荷。

（3）启动平稳性。阀在中位时，液压缸某腔如通油箱，则启动时该腔内因无油液起缓冲作用，启动不太平稳。

（4）液压缸“浮动”和在任意位置上的停止。阀在中位，当 A、B 两口互通时，卧式液压缸呈“浮动”状态，可利用其他机构移动工作台，调整其位置。当 A、B 两口堵塞，则可使液压缸在任意位置处停下来。

4. 换向阀的操纵方式

常见滑阀的几种典型操纵方式见图 4-8。

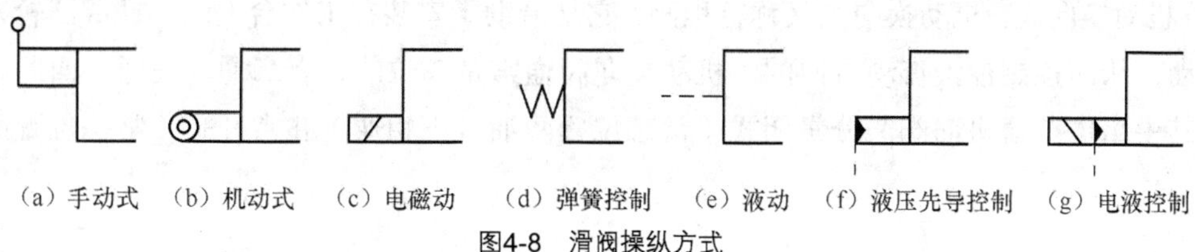

（a）手动式 （b）机动式 （c）电磁动 （d）弹簧控制 （e）液动 （f）液压先导控制 （g）电液控制

图4-8 滑阀操纵方式

滑阀式换向阀的操纵方法见和表 4-4。

T

表 4-4 滑阀式换向阀的操纵方法

操纵方法	图形符号	符号说明
手动控制		三位四通手动换向阀，左端表示手动把手，右端表示复位弹簧
机动控制		二位二通机动换向阀，左端表示可伸缩压杆，右端表示复位弹簧
电磁控制	A B P T	三位四通电磁换向阀，左、右两端都有驱动阀芯动作的电磁铁和对中位弹簧
液压控制	A B K_1 K_2 P T	三位四通液动换向阀，K_1、K_2 为控制阀芯动作的液压油进、出口，当 K_1、K_2 无压时，靠左、右复位弹簧复中位
电液控制	I X Y A B II P T	Ⅰ为三位四通先导阀，双电磁铁驱动弹簧对中位，Ⅱ为三位四通主阀，由液压驱动。X 为控制压力油口，Y 为控制回油口

5. 换向阀的结构

在液压传动系统中广泛采用的是滑阀式换向阀，在这里主要介绍这种换向阀的几种典型结构。

（1）手动换向阀。手动换向阀是利用手动杠杆改变阀芯位置，进而控制液流方向和油路通断的。手动换向阀有自动复位式和弹簧钢球定位式两种。

图 4-9（a）所示为弹簧自动复位结构。当手柄向左搬动，油口 P 与 A 相通，B 与 T 接通。当手柄向右扳动时，阀芯左移，这时油口 P 与 B 相通，油口 A 通过阀芯的中心孔与 T 相通。松开手柄，阀芯在弹簧的作用下自动返回中位。该阀适用于动作频繁、工作持续时间短的场合，操作比较完全，常用于工程机械的液压传动系统中。

图 4-9（b）所示为弹簧钢球定位结构，阀芯右端有定位钢球和小弹簧，利用钢球嵌入凹槽起到定位作用。扳动手柄时阀芯移动，松开手柄后阀芯通过弹簧钢球定位而保持其位置固定不变。此结构适用于机床、液压机、船舶等需保持工作状态时间较长的情况，也可用于脚踏操纵。

（2）机动换向阀。机动换向阀又称行程阀，它是借助于安装在工作台上的挡铁或凸轮来迫使阀芯移动，从而控制油液流动方向的。机动换向阀通常是二位的，有二通、三通、四通和五通几种，其中二位二通机动阀又分常闭式（常态位置两油口不相通）和常开式（常态位置两油口相通）两种。

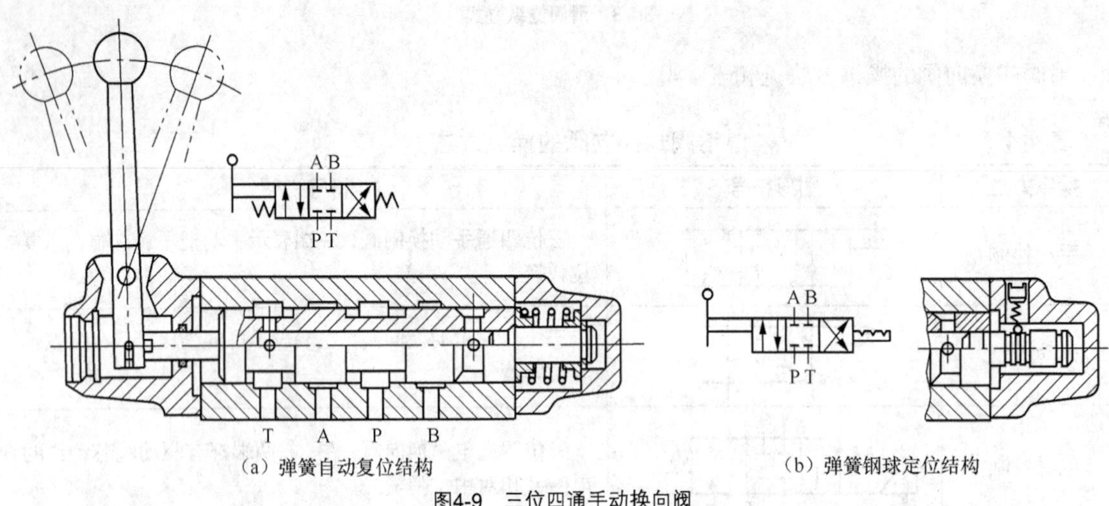

（a）弹簧自动复位结构　　（b）弹簧钢球定位结构

图4-9　三位四通手动换向阀

图 4-10（a）为滚轮式二位二通常闭式机动换向阀，在图示位置阀芯 3 被弹簧 4 压向左端，油腔 P 和 A 不通。当挡铁压住滚轮 2，使阀芯 3 移动到右端时，就使油腔 P 和 A 接通。图 4-10（b）所示为其职能符号。

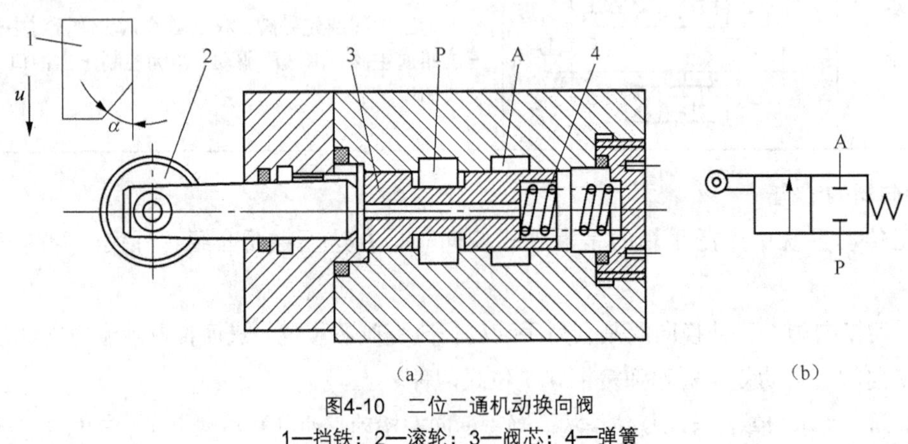

（a）　（b）

图4-10　二位二通机动换向阀

1—挡铁；2—滚轮；3—阀芯；4—弹簧

（3）电磁换向阀。电磁换向阀是利用电磁铁的通电吸合与断电释放而直接推动阀芯来控制液流方向的。由于它可以借助于按钮开关、行程开关、限位开关、压力继电器等发出电信号进行控制，故这类阀操纵方便，布置灵活，易实现动作转换的自动化，因此应用最广泛。但由于受到电磁铁尺寸大小和推力的限制，电磁换向阀允许通过的流量较小，其通径不大于 10 mm。

图 4-11 所示为三位四通电磁换向阀的结构。阀体 1 内有 3 个环形沉割槽，中间为进油腔 P，与其相邻的是工作油腔 A 和 B。两端还有两个互相连通的回油腔 T。阀芯两端分别装有弹簧座 3、复

位弹簧 4 和推杆 5，阀体两端各装有一个电磁铁。

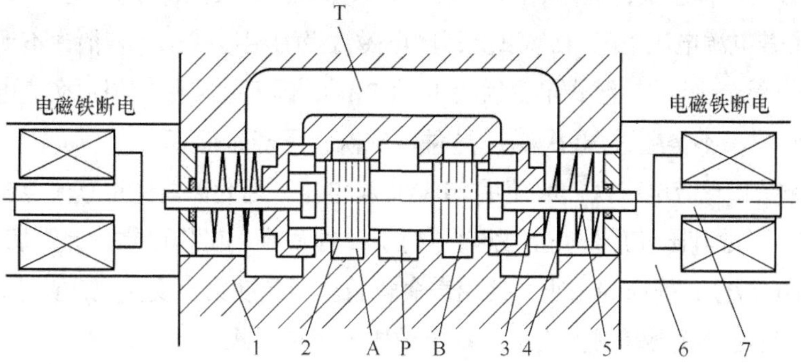

（a）

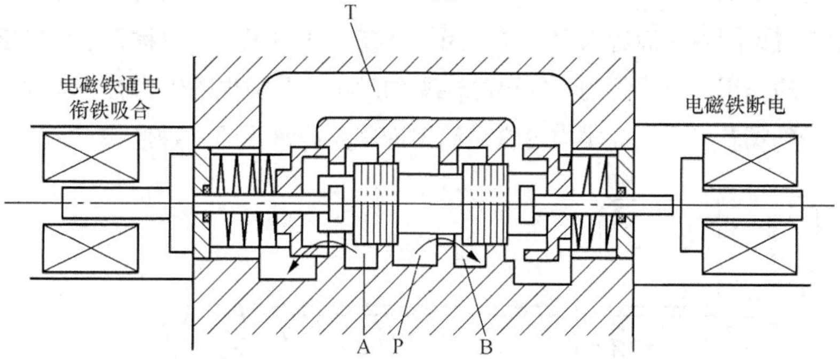

（b）

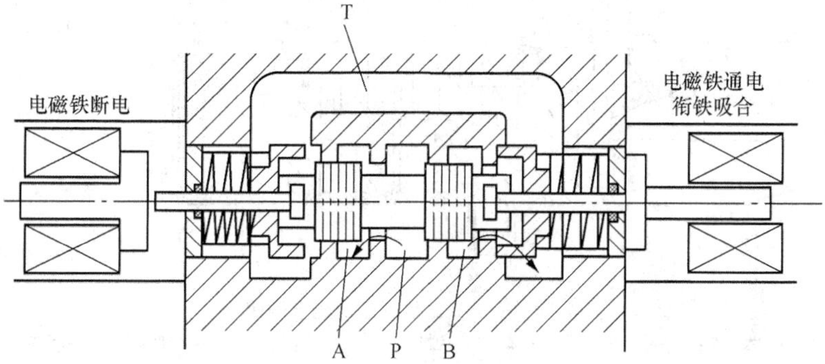

（c）

图4-11 电磁换向阀的工作原理图

1—阀体；2—阀芯；3—弹簧座；4—弹簧；5—推杆；6—铁芯；7—衔铁

当两端电磁铁都断电时［见图 4-11（a）]，阀芯处于中间位置，此时 P、A、B、T 各油腔互不相通。当左端电磁铁通电时［见图 4-11（b）]，该电磁铁吸合，并推动阀芯向右移动，使 P 和 B 连通，A 和 T 连通。当其断电后，右端复位弹簧的作用力可使阀芯回到中间位置，恢复原来 4 个油腔相互封闭的状态。当右端电磁铁通电时［见图 4-11（c）]，其衔铁将通过推杆推动阀芯向左移动，P 和 A 相通、B 和 T 相通。电磁铁断电，阀芯则在左弹簧的作用下回到中间位置。

① 根据所用电源的不同，换向阀用电磁铁可分为交流和直流两种。

- 交流电磁铁：阀用交流电磁铁的使用电压一般为交流 220 V，电气线路配置简单。交流电磁铁启动力较大，吸合、释放快，动作时间约为 0.01～0.03 s。但换向冲击大，工作时温升高（故其外壳设有散热筋）。若电源电压下降 15%以上，则电磁铁吸力明显减小，若衔铁不动作，干式电磁铁会在 10～15 min 后烧坏线圈（湿式电磁铁为 1～1.5 h），因而在实际使用中交流电磁铁允许的切换频率一般为 10 次/分，不得超过 30 次/分。这种电磁铁使用寿命较短。

- 直流电磁铁：直流电磁铁一般使用 24 V 直流电压，因此需要专用直流电源。其优点是不会因铁芯卡住而烧坏（故其圆筒形外壳上没有散热筋），体积小，工作可靠，允许切换频率为 120 次/分，最高可达 300 次/分，换向冲击小，使用寿命较长。但起动力比交流电磁铁小。

② 不管是直流电磁铁还是交流电磁，都可做成干式和湿式。

- 干式电磁换向阀：图 4-12 所示为二位三通交流干式电磁换向阀结构，它在与阀连接时，在推杆设有密封圈，避免阀内油液进入电磁铁。因衔铁在空气中工作，故称为干式电磁铁。由于推杆上受密封圈摩擦力的作用，会使阀的换向可靠性受到影响。此类电磁铁附有手动推杆，一旦电磁铁发生故障可手动调整阀芯换位。此类电磁铁是简单液压系统常用的一种形式。

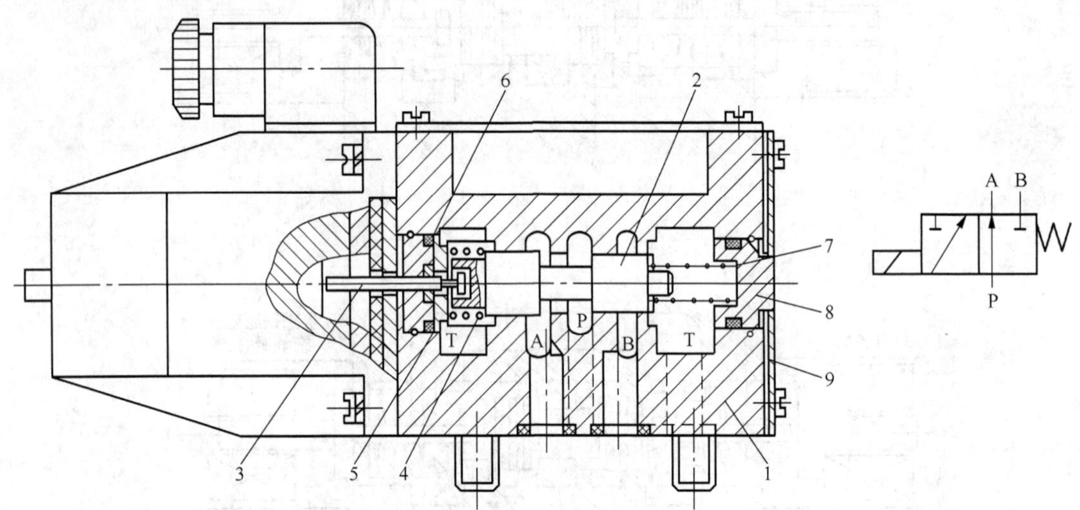

图4-12 交流式二位三通电磁换向阀

1—阀体；2—阀芯；3—推杆；4、7—弹簧；5、8—弹簧座；6—O形圈；9—后盖

- 湿式电磁换向阀：图 4-13 所示为直流湿式三位四通电磁换向阀。它的衔铁可以在油液中工作，因而无需推杆处的密封圈，只需在电磁铁与阀的结合面上安装密封圈以防止外泄漏。由于油液的润滑和阻尼作用，减缓了衔铁与阀芯间的撞击，提高了衔铁运动的平稳性，延长了电磁铁的使用寿命，但同时也使换向时间较干式的略有增加。此类电磁换向阀允许的换向频率较高。衔铁的往复动作使油液循环进入和排出，能够对电磁铁起到一定的冷却作用。由于推杆处没有密封圈的摩擦阻力，可以充分地利用电磁铁有限的推力，提高阀换向的可靠性。采用湿式电磁铁还可以简化换向阀结构。湿式电磁铁较干式电磁铁结构复杂、价格高，但由于它具有一系列突出的优点，因而得到了迅速发展，使用日益广泛。

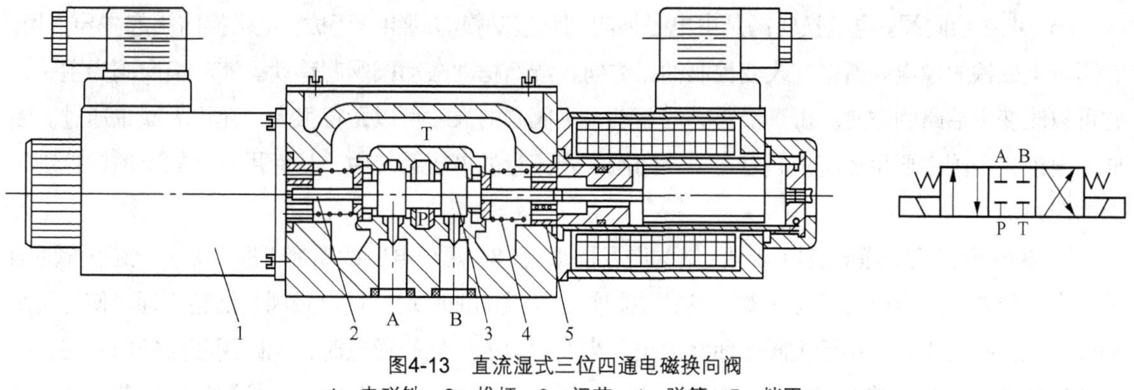

图4-13 直流湿式三位四通电磁换向阀

1—电磁铁；2—推杆；3—阀芯；4—弹簧；5—挡圈

必须指出，由于电磁铁的吸力有限（120N），导致电磁换向阀只适用于流量不太大的场合。当流量较大时，需采用液动或电液动控制。

（4）液动换向阀。由于电磁阀是由电气信号操纵的，无论位置远近，控制都非常方便，因此易于实现自动化控制。但对于换向时间需要调节、流量大、行程长、移动阀芯作用力大的场合，采用电磁操作是不合适的。液动换向阀是利用控制油路的压力油推动阀芯移动，实现油路的换向。液动式操作给阀芯的推力是很大的，因此适用于压力高、流量大、阀芯移动行程长的场合。

图4-14（a）所示为弹簧对中型三位四通液动换向阀，阀芯两端分别接通控制油口 K_1 和 K_2。当 K_1 通压力油时，阀芯右移，P 与 A 通，B 与 T 通；当 K_2 通压力油时，阀芯左移，P 与 B 通，A 与 T 通；当 K_1 和 K_2 都不通压力油时，阀芯在两端对中弹簧的作用下处于中位。当对液动滑阀换向平稳性要求较高时，还应在滑阀两端 K_1、K_2 控制油路中加装阻尼调节器［见图4-14（b）］。阻尼调节器由一个单向阀和一个节流阀并联组成，单向阀用来保证滑阀端面进油畅通，而节流阀用于滑阀端面回油的节流，调节节流阀开口大小即可调整阀芯的动作时间。

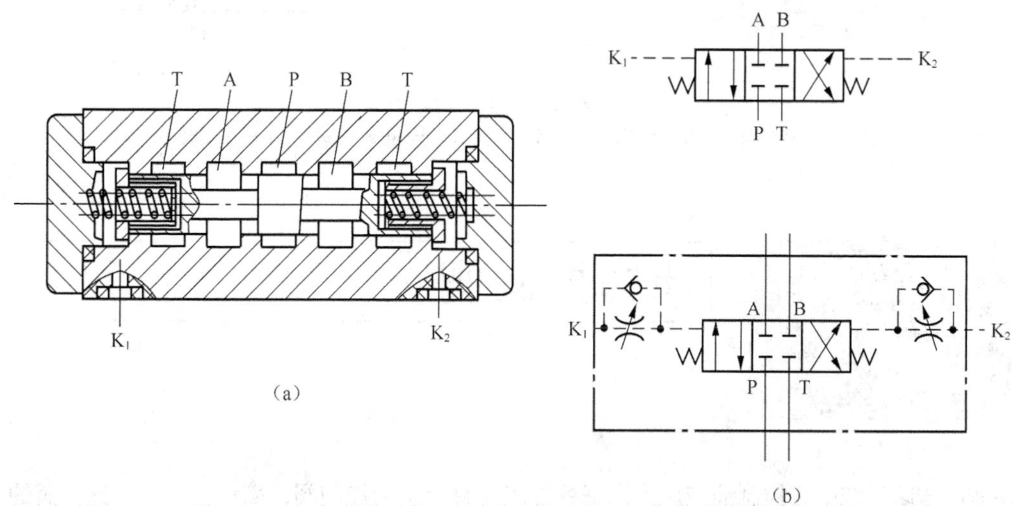

图4-14 三位四通液动换向阀

（5）电液换向阀。电液换向阀是由电磁换向阀和液动换向阀组合而成。电磁换向阀起先导作用，它通过电磁铁的通电和断电，改变控制油路方向，继而推动液动阀阀芯移动。液动换向阀为主阀，它可以改变主油路的方向。由于液压力的驱动，主阀芯的尺寸可以做得很大，允许大流量通过。因此，电液换向阀主要用在流量超过电磁换向阀额定流量的液压系统中，从而用较小的电磁铁控制较大的流量。

图 4-15 为三位四通电液换向阀的结构图及图形符号。两个电磁线圈都不通电时，电磁阀阀芯 4 处于中间位置，其中位机能为 Y 型，这样主阀阀芯两端的油腔均通过电磁阀与油箱连通，使这两个油腔的压力接近于零，便于主阀芯回复中位。当左边电磁铁线圈通电时，电磁阀芯被推向右端，控制油液顶开单向阀 1 进入液动阀的左腔，将液动阀芯推向右端，阀芯右腔的控制油液经节流阀 6 和电磁阀流回油箱。这时主阀进油口 P 和 A 相通，油口 B 和 T 相通。同理，右边电磁铁通电时，控制油路的压力油将主阀阀芯推向左端，使主油路换向。主阀阀芯向左或向右的运动速度可分别用两端的节流阀来调节，这样就调节了执行元件的换向时间，使换向平稳而无冲击，所以电液阀的换向性能较好。

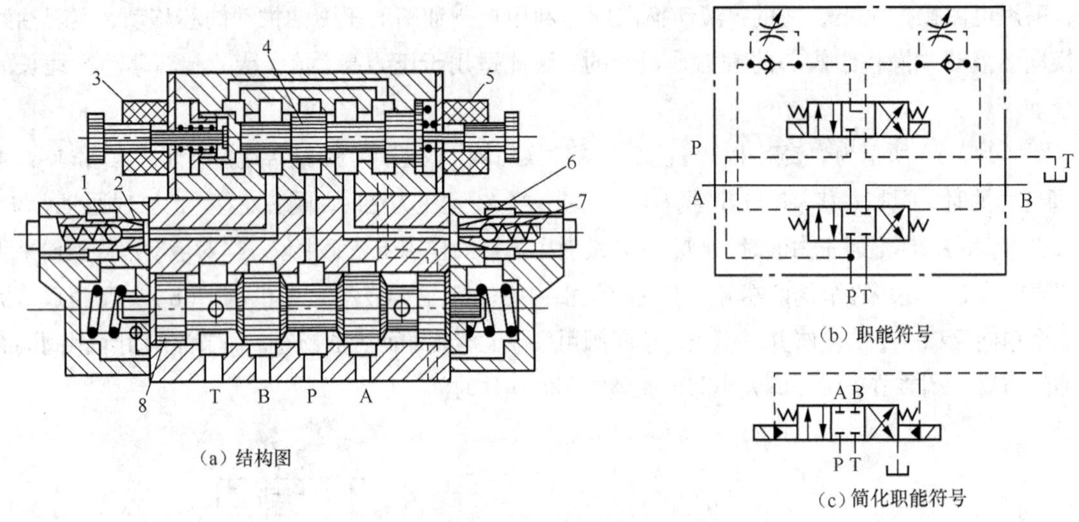

（a）结构图

（b）职能符号

（c）简化职能符号

图4-15　电液换向阀

1、7—单向阀；2、6—节流阀；3、5—电磁铁；4—电磁阀阀芯；8—主阀阀芯

4.3 压力控制阀

在液压传动系统中，控制油液压力高低的液压阀称为压力控制阀，简称压力阀。这类阀的共同点均是利用作用在阀芯上的液压力和弹簧力相平衡的原理进行工作。

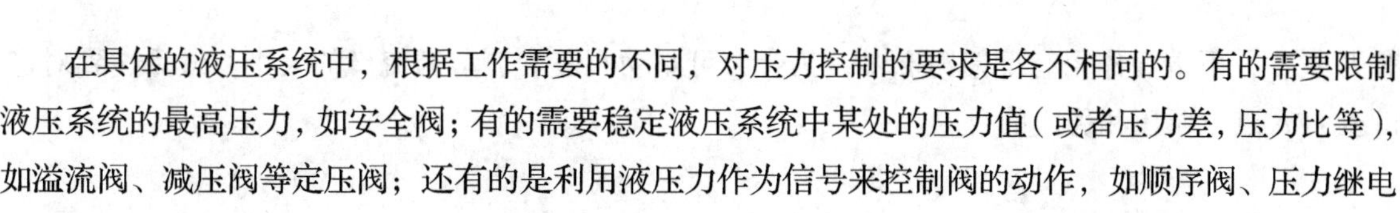

在具体的液压系统中，根据工作需要的不同，对压力控制的要求是各不相同的。有的需要限制液压系统的最高压力，如安全阀；有的需要稳定液压系统中某处的压力值（或者压力差，压力比等），如溢流阀、减压阀等定压阀；还有的是利用液压力作为信号来控制阀的动作，如顺序阀、压力继电器等。

4.3.1　溢流阀

液压泵的工作压力是由外负载决定的。当外负载很大时，使系统的压力超过液压泵的额定压力时（由泵的械强度和密封性能所决定），整个系统就不能正常工作。因此，必须限制系统工作压力在所需要的压力范围内。溢流阀的基本功能是，当系统压力超过或等于溢流阀的调定压力时，系统的油液通过阀口溢出一部分回油箱，以防止系统的压力过载，起安全保护作用。

对溢流阀的基本要求如下。

（1）定压精度高。当流过溢流阀的流量发生变化时，系统中的压力变化要小。

（2）灵敏度要高。

（3）工作要平稳，且无振动和噪声。

（4）当阀关闭时，密封要好，泄漏要小。

对于经常开启的溢流阀，主要要求前三项性能；而对于安全阀，则主要要求第二和第四两项性能。其实，溢流阀和安全阀都是同一结构的阀，只不过是在不同要求时有不同的作用而已。

溢流阀主要有直动式溢流阀和先导式溢流阀两种，下面分别加以介绍。

1. 直动式溢流阀

直动式溢流阀是指作用在阀芯上的主油路液压力与调压弹簧力直接相平衡的溢流阀。

工作原理与图形符号。图 4-16（a）所示为一种低压直动式溢流阀，P 是进油口，T 是回油口，进口压力油经阀芯 3 阻尼孔 a 后作用在阀芯 3 的底面上，形成一个向上的液压作用力。当进油压力较小时，阀芯在弹簧 2 的作用下处于下端位置，将 P 和 T 两油口隔开，阀不溢流。当进口油压力升高时，阀芯下端所产生的液压作用力足以克服弹簧对阀芯的作用力，阀芯向上移动，压缩弹簧，阀口被打开，将多余的油液排回油箱。此时，由于溢流阀的作用，在流量变化时进口压力能基本保持恒定。

阀芯上的阻尼孔 a 用来对阀芯的动作产生阻尼，以提高阀的工作平衡性。调整调节螺母 1 可以改变弹簧的压紧力，这样也就调整了溢流阀进口处的油液压力 p。调整调节螺母 1，改变弹簧 2 的预压缩量，便可调节溢流阀的调整压力。

2. 先导式溢流阀

在中、高压大流量的情况下，一般采用先导式溢流阀。

（1）工作原理与图形符号。图 4-17 所示为一种典型的三节同心结构先导型溢流阀，它由先导阀和主阀两部分组成。锥式先导阀芯 1、主阀芯 6 上的阻尼孔（固定节流孔）5 及调压弹簧 9 一起构成先导阀部分，负责向主阀芯 6 的上腔提供经过先导阀稳压后的压力 p_2。主阀芯上端面作用

有力 p_2A_2，下端面作用有反馈力 p_1A_1，其合力可驱动阀芯。调节溢流口的大小，最后达到对进口压力 p_1 进行调压和稳压的目的。

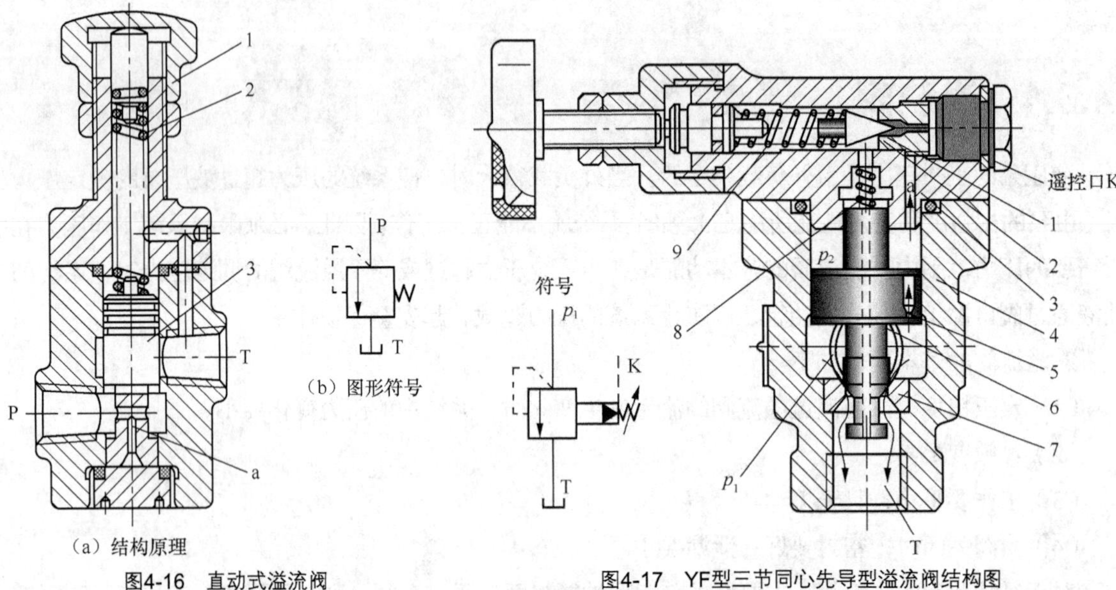

图4-16　直动式溢流阀
1—调节螺母；2—弹簧 ；3—阀芯

图4-17　YF型三节同心先导型溢流阀结构图
1—锥阀（先导阀）；2—锥阀座；3—阀盖；4—阀体；5—阻尼孔；6—主阀芯；7—主阀座；8—主阀弹簧；9—调压（先导阀）弹簧

工作时，压力油从进油口进入，作用于主阀芯大直径台肩下部的圆环形面积上，并通过主阀芯中的阻尼孔 5 进入到主阀芯的上腔，又经过小孔 a 作用于先导调压阀的锥阀上。

当进油压力较低时，先导阀阀芯上的液压作用力小于先导阀调压弹簧 9 的预紧力，先导阀阀芯关闭，阻尼孔 5 中的油液不流动，所以主阀芯两端的油压力相等，在主阀弹簧 8 的作用下主阀芯处于最下端，将溢流口关闭。

当进油压力增大到使先导阀打开时，液流流经主阀芯上的阻尼孔 5、先导阀 1 流回油箱。由于阻尼孔的阻尼作用，主阀芯上部的液压力 p_2 小于下部的液压力 p_1。当主阀芯 6 上下两端压力差所产生的作用力超过主阀弹簧的作用力时，打开主阀口，实现溢流，并维持压力基本稳定。调节先导阀的调压弹簧 9，便可调整溢流压力。

先导式溢流阀因通过先导阀的流量很小，先导阀阀芯 1 的尺寸很小，调压弹簧 9 的结构尺寸小，调压弹簧 9 的刚度不必太大，使得其调整比较轻便。另外，主阀弹簧 8 的作用只是使主阀阀芯复位，因此弹簧 8 可以选择刚性较小的弹簧。当溢流量变化而引起主阀芯 6 的位置变化时，弹簧力的变化较小，使进口压力比较稳定。

从图 4-17 可以看出，先导阀体上有一个远程控制口 K，采用不同的控制方式，可以使先导式溢流阀实现不同的作用。例如，当 K 口通过二位二通阀接油箱时，先导级的控制压力 $p_2 \approx 0$，主阀芯在很小的液压力（基本为零）作用下便可向上移动，打开阀口溢流，实现卸荷作用。另外，若 K 口接到一个远程调压阀上，且远程调压阀的调节压力小于主阀中先导阀的调节压力，那么，溢流阀的

进口压力就由远程调压阀决定，实现远程调压。

（2）性能特点。

① 定压精度高。先导式溢流阀的主阀弹簧很软，溢流量发生大幅度变化时，被控压力 p_1 只有很小的变化，即定压精度高。此外，由于先导阀的溢流量仅为主阀额定流量的 1%左右，因此先导阀阀座孔的面积和开口量、调压弹簧刚度都不必很大。所以，先导型溢流阀广泛用于高压、大流量场合。

② 启闭特性好。溢流阀的启闭特性是指溢流阀在稳态下从开启到闭合（溢流量减小为额定流量的 1%以下）的过程中，被控压力与通过溢流阀的溢流量之间的关系。它是衡量溢流阀定压精度的一个重要指标。直动式和先导式溢流阀的启闭特性曲线如图 4-18 所示，可见先导式溢流阀的启闭特性优于直动式溢流阀。

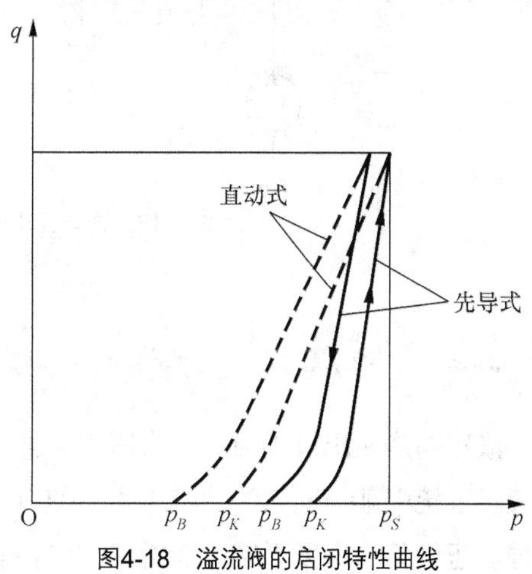

图4-18 溢流阀的启闭特性曲线

3. 应用

（1）作溢流调压用。在采用定量泵供油的液压系统中，若由流量控制阀调节进入执行元件的流量，定量泵输出的多余油液将从溢流阀溢回油箱，如图 4-19 所示。在工作过程中溢流阀处于其调定压力下的溢流阀口常开状态，系统的工作压力由溢流阀调整，并保持基本恒定。

（2）作安全保护用。图 4-20 所示为变量泵供油系统。执行元件速度由变量泵自身调节，系统中无多余油液需要溢回，系统工作压力随负载变化而变化。正常工作时，溢流阀口关闭。一旦过载，溢流阀口立即打开，使油液流回油箱，系统压力不再升高，以保障系统安全。一般来讲，安全阀的调整压力要比系统最高工作压力大 5%～10%。

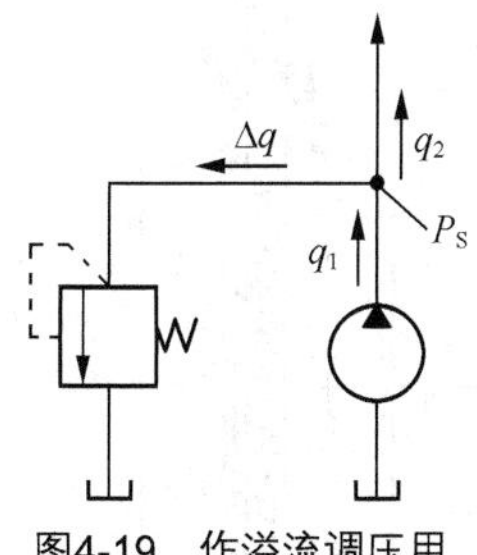

图4-19 作溢流调压用

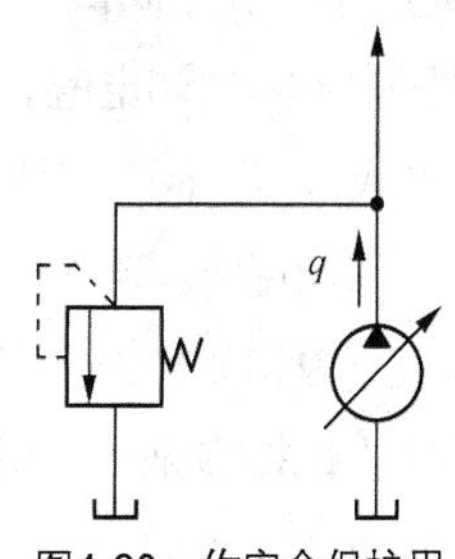

图4-20 作安全保护用

（3）作远程调压阀用。图 4-21 所示为用先导型溢流阀调压的定量泵供油液压系统，将先导溢流阀远程控制口 K 通过远程调压阀连接，此时系统压力由远程调压阀设定，要求主溢流阀的调定压力大于远程调压阀的调定压力。

（4）作背压阀用。将溢流阀接在回油路上，可对回油产生阻力，在回油腔形成背压。背压力可通过溢流阀调定，如图 4-22 所示。利用背压可以提高执行元件的运动平稳性。

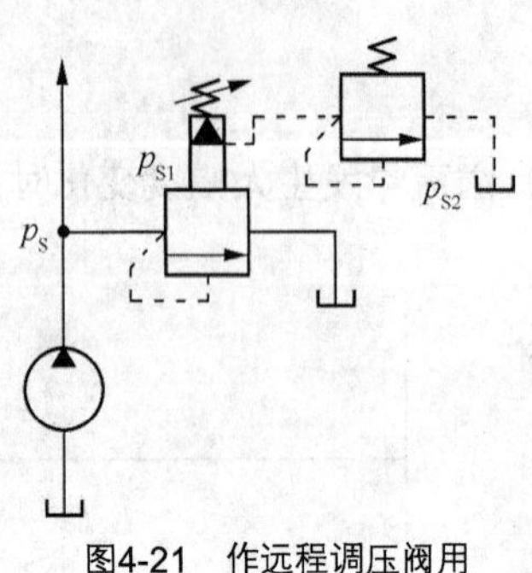

图4-21 作远程调压阀用

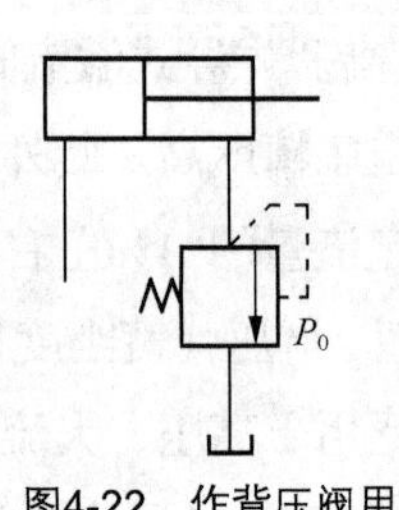

图4-22 作背压阀用

4.3.2 减压阀

减压阀是使出口压力（二次压力）低于进口压力（一次压力）的一种压力控制阀。其作用是降低液压系统中某一回路的油液压力，使得一个油源同时提供两个或几个不同压力的输出。减压阀在各种液压设备的夹紧系统、润滑系统和控制系统中应用较多。此外，当油液压力不稳定时，在回路中串入一减压阀可得到一个稳定的较低的压力。根据减压阀所控制的压力不同，它可分为定值减压阀、定差减压阀和定比减压阀。定值减压阀是当进口压力、流量发生变化或出口负载增加时，其出口压力近似保持恒定；定差减压阀是使进、出油口之间的压力差保持不变或近似于不变的减压阀；定比减压阀能使进、出油口压力的比值维持恒定。

减压阀从结构上分包括直动式减压阀和先导式减压阀两种，下面分别加以介绍。

1. 直动式减压阀

图 4-23 为直动式减压阀原理图和图形符号。当阀不工作时，阀芯在弹簧作用下处于最下端位置，阀的进、出油口是相通的，亦即阀是常开的。这时若出口压力增大，则阀芯上移，关小阀口，阀口处阻力加大，压降增大，使出口压力下降到调定值。反之，出口压力减小，阀芯下移，开大阀口，阀口处阻力减小，压降减小，使出口压力回升到调定值。若忽略其他阻力，仅考虑作用在阀芯上的液压力和弹簧力相平衡的条件，则可以认为出口压力基本上维持在某一定值上。

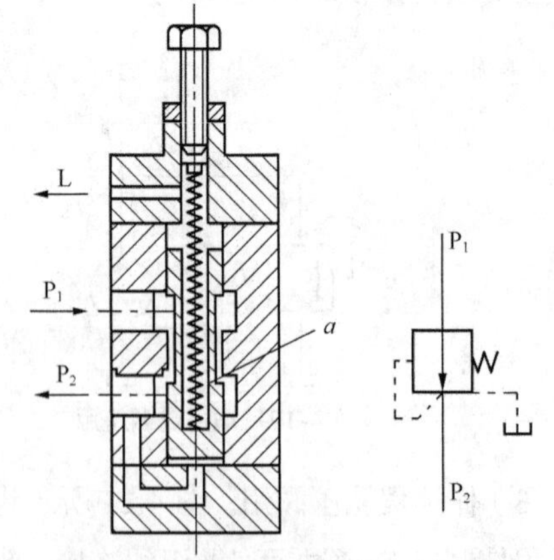

图4-23 直动式减压阀工作原理

L—外泄漏油口；P_1—口是进油口；P_2—口是出油口。

2. 先导式减压阀

（1）工作原理与图形符号。

图 4-24 所示为先导式减压阀结构与图形符号。先导式减压阀由先导阀和主阀两部分组成。压力油由阀的进油口 P_1 流入，经主阀减压口 f 减压后由出口 P_2 流出。工作时，若出口压力 p_2 低于先导阀的调定压力，先导阀芯关闭，主阀芯上、下两腔压力相等，主阀芯在弹簧作用下处于最下端，减压口开度为最大，减压阀不起减压作用，$p_1 \approx p_2$。当

出口压力达到先导阀调定压力时，先导阀阀口打开，主阀弹簧腔的油液便由外泄口L流回油箱。由于油液在主阀芯阻尼孔内流动，使主阀芯两端产生压力差。主阀芯在压差作用下，克服弹簧力抬起，减压阀口减小，压降增大，使出口压力下降到调定的压力值。

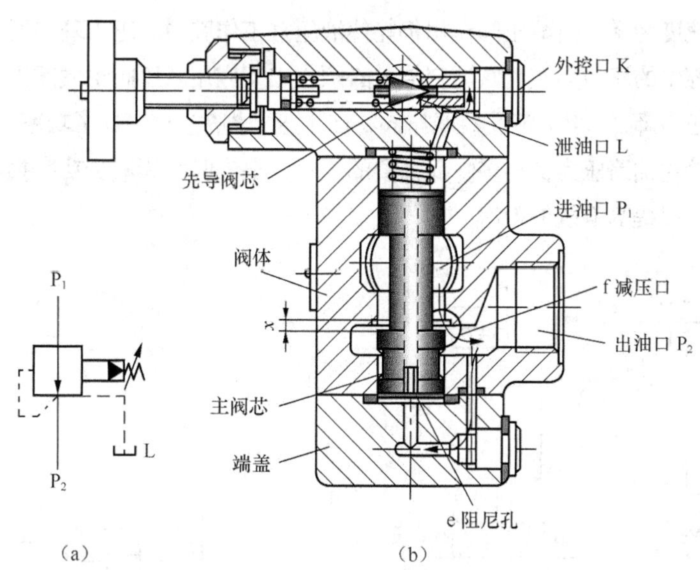

图4-24 先导式减压阀结构与图形符号

由于先导式减压阀中主阀芯弹簧不起调压弹簧作用，因此弹簧极软。减压阀工作时主阀芯位置变化所引起弹簧力变化可忽略，且主阀芯的有效作用面积较大，故减压阀出口压力由先导阀设定，并基本保持恒定。可见，先导式减压阀工作时，其出口压力基本上为定值，不受进口压力的影响。应当指出，当减压阀出口处的油液不流动时，仍有少量油液通过减压阀口经先导阀和外泄口L流回油箱，阀处于工作状态，阀出口压力基本上保持在调定值上。

（2）减压阀与溢流阀的区别。减压阀与溢流阀从结构和工作原理上看有很大的相似之处，但存在着以下区别。

① 减压阀利用出油口压力与弹簧力平衡，保持出口压力基本不变；而溢流阀利用进油口压力与弹簧平衡，保持进口处压力基本不变。

② 在不工作时，减压阀进、出油口互通，减压阀口常开；而溢流阀进、出油口不通，溢流阀口常闭。

③ 减压阀的进、出油口均通压力油，所以泄油口要单独外接油箱；而溢流阀的出油口是通油箱的，所以溢流阀的泄漏油可通过阀体上的通道和出油口相通，不必单独外接油箱。

3. 减压阀的应用

减压阀用在液压系统中获得压力低于系统压力或使出口压力稳定的二次油路上，如夹紧回路、润滑回路和控制回路。必须说明，减压阀出口压力还与出口负载有关。若负载压力低于调定压力，出口压力由负载决定，此时减压阀不起减压作用。

（1）减压阀用于减压回路。在液压系统中，一个油液供多个支路工作时，各支路要求的压力大小不同，需要减压阀去调节。图 4-25 所示为减压回路，不管回路压力多高，A 缸压力绝不会超过 3 MPa。

（2）减压阀用于液压夹紧回路。图 4-26 所示为液压缸夹紧回路。当活塞杆通过夹紧机构夹紧工件时，活塞的运动速度为零。因减压阀作用仍能使液压缸工作腔中的压力基本恒定，即保持恒定的夹紧力，此时工作腔中的压力为减压阀调定值。必须指出，应用减压阀组成减压回路虽然可以方便地使某一分支油路压力降低，但油液流经减压阀将产生压力损失。这增加了功率损失并使油液发热。当分支油路的压力较主油路压力低得多，而需要的流量又很大时，为减少功率损耗，常采用高、低压液压泵分别供油，以提高系统的效率。

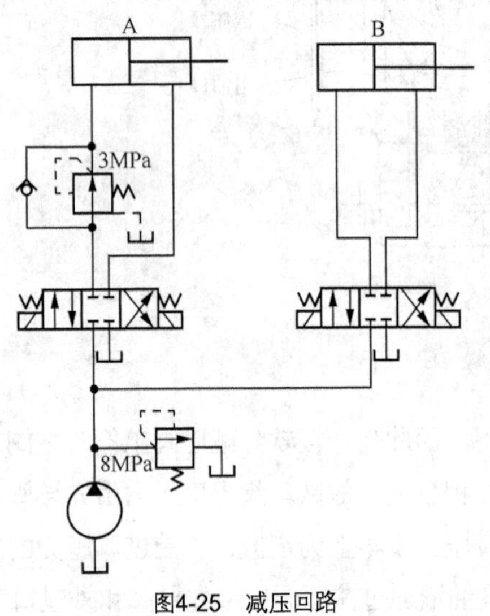

图4-25 减压回路

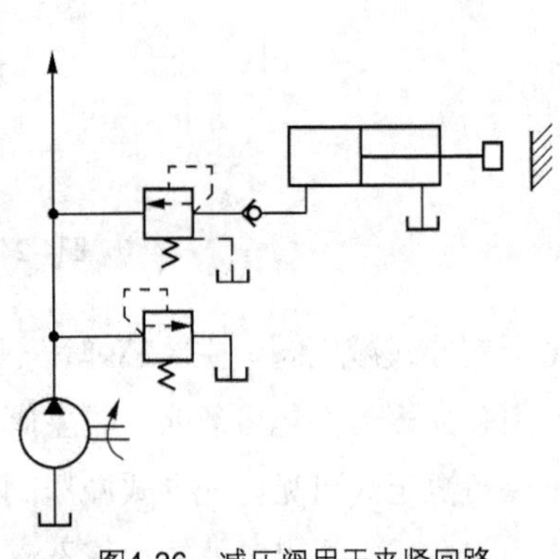
图4-26 减压阀用于夹紧回路

4.3.3 顺序阀

顺序阀用来控制液压系统中各执行元件动作的先后顺序。按控制压力的不同，顺序阀又可分为内控式和外控式两种。通过改变上盖或底盖的装配位置可得到内控外泄、内控内泄、外控外泄、外控内泄 4 种结构类型，如图 4-27 所示。

内控式顺序阀用阀的进口压力控制阀芯的启闭，外控式顺序阀用外来的控制压力油控制阀芯的启闭（即液控顺序阀）。顺序阀也有直动式和先导式两种，前者一般用于低压系统，后者用于中、高压系统。

1. 直动式顺序阀

图 4-28 为直动型顺序阀结构原理图。直动式顺序阀通常为滑阀结构，为减小调压弹簧刚度，不使控制油与阀芯直接接触，而是使它作用在阀芯下端处直径较小的控制活塞上，以减小油压对阀芯的作用力。

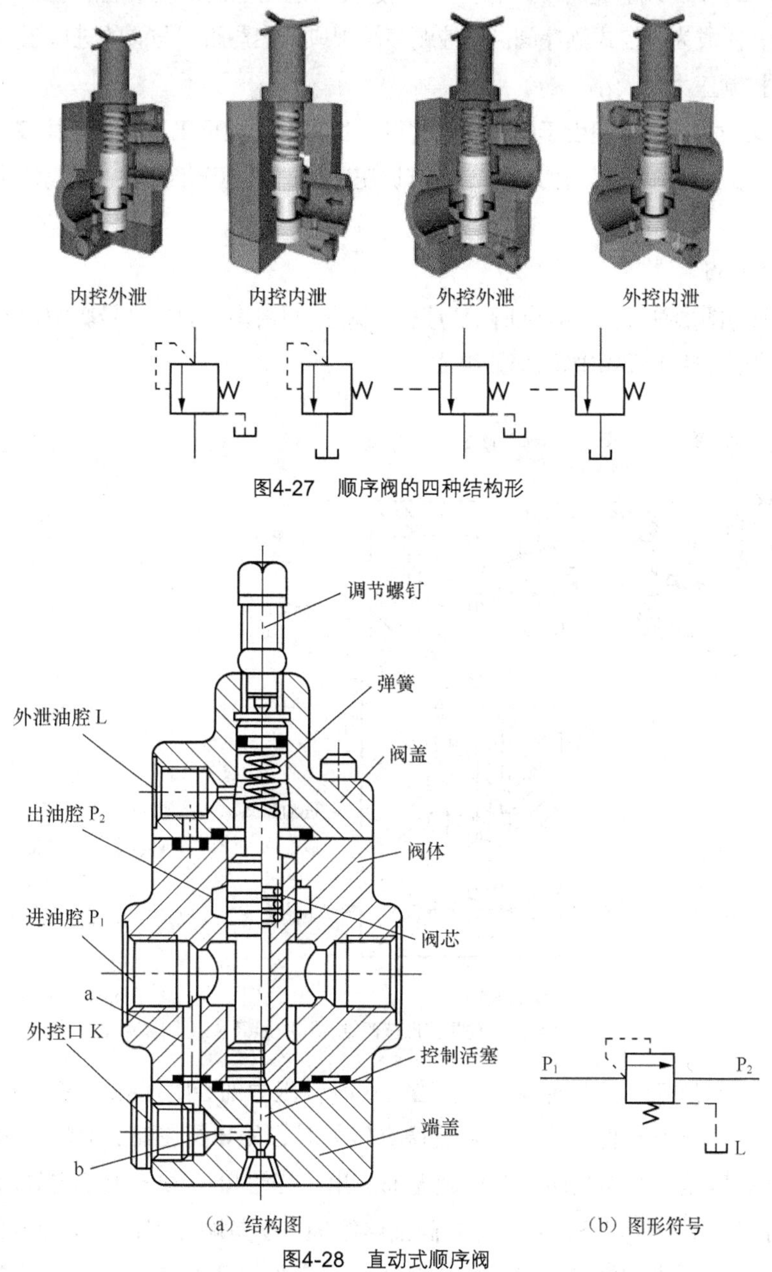

图4-27 顺序阀的四种结构形

（a）结构图 （b）图形符号

图4-28 直动式顺序阀

工作时，压力油从进油口 P_1 进入，经阀体上的孔道 a 和端盖上的阻尼孔 b 流到控制活塞的底部。当作用在控制活塞上的液压力能克服阀芯上的弹簧力时，阀芯上移，油液便从 P_2 流出。必须指出，当进油口一次油路压力 p_1 低于调定压力时，顺序阀一直处于关闭状态；一旦超过调定压力，阀口便全开（溢流阀口则是微开），压力油进入二次油路（出口 P_2），驱动另一个执行元件。因此，顺序阀不是稳压阀，而是开关阀，它是一种利用压力的高低控制油路通断的“压控开关”。

若将图 4-28（a）中的端盖旋转 90°安装，切断进油口通向控制活塞下腔的通道，并打开螺堵 K，引入控制压力油，便成为外控式顺序阀。外控顺序阀阀口开启与否，与阀的进口压力 p_1 的大小没有关系，仅取决于控制压力的大小。

直动式顺序阀结构简单，但由于弹簧和结构设计的限制，虽可采用小直径柱塞，弹簧刚度仍较大，因此调压偏差大，且限制了压力的提高。其调压范围一般小于 8MPa，较高压力时宜采用先导式顺序阀。

2. 先导式顺序阀

（1）工作原理与图形符号。图 4-29 所示为先导式顺序阀结构和图形符号。与先导式溢流阀相似，先导式顺序阀也是由先导阀和主阀两部分组成。

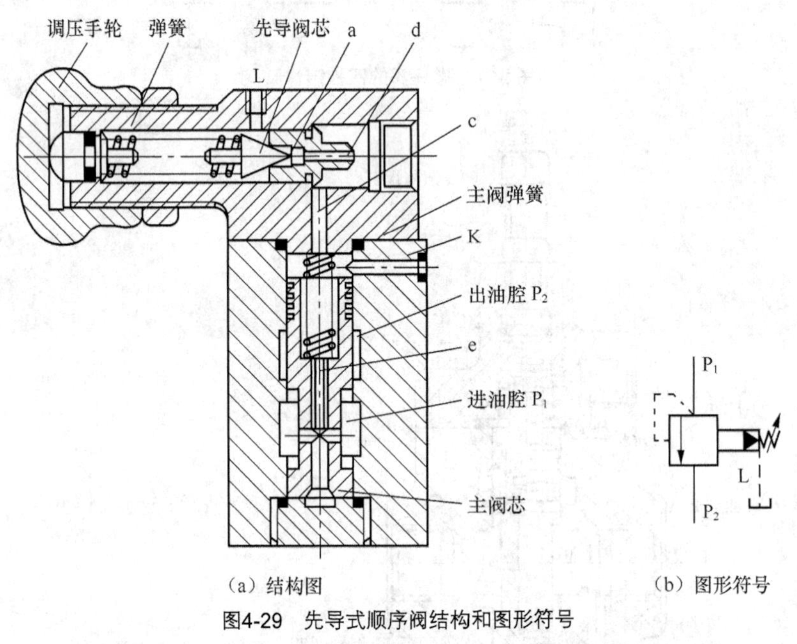

图4-29　先导式顺序阀结构和图形符号

主阀芯在原始位置将进、出油口切断。当工作时，压力油经阻尼孔 e 进入主阀上腔并到达先导阀右端。当进口压力 p_1 低于先导阀弹簧调定压力时，先导阀在弹簧力的作用下关闭，使得主阀上下两侧没有压差，主阀关闭，顺序阀无油流出。当进口压力 p_1 大于先导阀弹簧调定压力时，先导阀在右端液压力作用下左移，先导阀油路联通。于是顺序阀进口压力油经阻尼孔 e、主阀上腔、油路 c、d、先导阀阀口、泄油口 L 流出。由于阻尼孔的存在，主阀上腔压力低于下端（即进口）压力 p_1，主阀芯开启，顺序阀进出油口相通（此时 $p_1 \approx p_2$）。

先导式顺序阀的缺点是当阀的进口压力因负载压力增加而增大时，将使通过先导阀的流量随之增大，引起功率损失和油液发热。

（2）顺序阀与溢流阀的区别。将先导式顺序阀和先导式溢流阀进行比较，它们之间有以下不同之处。

① 溢流阀的进口压力在通流状态下基本不变。而顺序阀在通流状态下其进口压力由出口压力

而定，如果出口压力 p_2 比进口压力 p_1 低得多时，p_1 基本不变；而当 p_2 增大到一定程度时，p_1 也随之增加，则 $p_1 = p_2 + \Delta p$，Δp 为顺序阀上的损失压力。

② 溢流阀为内泄方式，泄露油液直接与出口相通，而顺序阀为外泄方式，需单独引出泄漏通道。

③ 溢流阀的出口必须回油箱，顺序阀出口可接负载。

3. 顺序阀的应用

（1）控制多个执行元件顺序动作。图 4-30 所示为一定位夹紧油路。当换向阀左位接入油路时，压力油首先进入定位缸下腔，完成定位动作。碰到挡铁以后，系统压力升高，达到顺序阀调定压力（高于定位缸 0.5～0.8MPa），顺序阀打开，压力油经顺序阀进入夹紧缸下腔，实现液压夹紧。当换向阀右位接入油路时，压力油同时进入定位缸和夹紧缸上腔，拔下定位销，松开工件。

（2）与单向阀组成平衡阀，保证垂直放置的液压缸不因自重而下落。

（3）外控顺序阀可用在双泵供油系统中。如图 4-31 所示，3 为外控内泄式顺序阀。当系统压力升高时，使大流量泵通过顺序阀卸荷。

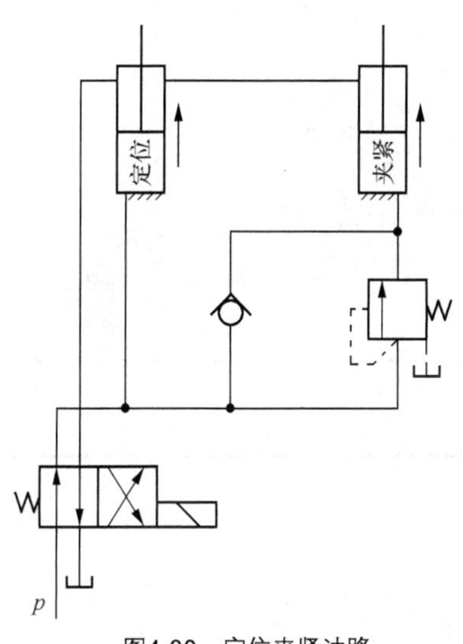

图4-30　定位夹紧油路

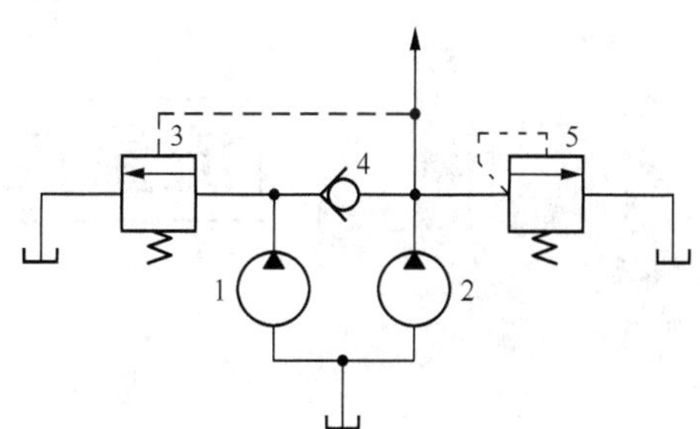

图4-31　顺序阀用于双泵供油

4.3.4　压力继电器

压力继电器是利用液体压力信号来启闭电器触点的液压电器转换元件。它的工作原理是当液压压力达到设定压力时，发出电信号，控制电气元件动作，实现泵的加载或卸荷、换向阀换向，执行元件的顺序动作，或系统的安全保护及连锁等功能。

压力继电器有柱塞式、膜片式、弹簧管式和波纹管式 4 种结构形式。柱塞式压力继电器的结构和图形符号如图 4-32 所示。当进油口 P 处油液压力达到压力继电器的调定压力时，作用在柱塞 1 上的液压力通过顶杆 2 的推动，闭合微动电器开关 4，发出电信号。图中，L 为泄油口。改变弹簧的压缩量，可以调节继电器的动作压力。

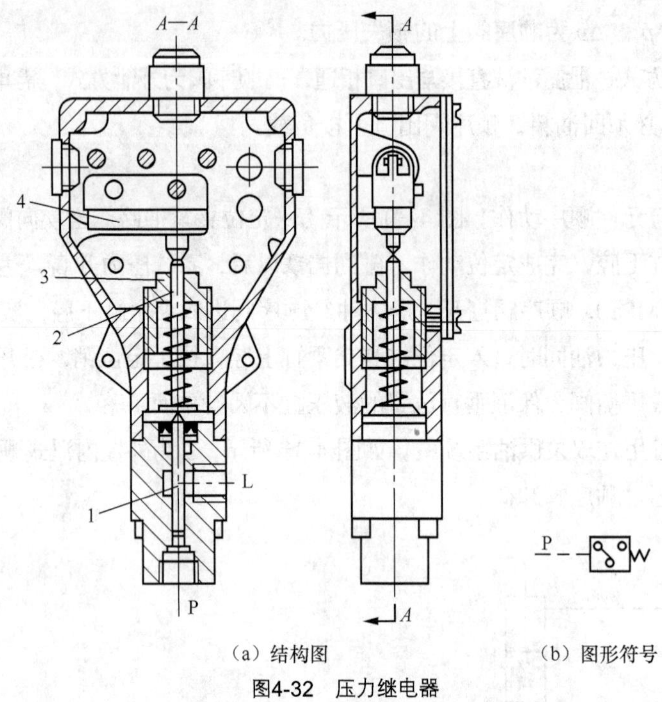

（a）结构图　　（b）图形符号

图4-32　压力继电器

1—柱塞；2—顶杆；3—调节螺钉；4—微动开关

流量控制阀

液压系统中执行元件运动速度的大小，由输入执行元件的油液流量大小来确定。流量控制阀就是依靠改变阀口通流面积（节流口局部阻力）的大小或通流通道的长短来控制流量的一种液压阀。常用的流量控制阀有普通节流阀、调速阀、压力补偿和温度补偿调速阀、溢流节流阀和分流集流阀等。

4.4.1　流量控制原理

1．节流口的形式

流量控制阀的节流口通常有三种基本形式：薄壁小孔、细长小孔和短孔。但无论节流口采用何种形式，通过节流口的流量 q 及其前后压力差 Δp 的关系均可用下式来表示：

$$q = KA_T\Delta p^m \tag{4-1}$$

3 种节流口的流量特性曲线如图 4-33 所示。

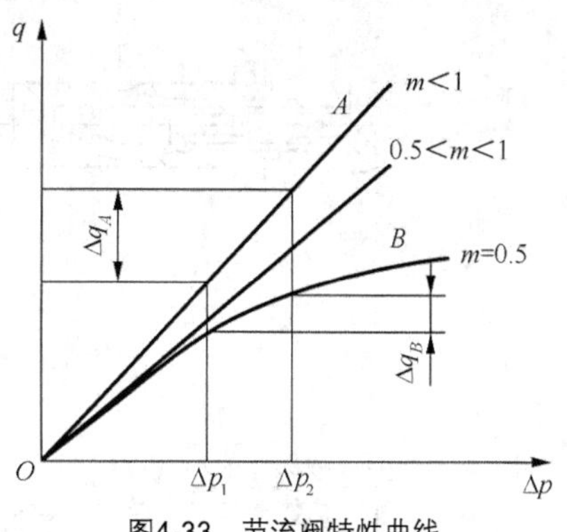

图4-33 节流阀特性曲线

（1）压差对流量的影响 节流阀两端压差 Δp 变化时，通过它的流量要发生变化。3 种结构形式的节流口中，通过薄壁小孔的流量受到压差改变的影响最小。

（2）温度对流量的影响 油温影响到油液黏度。对于细长小孔，油温变化时，流量也会随之改变；对于薄壁小孔，黏度对流量几乎没有影响，故油温变化时，流量基本不变。

（3）节流口的堵塞 节流阀的节流口可能因油液中的杂质或由于油液氧化析出的胶质、沥青等而局部堵塞。这就改变了原来节流口通流面积的大小，使流量发生变化。尤其是当开口较小时，这一影响更为突出，严重时会完全堵塞而出现断流现象。因此节流口的抗堵塞性能也是影响流量稳定性的重要因素，尤其会影响流量阀的最小稳定流量。一般节流口通流面积越大，节流通道越短，水力直径越大，越不容易堵塞。当然油液的清洁度也对堵塞产生影响。一般流量控制阀的最小稳定流量为 0.05L/min。

综上所述，为保证流量稳定，节流口的形式以薄壁小孔较为理想。图 4-34 所示为几种常用的节流口形式。图 4-34（a）所示为针阀式节流口，它通道长，湿周大，易堵塞，流量受油温影响较大，一般用于对性能要求不高的场合。图 4-34（b）所示为偏心槽式节流口，其性能与针阀式节流口相同，但容易制造。其缺点是阀芯上的径向力不平衡，旋转阀芯时较费力，一般用于压力较低、流量较大和流量稳定性要求不高的场合。图 4-34（c）所示为轴向三角槽式节流口，其结构简单，水力直径中等，可得到较小的稳定流量，且调节范围较大，但节流通道有一定的长度，油温变化对流量有一定的影响，目前被广泛应用。图 4-34（d）所示为周向缝隙式节流口，沿阀芯周向开有一条宽度不等的狭槽，转动阀芯就可改变开口大小。阀口做成薄刃形，通道短，水力直径大，不易堵塞，油温变化对流量影响小，因此其性能接近于薄壁小孔，适用于低压小流量场合。图 4-34（e）所示为轴向缝隙式节流口，在阀孔的衬套上加工出图示薄壁阀口，阀芯做轴向移动即可改变开口大小，其性能与图 4-34（d）所示节流口相似。为保证流量稳定，节流口的形式以薄壁小孔较为理想。

2. 对流量控制阀的主要要求

在液压传动系统中流量控制阀与溢流阀配合使用，构成恒压油源，使泵出口的压力恒定。液压传动系统对流量控制阀的主要要求如下。

（1）较大的流量调节范围，且流量调节要均匀。

（2）当阀前后压力差发生变化时，通过阀的流量变化要小，以保证负载运动的稳定。

（3）油温变化对通过阀的流量影响要小。

（4）液流通过全开阀时的压力损失要小。

（5）当阀口关闭时，阀的泄漏量要小。

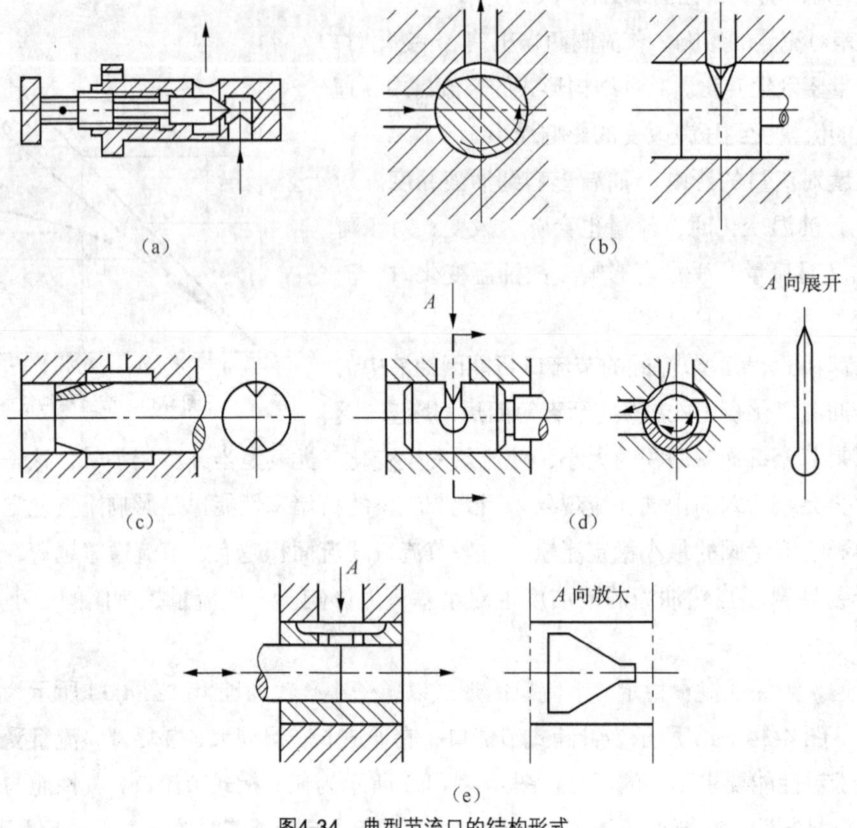

图4-34 典型节流口的结构形式

4.4.2 节流阀

节流阀是流量控制阀中结构最简单、使用最普通的一种形式，它的结构和图形符号如图 4-35 所示。节流阀由节流口与用于调节开口大小的调节元件组成，即由调节螺母、阀体 3、带轴向三角槽的阀芯 4 等组成。

这种节流口的形式为轴向三角沟槽式，压力油从进油口 P_1 流入，经节流口从 P_2 流出。进油口压力通过管道同时作用在阀芯 4 上、下两端的承压面上，且阀芯的承压面积相同，所受的液压力也相等，所以阀芯只受复位弹簧 5 的作用而紧靠在推杆上。当调节节流阀的手轮时，可通过顶杆推动节流阀芯向下移动，改变节流口的开口量，从而实现对流体流量的调节。因为作用于节流阀芯上的液压力是平衡的，故阀芯只受到复位弹簧的作用，使得调节力矩较小，便于在高压下进行调节。

节流阀在液压系统中主要与定量泵、溢流阀和执行元件等组成节流调速系统。调节其节流口的开度，便可调节通过节流阀的流量，从而调节执行元件的运动速度。但由节流阀的流量特性可知，当负载变化时，节流阀前后压差随之发生变化，通过节流阀的流量也就随之变化。基于这个原因，这种阀不适用于负载波动及需要精确速度控制的场合。

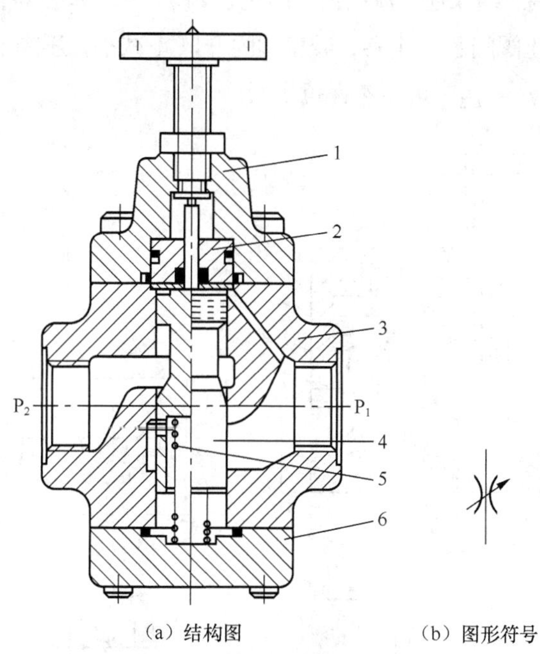

（a）结构图　　　　　　　　（b）图形符号

图4-35　轴向三角槽式节流阀

1—顶盖；2—导套；3—阀体；4—阀芯；5—弹簧；6—底盖

4.4.3 调速阀

节流阀在工作过程中，虽然阀前的压力由溢流阀保持恒定，但随执行元件的负载变化，节流阀出口的压力也会发生变化，这样会引起通过节流阀的流量变化，使执行元件的运动速度变得不稳定。为了改善调速系统的性能，通常会对节流阀进行补偿，即采取措施使节流阀前后压力差在负载变化时始终保持不变。由 $q = KA_T\Delta p^m$ 可知，当 Δp 基本不变时，通过节流阀的流量只由其开口量大小来决定。调速阀就是进行了压力补偿的节流阀，它由定差减压阀和节流阀串联而成。

1. 普通调速阀

图 4-36 所示为调速阀的工作原理和图形符号。从图中可见，调速阀是由一个定差式减压阀串联一个普通节流阀而成的。液压泵供给的压力油 p_1 流入减压阀，其出口压力 p_2 作为节流阀的入口压力，节流阀出口压力 p_3，也就是调速阀的出口压力。油液从出油口流出，最后流入液压缸。

采用调速阀的液压系统如图 4-36（a）所示。设调速阀的进口压力为 p_1， p_1 是由溢流阀调定的压力，基本上维持恒定值；减压阀出口压力为 p_2， p_2 也是节流阀入口的压力； p_3 是由外负载所决定的调速阀出口压力。

从图 4-36（a）中可见，减压阀阀芯 2 的上端弹簧腔经孔道与节流阀的出油口 p_3 相通；减压阀阀芯 2 的肩部和下端经孔道与节流阀的进油口 p_2 相通。当外负载 F 增大时，压力 p_3 升高，这时 p_3 通过孔道作用在减压阀阀芯 2 的上端，使上端作用力增大，减压阀阀芯下移，减压阀的阀口 1 开口

加大，压降减小，使 p_2 升高，结果使节流阀前后的压差 $\Delta p_j = p_2 - p_3$ 基本保持不变。当外负载 F 减小时，p_3 减小，同理，减压阀阀芯 2 上移，减压阀的开口 1 减小，压降增加，使 p_2 也随之降低，同样使节流阀前后的压差 $\Delta p_j = p_2 - p_3$ 基本保持不变。

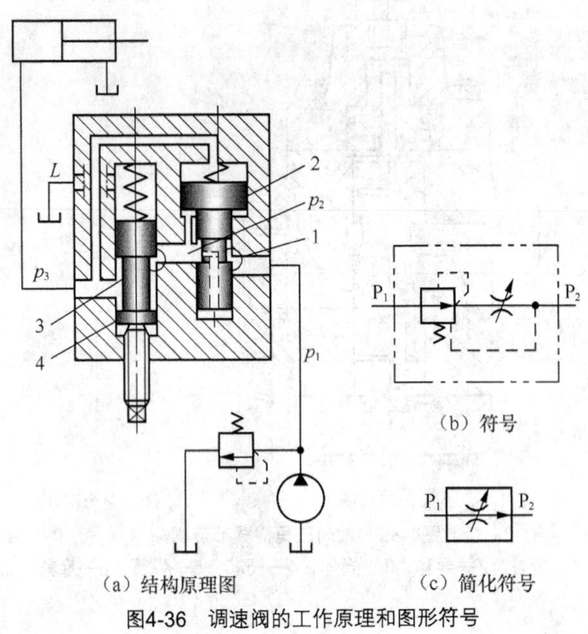

（a）结构原理图　（b）符号　（c）简化符号

图4-36　调速阀的工作原理和图形符号

由 $q = KA_T\Delta p^m$ 可知，通过调速阀的流量仅由节流阀的开口大小决定，不随负载的变化而变化，这就保证了执行元件运动速度的稳定性。

调速阀正常工作时，要求调速阀两端的压差至少为 0.5MPa，这可从图 4-37 所示的特性曲线看出。节流阀的流量随着压力差的变化而近似平方根曲线规律变化。而调速阀在压力差大于一定数值后，流量基本是恒定的。调速阀在压差很小时，调速阀的减压阀阀芯在弹簧力作用下，使减压阀开口全部打开，减压阀不起作用，这时调速阀的特性就和节流阀相同。

2. 温度补偿调速阀

普通调速阀的流量虽然已能基本上不受外部负载变化的影响。但是当流量较小时，节流口的通流面积较小。这时节流口的长度与通流截面水力直径的比值相对地增大。因而油液的黏度变化对流量的影响也增大，所以当油温升高后油的黏度变小时，流量仍会增大。为了减小温度对流量的影响，可以采用温度补偿调速阀。

温度补偿调速阀的压力补偿原理与普通调速阀相同，据 $q = KA_T\Delta p^m$ 可知，当 Δp 不变时，由于黏度下降，K 值（m≠0.5 的孔口）上升，此时只有适当减小节流阀的开口面积，方能保证 q 不变。图 4-38 为温度补偿调速阀原理图，在节流阀阀芯和调节螺钉之间放置一个温度膨胀系数较大的聚氯乙烯推杆。当油温升高时，流量增加。这时温度补偿杆伸长使节流口变小，从而补偿了油温对流量的影响。在 20～60℃的温度范围内，流量的变化率超过 10%，最小稳定流量可达 20mL/min（$3.3\times10^{-7}\text{m}^3/\text{s}$）。

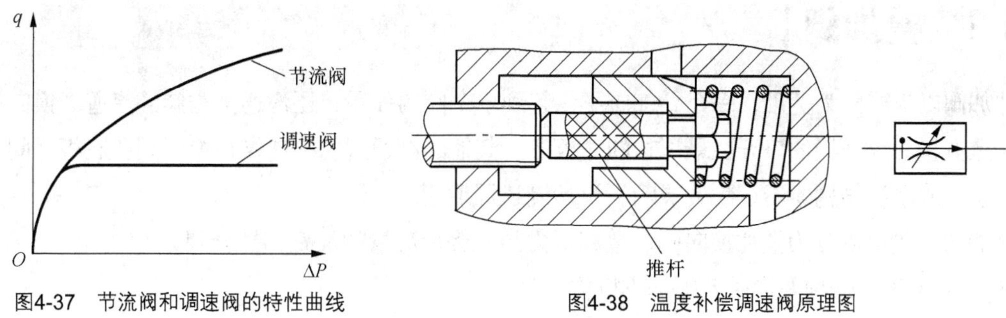

图4-37 节流阀和调速阀的特性曲线

图4-38 温度补偿调速阀原理图

其他液压阀

4.5.1 插装阀

插装阀与普通液压控制阀有所不同，插装阀的通流量可达到 1 000 L/min，通径可达 200～250mm。阀芯结构简单，动作灵敏，密封性好。它的功能比较单一，主要用于实现油路的通或断。与普通液压控制阀组合使用时，才能实现对系统油液方向、压力和流量的控制。

插装阀主要由三部分组成，如图 4-39（a）所示，一是锥阀组件，阀套 2、弹簧 3 和锥阀 4 组成锥阀组件，插装在阀体 5 的孔内；二是控制盖板 1，其上设有控制油路 K，必要时与先导元件连通。锥阀组件上配置不同的盖板，就能实现各种不同的功能；三是阀体 5，可自己加工制作。图 4-39（b）所示为其职能符号。

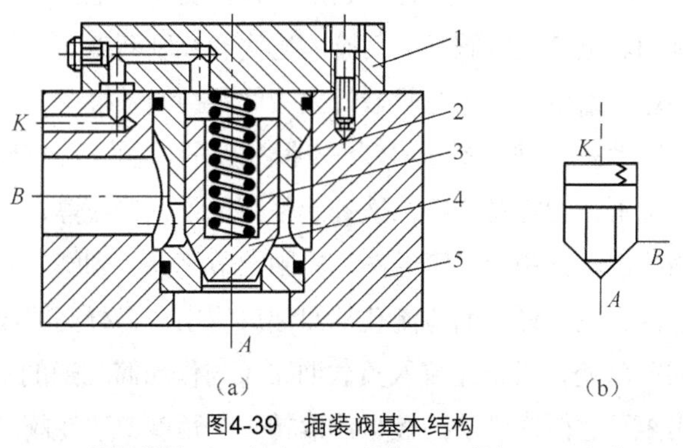

图4-39 插装阀基本结构

1—控制盖板；2—阀套；3—弹簧；4—锥阀；5—阀体

4.5.2 叠加阀

叠加阀以板式阀为基础，每个叠加阀不仅起到单个阀的作用，还沟通阀与阀的流道。换向阀安装在最上方，对外连接油口开在最下边的底板上。其他的阀通过螺栓连接在换向阀和底板之间。由叠加阀组成的系统结构紧凑，配置灵活，设计制造周期短。

叠加阀一般可以分为叠加换向阀、叠加压力阀、叠加流量阀及叠加复合阀。

图 4-40 给出了一种叠加溢流阀基本机构。

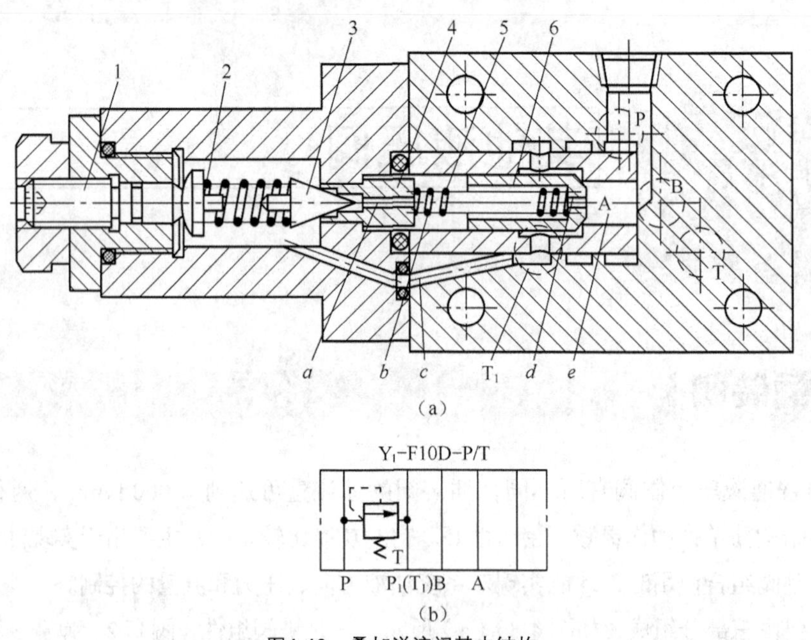

图4-40 叠加溢流阀基本结构

4.5.3 电液伺服阀

电液伺服阀是电液伺服控制中的关键元件，它是一种接受模拟电信号后输出相应调制流量和压力的控制信号的液压控制阀。电液伺服阀具有动态响应快、控制精度高、使用寿命长等优点，已广泛应用于航空、航天、舰船、冶金、化工等领域的电液伺服控制系统中。目前伺服阀的结构主要有喷嘴挡板式、射流管式和直动式三种。图 4-41 为一种电液伺服阀的结构示意图。

在没有控制信号的情况下，力矩马达的衔铁处于平衡位置，挡板停在两喷嘴中间。高压油自油口流入，经过滤后分四路流出。其中两路流经左、右固定节流孔，到阀芯左、右两端，再经左、右喷嘴喷出，汇集在流溢腔内，然后经回油节流孔从回油口流出。另外两路高压油分别流到阀套上被阀芯左、右两凸肩盖住的窗口处，而不能流入负载油路（与作动筒相通的油路）。

当有控制信号时，力矩马达衔铁带动挡板组件偏转一个角度，致使阀芯偏离中间位置（如向右移动）。结果阀芯的右凸肩将窗孔打开，使高压油与作动筒进油管路接通，阀芯的中间凸肩左端将回油窗口打开，使之与作动筒的回油接通。这样，伺服阀就可控制作动筒运动了。

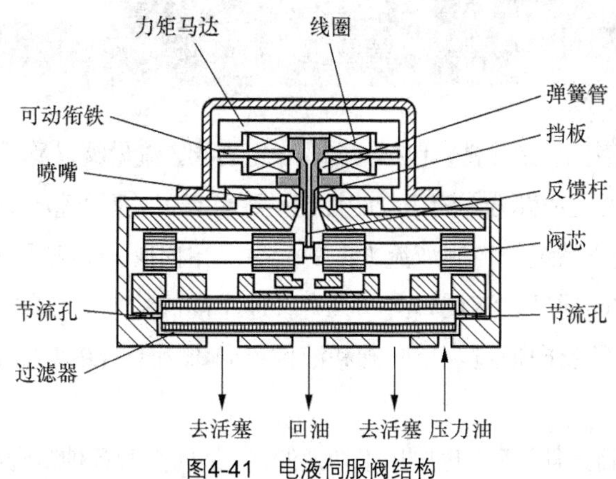

图4-41 电液伺服阀结构

若控制信号改变极性，则伺服阀控制的负载油路的高压油路和回油路对换，使作动筒运行方向改变。

4.5.4 电液比例控制阀

电液比例控制阀是一种使输出液体参数（压力、流量和方向）随输入电信号参数（电流、电压）成比例变化的液压元件。是集普通控制阀和伺服阀控制元件优点于一身的新型液压控制元件。它可以根据输入电信号的大小连续成比例地对油液的压力、流量、方向实现远距离控制、计算机控制。图 4-42 给出了电液比例压力控制阀的基本结构。

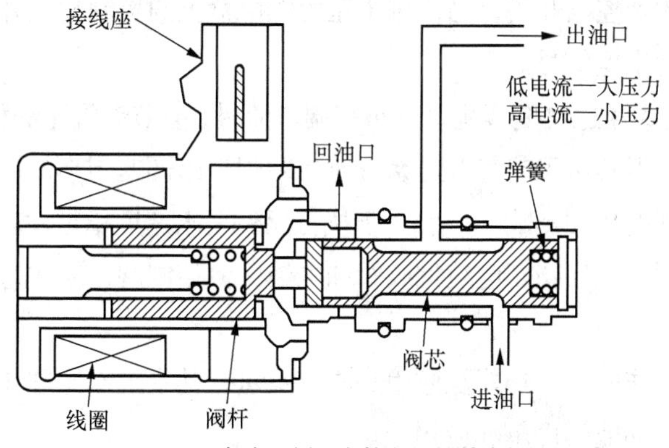

图4-42 电液比例压力控制阀的基本机构

比例控制阀一般由比例调节机构和液压阀两部分组成。比例阀种类很多，几乎所有种类、功能的普通液压阀都有相应种类、功能的电液比例阀。根据所控制参数不同，比例控制阀可分为比例压力阀，比例流量阀，比例方向阀；按所控制参数的数量的不同，比例控制阀可分为单参数控制阀和多参数控制阀；按反馈方式的不同，电液比例阀又可分为不带位移电反馈型和带位移电反馈型。

本章小结

本章主要介绍了各种液压控制元件，包括方向阀、压力阀、流量阀以及其他液压控制阀。液压控制元件是液压传动系统的核心组成部分。液压阀的性能是否可靠，关系到整个液压系统能否正常工作。

单向阀和换向阀是液压系统中控制液流方向的元件。单向阀分为普通单向阀和液控单向阀。单向阀只允许液流向一个方向通过。液控单向阀具有普通单向阀的功能，并且只要在控制口通以一定压力的控制油液，油流也能反向通过。单向阀和液控单向阀用于回路需要单向导通的场合，也用于各种锁紧回路。

换向阀既可用来使执行元件换向，也可用来切换油路。换向阀的各种结构形式中，滑阀式用得较多。而各种操纵形式的换向阀中，则以电磁和电液换向阀用得较多，因为它易于实现自动化。换向阀的图形符号明确地表示了阀的作用原理、工作位置数、通路数、通断状态以及操纵方式等，应熟练掌握。

溢流阀是利用作用于阀芯的进油口压力与弹簧力平衡的原理来工作的。工作时溢流阀开口大小根据通过的流量自动调整，阀的进口压力保持恒定。溢流阀的结构形式主要有两种：用于低压或小流量的直动式溢流阀和用于高压大流量的先导式溢流阀。

减压阀是利用液流通过阀口缝隙所形成的液阻使出口压力低于进口压力，并使出口压力基本不变的压力控制阀。它常用于某局部油路的压力需要低于系统主油路压力的场合。

顺序阀和压力继电器不是用于控制压力的，而是将压力作为信号去驱动液压开关或电器开关。顺序阀在油路中相当于一个以油液压力作为信号来控制油路通断的液控液压开关。压力继电器是将压力信号转换为电信号的液控电开关，当作用于压力继电器上的控制油压升高到（或降低到）调定压力时，压力继电器便发出电信号。

流量控制阀中，节流阀通过改变节流口大小来调节流量，但节流阀无法稳定节流口前后的压差，因此无法自动稳定流量。但其用于节流调速系统时功率损失比调速阀小，加工简单，应用较广。调速阀输出的流量不受负载变化的影响，一般用于执行元件要求速度稳定性较高的场合。

本章还介绍了插装阀、叠加阀、电液伺服阀和电液比例控制阀，应注意这几类阀结构特点及功能原理。

各种液压控制阀的工作原理、功能及应用是本章重点，其中工作原理和应用是难点，因此学习重点应放在对液压控制阀功能的理解和应用上。

思考与习题

4-1 说明普通单向阀和液控单向阀的原理和区别，它们有哪些用途？

4-2 何为换向阀的“位”、“通”及“中位机能”？简述常用换向阀的中位机能特点（O、M、

P、H、Y）。

4-3 先导型溢流阀由哪几部分组成？各起什么作用？与直动型溢流阀比较，先导型溢流阀有什么优点？

4-4 根据结构及图形符号，说明溢流阀、减压阀、顺序阀的不同特点。

4-5 节流阀最小稳定流量有什么意义？影响节流口流量的主要因素有哪些？

4-6 图 4-43 所示系统中，两个溢流阀单独使用时的调整压力分别为 $p_{Y1}=2MPa$，$p_{Y2}=4MPa$。若不计溢流阀卸荷时的压力损失，试判断二位二通阀在不同工况下，A 点和 B 点的压力。

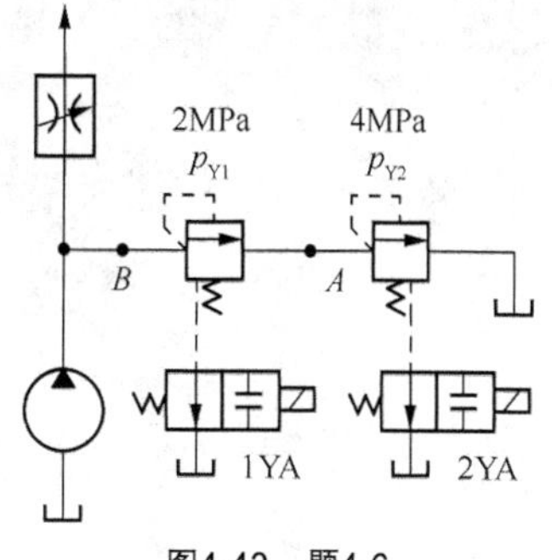

图4-43 题4-6

4-7 如图 4-44 所示，溢流阀的调定压力为 5MPa，若其他损失不计，试判断下列情况下压力表数各为多少？

（1）电磁铁断电，负载为无限大；

（2）电磁铁断电，负载为 4MPa；

（3）电磁铁通电，负载为 3MPa。

4-8 如图 4-45 所示，溢流阀的调整压力为 5.0MPa，减压阀的调整压力为 2.0MPa，试分析下列各情况，并说明减压阀阀口处于什么状态。

（1）当泵的出口压力等于溢流阀调整压力时，夹紧缸使工件夹紧后，A、C 点的压力为多少？

（2）当泵的出口压力由于工作缸快进使压力降至 1.0MPa 时（工件原先处于夹紧状态），A、C 点的压力为多少？

（3）夹紧缸在夹紧工件前作空载运行时，A、B、C 3 点的压力各为多少？

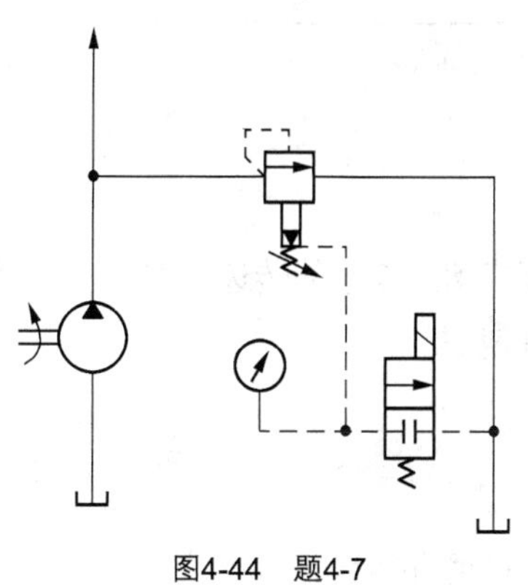
图4-44 题4-7

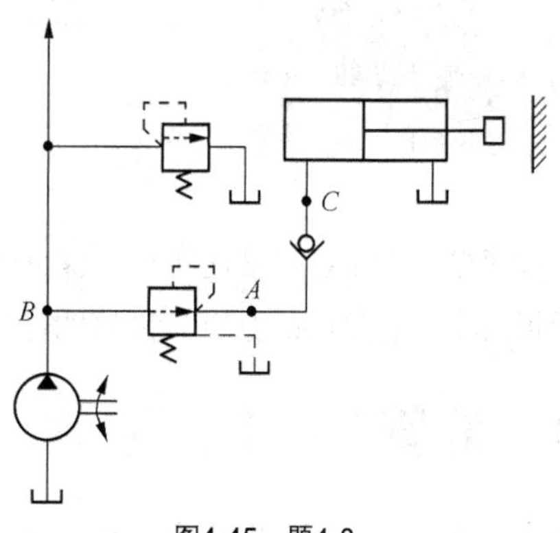

图4-45 题4-8

第5章 液压辅助元件

【学习目标】

1. 理解各类液压辅件在液压系统中的作用
2. 了解油管、密封元件的种类及适用场合
3. 了解过滤器、蓄能器的种类及应用
4. 基本掌握液压辅件的职能符号

液压辅助元件包括：油管、管接头、油箱、热交换器、过滤器、蓄能器、密封装置、压力表等。从液压传动工作原理来看它们是起辅助作用的，但是对于保证液压系统正常工作来说是必不可少的，因此必须给予足够重视。

5.1 油管和管接头

油管和管接头用于连接液压组件，保证工作液体的循环流动和能量的传递。对它们的基本要求是：能量损失小，有足够的强度、良好的密封，装拆使用方便。

5.1.1 油管

油管作为连接液压回路的主要部件，其主要分为两类：硬管和软管。

1. 硬管

硬管用于连接无相对运动的液压组件。常用的种类为无缝钢管和紫铜管。

无缝钢管承受压力高，价格便宜，但装配时不易弯曲，主要用于中、高压系统。无缝钢管有冷拔和热轧两种。冷拔管几何尺寸准确，质地均匀，宜与卡套式管接头配合。压力管路常用 10 号和

15 号冷拔无缝钢管。其中 10 号用于压力小于 8 MPa 的条件，15 号用于压力大于 8 MPa 的场合。

紫铜管容易弯曲，装配方便，而且管壁光滑，摩擦阻力小。但其耐压能力低（不超过 10MPa），抗振能力也比较弱，价格较贵，高温工作时油液氧化变质严重。紫铜管主要用于中、低压系统，机床中应用较多。常配以扩口管接头。

2. 软管

软管主要用于连接有相对运动的液压组件。通常为耐油橡胶软管，它可分为高压和低压两种。

高压橡胶软管多用于液压支架和外注式单体液压支柱管路系统。它由内胶层、钢丝编织层、中间胶层和外胶层组成。常用高压软管的钢丝编织层有单层和双层之分，有多种通径规格。单层软管可承受 6～20 MPa 的压力，双层软管可承受 11～60 MPa 的压力。软管通径越小，承压越高。

低压橡胶软管由夹有帆布层的耐油橡胶制成，适于压力小于 1.5 MPa 的低压管路。软管装配方便，能吸收液压系统的冲击和振动。但高压软管制造工艺复杂，寿命短，成本高，刚性差。因此在固定组件的连接中，一般不采用高压软管。

常见油管的特点及适用场合如表 5-1 所示。

表 5-1 常见油管的特点及适用场合

种类		特点和适用场合
硬管	钢管	能承受高压，价格低廉，耐油，抗腐蚀，刚性好，但装配时不能任意弯曲。常在装拆方便处用作压力管道，中、高压用无缝管，低压用焊接管道
	紫铜管	易弯曲成各种形状，但承压能力一般不超过 6.5～10MPa，抗振能力较弱，又易使油液氧化。通常用在液压装置内配接不便之处
软管	尼龙管	乳白色半透明，加热后可以随意弯曲成形或扩口，冷却后又能定形不变，承压能力因材质而异，自 2.5MPa 至 8MPa 不等
	塑料管	质轻耐油，价格便宜，装配方便，但承压能力低，长期使用会变质老化，只宜用作压力低于 0.5MPa 的回油管、泄油管等
	橡胶管	高压管由耐油橡胶夹几层钢丝编织网制成，钢丝网层数越多，耐压越高，价格昂贵，用作中、高压系统中两个相对运动件之间的压力管道。低压管由耐油橡胶夹帆布制成，可用作回油管道

5.1.2 管接头

管接头是油管与油管、油管与液压组件之间的可拆装的连接件。管接头的品种、规格较多，常用的有以下几种。

1. 金属管接头

（1）焊接式管接头。焊接式管接头的结构如图 5-1 所示。管接头的接管与被连接管焊接在一起。接头体用螺纹固定在液压组件上，用螺母将接管和接头体相连接。在接触面上，有多种密封形式。图 5-1（a）采用 O 形密封圈，图 5-1（b）依靠球面与锥面的环形接触线实现密封。

焊接式管接头制造简单，工作可靠，适用于管壁较厚和压力较高系统，承受压力可达 31.5 MPa，应用较多。其缺点是对焊接质量要求较高。

（2）卡套式管接头。卡套式管接头的种类很多，但基本原理相同。其结构如图 5-2（a）所示。它由接头体、螺母、卡套 3 个基本零件组成，利用卡套的变形卡住油管并进行密封。卡套是一个在内圆一端带有锋利刃口的金属环，其形状如图 5-2（b）所示。图 5-2（c）所示为卡套式管接头的工作原理，装配时，首先把连接的金属油管一端切成与其中心线垂直的平面，再依次将螺母、卡套套装在油管上，然后将油管插入接头体内并靠紧。逐渐旋紧螺母，使螺母 90° 的内锥面与卡套尾部 86° 的锥面接触。在旋紧螺母时，同时用手转动油管。当油管不能转动时，表明卡套在螺母推动和接头体内锥面的挤压下开始变形并卡住油管。再继续旋紧螺母 $1 \sim 1\frac{1}{3}$ 圈，使卡套的刃口切入油管，防止油管拔脱并形成卡套与油管之间的密封，卡套前端外表面与接头体内锥面间形成球面接触密封面。卡套在压紧条件下处于弹性变形状态，中部稍有拱起。这对于卡套的密封和防止螺母的松动都是有利的。国产卡套多用 10 号钢，经表面氮化或氰化处理制成。

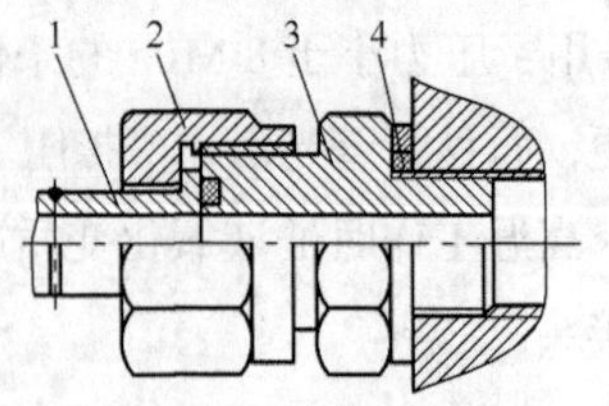

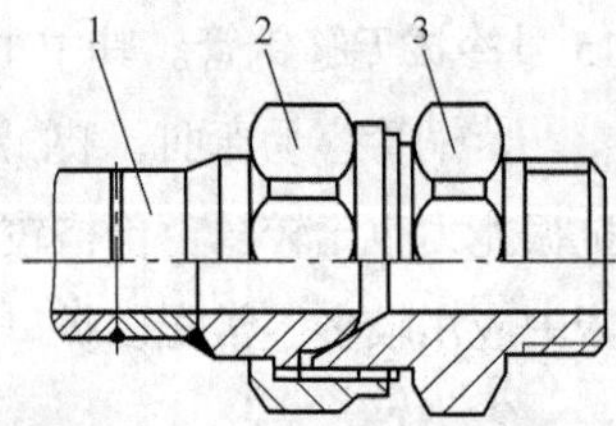

图5-1 焊接式管接头

1—接管；2—螺母；3—接头体；4—组合密封圈

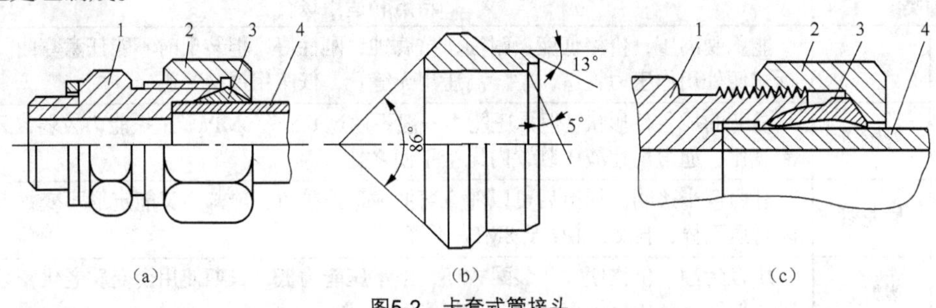

图5-2 卡套式管接头

1—接头体；2—螺母；3—卡套；4—金属油管

卡套式管接头工作比较可靠，拆装方便。其工作压力可达 31.5 Mpa。其缺点是卡套的制造工艺要求高，对连接的油管外径的几何精度要求也较高。

（3）扩口式管接头。扩口式管接头的结构如图 5-3 所示，将油管一端扩成喇叭口（约 74°），再用螺母将套管连同油管一起压紧在接头体上形成密封。其结构简单，制造安装方便，适于紫铜管和薄壁钢管的连接，也可用来连接尼龙管和塑料管，工作压力一般不超过 8 MPa。

（4）铰接式管接头。这种管接头用于液流成直角形的连接。如泵、马达的油口，其结构如图 5-4 所示。接头体两侧各用一个组合密封圈，再由一中空并具有径向孔的连接螺栓固定在液压元件上，接头体与管路可采用焊接式或卡套式连接。使用压力可达 31.5 MPa。

2. 橡胶软管的管接头

软管接头用接头外套将软管与接头芯管连成一体，然后再用接头芯管与液压元件或其他油管相连接。

（1）螺纹连接的软管接头。这类管接头利用螺纹将接头芯管与液压元件或其他油管相连接。软管与接头之间的连接有扣压式和可拆式两种。

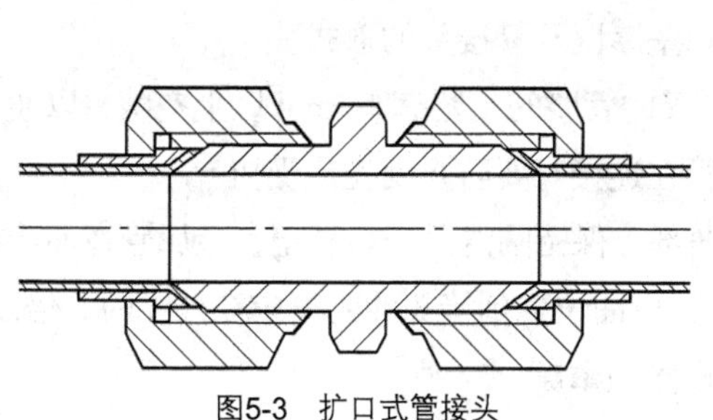
图5-3 扩口式管接头

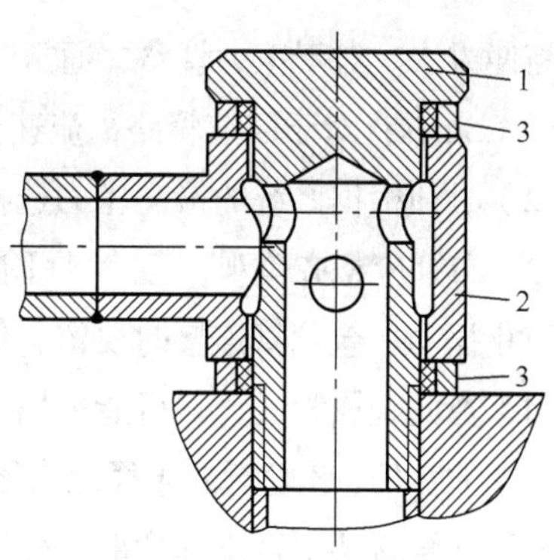

图5-4 铰接式管接头

图 5-5（a）所示为扣压式软管接头，在装配时先把与外套配合处的软管外胶层剥除，再把接头芯管插入管内，外套通过加压收缩，使软管陷入接头芯管与外套。

图 5-5（b）所示为可拆式软管接头，在装配时也是先剥除软管的外胶层，再将外套装在软管上，然后将接头芯管慢慢旋入管内，压紧软管。这种接头装配简单，不需要专门设备（扣管机），装配后可拆开。但是可靠性较差，只适于中低压管路。

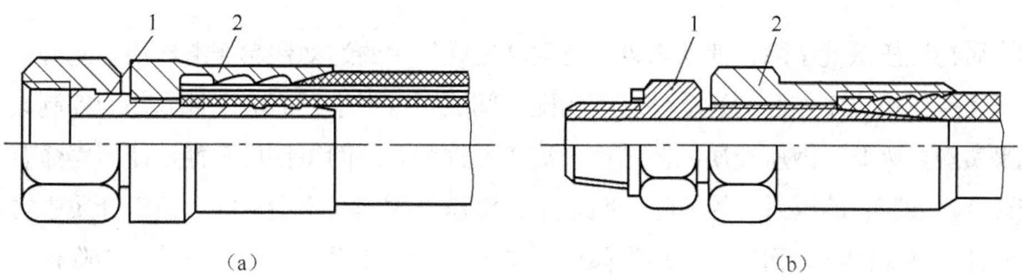

图5-5 螺纹连接的软管接头

1—接头芯管；2—外套

（2）快速连接的软管接头。快速连接的软管接头的结构如图 5-6 所示。将接头芯管一端直接插入接头套，再用 U 形卡相连，防止接头脱开。接头间的密封是利用芯管上的 O 形密封圈与接头套中的圆柱面配合来实现的。这种接头密封性好，承压高，拆装十分方便，只要将 U 形卡取出，接头即可从接头套中拔出。接头与软管之间的连接采用扣压式，工作可靠。多用于液压支架系统。

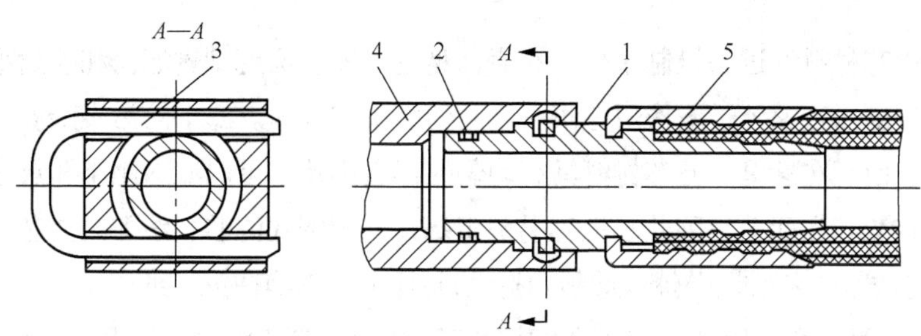

图5-6 快速连接的软管接头

1—接头芯管；2—O形密封圈；3—U形卡；4—接头套；5—外套

3. 配管注意事项

（1）油管内径大小的确定是以限制流动造成的压力损失为前提的，所以根据流速确定管径是常用的简便方法。对于压力管路，通常流速为 2.5～5 m/s（压力高时取较大值）；对于吸液管路，流速不大于 1.5 m/s；对于回液管路，流速为 1.5～2.5 m/s。

（2）必须根据系统的最高压力选择管路的材料和壁厚以及管接头的形式。

（3）布管应整齐美观，管路尽可能短。平行或交叉的管路间须留有 10 mm 以上空隙，以便于拆装和防止振动。金属管连接时要留有伸缩余地。软管在连接时要防止受拉或受扭。

（4）弯曲金属管时，尽可能采用弯管器，使弯曲部分保持圆滑。一般规定，金属管弯曲半径应大于外径的 3 倍；软管弯曲半径应大于外径的 9 倍，且弯曲位置到接头的距离应在外径的 6 倍以上，避免软管在管接头附近立即弯曲。软管交叉时应防止接触摩擦。

5.2 过滤器

液体介质在液压系统中除传递动力外，还对液压元件中的运动件起润滑作用。此外，为了保证元件的密封性能，组成工作腔的运动件之间的配合间隙做得很小，而液压件内部的控制又常常通过阻尼小孔来实现。因此，液压介质的清洁度对液压元件和系统的工作可靠性及使用寿命有着很大的影响。统计资料表明：液压系统的故障 75%以上是液压介质的污染造成的。液压介质中的污染杂质会使液压元件运动副的结合面磨损、堵塞阀口、卡死阀芯，使系统工作可靠性大为降低。因此，在系统中安装过滤器，是保证液压系统正常工作必要手段。

5.2.1 过滤器功用和类型

1. 功用

过滤器的功用是过滤混在液压油液中的杂质，降低进入系统中油液的污染度，保证系统正常地工作。

2. 类型

过滤器按其滤芯材料的过滤机制来分，有表面型过滤器、深度型过滤器和吸附型过滤器 3 种。

（1）表面型过滤器：整个过滤作用是由一个几何面来实现的。滤下的污染杂质被截留在滤芯元件靠油液上游的一面。在这里，滤芯材料具有均匀的标定小孔，可以滤除比小孔尺寸大的杂质。由于污染杂质积聚在滤芯表面上，因此它很容易被阻塞住。编网式滤芯、线隙式滤芯属于这种类型。

（2）深度型过滤器：这种滤芯材料为多孔可透性材料，内部具有曲折迂回的通道。大于表面孔径的杂质直接被截留在外表面，较小的污染杂质进入滤材内部，撞到通道壁上，由于吸附作用而得到滤除。滤材内部曲折的通道也有利于污染杂质的沉积。纸心、毛毡、烧结金属、陶瓷和各种纤维制品等属于这种类型。

（3）吸附型过滤器：这种滤芯材料把油液中的有关杂质吸附在其表面上。

常见的过滤器式样及其特点见表 5-2。

表 5-2 常见的过滤器及其特点

类型	结构简图	特点说明
表面型		1. 过滤精度与铜丝网层数及网孔大小有关。在压力管路上常用 100、150、200 目（每英寸长度上孔数）的铜丝网，在液压泵吸油管路上常采用 20～40 目铜丝网 2. 压力损失不超过 0.004MPa 3. 结构简单，通流能力大，清洗方便，但过滤精度低
		1. 滤芯由绕在心架上的一层金属线组成，依靠线间微小间隙来挡住油液中杂质的通过 2. 压力损失约为 0.03～0.06MPa 3. 结构简单，通流能力大，过滤精度高，但滤芯材料强度低，不易清洗 4. 用于低压管道中，当用在液压泵吸油管上时，它的流量规格宜选得比泵大
深度型		1. 结构与线隙式相同，但滤芯为平纹或波纹的酚醛树脂或木浆微孔滤纸制成的纸心。为了增大过滤面积，纸心常制成折叠形 2. 压力损失约为 0.01～0.04MPa 3. 过滤精度高，但堵塞后无法清洗，必须更换纸心 4. 通常用于精过滤
		1. 滤芯由金属粉末烧结而成，利用金属颗粒间的微孔来挡住油中杂质通过。改变金属粉末的颗粒大小，就可以制出不同过滤精度的滤芯 2. 压力损失为 0.03～0.2MPa 3. 过滤精度高，滤芯能承受高压，但金属颗粒易脱落，堵塞后不易清洗 4. 适用于精过滤
吸附型		1. 滤芯由永久磁铁制成，能吸住油液中的铁屑、铁粉、可带磁性的磨料 2. 常与其他型式滤芯合起来制成复合式过滤器 3. 对加工钢铁件的机床液压系统特别适用

5.2.2 过滤器的主要性能指标

1. 过滤精度

它表示过滤器对各种不同尺寸的污染颗粒的滤除能力，用绝对过滤精度、过滤比和过滤效率等指标来评定。

绝对过滤精度是指通过滤芯的最大坚硬球状颗粒的尺寸，它反映了过滤材料中最大通孔尺寸，单位为 μm。它可以用试验的方法进行测定。

过滤精度推荐值，见表 5-3。

表 5-3　　过滤精度推荐值表

系统类别	润滑系统	传动系统			伺服系统
工作压力（MPa）	0～2.5	≤14	14 < p < 21	≥21	21
过滤精度（μm）	100	25～50	25	10	5

2. 压降特性

液压回路中的过滤对油液流动来说是一种阻力，因而油液通过滤芯时必然要出现压力降。一般来说，在滤芯尺寸和流量一定的情况下，滤芯的过滤精度越高，压力降越大；在流量一定的情况下，滤芯的有效过滤面积越大，压力降越小；油液的黏度越大，流经滤芯的压力降也越大。

滤芯所允许的最大压力降，应以不致使滤芯元件发生结构性破坏为原则。在高压系统中，滤芯在稳定状态下工作时承受到的仅仅是它那里的压力降，这就是为什么纸质滤芯亦能在高压系统中使用的道理。油液流经滤芯时的压力降，大部分是通过试验或经验公式来确定的。

3. 纳垢容量

纳垢容量是指过滤器在压力降达到其规定限值之前可以滤除并容纳的污染物数量，这项性能指标可以用多次通过性试验来确定。过滤器的纳垢容量越大，使用寿命越长，所以它是反映过滤器寿命的重要指标。一般来说，滤芯尺寸越大，即过滤面积越大，纳垢容量就越大。增大过滤面积，可以使纳垢容量至少成比例地增加。

5.2.3 过滤器的选用与安装

1. 过滤器的选用

过滤器按其过滤精度（滤去杂质的颗粒大小）的不同，有粗过滤器、普通过滤器、精密过滤器和特精过滤器 4 种，它们分别能滤去大于 100μm、10～100μm、5～10μm 和 1～5μm 大小的杂质。

选用过滤器时，要考虑下列几点。

（1）过滤精度应满足预定要求。

（2）能在较长时间内保持足够的通流能力。

（3）滤芯具有足够的强度，不因液压的作用而损坏。

（4）滤芯抗腐蚀性能好，能在规定的温度下持久地工作。

（5）滤芯清洗或更换简便。

因此，过滤器应根据液压系统的技术要求，按过滤精度、通流能力、工作压力、油液黏度、工作温度等条件选定其型号。

2. 安装

过滤器在液压系统中的安装位置通常有以下几种。

（1）安装在泵的吸油口处：泵的吸油路上一般都安装有表面型过滤器，目的是滤去较大的杂质微粒以保护液压泵，此外过滤器的过滤能力应为泵流量的两倍以上，压力损失小于0.02MPa。

（2）安装在泵的出口油路上：此处安装过滤器的目的是用来滤除可能侵入阀类等元件的污染物。其过滤精度应为10～15μm，且能承受油路上的工作压力和冲击压力，压力降应小于0.35MPa。同时应安装安全阀以防过滤器堵塞。

（3）安装在系统的回油路上：这种安装起间接过滤作用。一般与过滤器并联安装一背压阀，当过滤器堵塞达到一定压力值时，背压阀打开。

（4）安装在系统分支油路上。

（5）单独过滤系统：大型液压系统可专设一液压泵和过滤器组成独立过滤回路。

液压系统中除了整个系统所需的过滤器外，还常常在一些重要元件（如伺服阀、精密节流阀等）的前面单独安装一个专用的精过滤器来确保其正常工作。

5.3 密封元件

密封是解决液压系统泄漏问题最重要、最有效的手段。液压系统如果密封不良，可能出现不允许的外泄漏。外漏的油液将会污染环境，还可能使空气进入吸油腔，影响液压泵的工作性能和液压执行元件运动的平稳性（爬行）。泄漏严重时，系统容积效率过低，甚至工作压力达不到要求值。若密封过度，虽可防止泄漏，但会造成密封部分的剧烈磨损，缩短密封件的使用寿命，增大液压元件内的运动摩擦阻力，降低系统的机械效率。因此，合理地选用和设计密封装置在液压系统的设计中十分重要。

5.3.1 密封元件要求

对密封元件的要求如下。

（1）在工作压力和一定的温度范围内，应具有良好的密封性能，并随着压力的增加能自动提高密封性能。

（2）密封装置和运动件之间的摩擦力要小，摩擦系数要稳定。

（3）抗腐蚀能力强，不易老化，工作寿命长，耐磨性好，磨损后在一定程度上能自动补偿。

（4）结构简单，使用、维护方便，价格低廉。

5.3.2 密封元件的类型和特点

密封元件按其工作原理可分为非接触式密封和接触式密封。前者主要指间隙密封，后者指密封件密封。

1. 间隙密封

间隙密封是靠相对运动件配合面之间的微小间隙来进行密封的，常用于柱塞、活塞或阀的圆柱配合副中。一般在阀芯的外表面开有几条等距离的均压槽，它的主要作用是使径向压力分布均匀，减少液压卡紧力，同时使阀芯在孔中对中性好，以减小间隙的方法来减少泄漏。同时槽所形成的阻力，对减少泄漏也有一定的作用。均压槽一般宽 0.3～0.5 mm，深 0.5～1.0 mm。圆柱面配合间隙与直径大小有关，对于阀芯与阀孔一般取为 0.005～0.017 mm。

这种密封的优点是摩擦力小，缺点是磨损后不能自动补偿。主要用于直径较小的圆柱面之间，如液压泵内的柱塞与缸体之间，滑阀的阀芯与阀孔之间的配合。

2. O 形圈密封

O 形密封圈一般用耐油橡胶制成，其横截面呈圆形。它具有良好的密封性能，内外侧和端面都能起密封作用。结构紧凑，对运动件的摩擦阻力小，容易制造，方便装拆，成本低廉，且高、低压均可以用，因此在液压系统中得到广泛的应用。

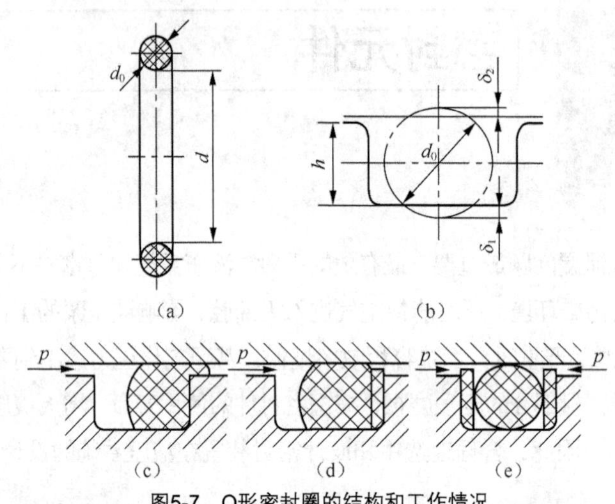

图5-7 O形密封圈的结构和工作情况

图 5-7 所示为 O 形密封圈的结构和工作情况。图 5-7（a）为其外形圈；图 5-7（b）为其装入密封沟槽的情况，δ_1、δ_2 为 O 形圈装配后的预压缩量，通常用压缩率 W 表示，即 $W=[(d_0-h)/d_0]\times 100\%$。对于固定密封、往复运动密封和回转运动密封，应分别达到 15%～20%、10%～20%和 5%～10%，才能取得满意的密封效果。当油液工作压力超过 10 MPa 时，O 形圈在往复运动中容易被油液压力挤入间隙而提早损坏，见图 5-7（c）。为此要在它的侧面安放 1.2～1.5 mm 厚的聚四氟乙烯挡圈。单向受力时在受力侧的对面安放一个挡圈，见图 5-7（d）。双向受力时则在两侧各放一个图 5-7（e）所示的挡圈。

O 形密封圈的安装沟槽，除矩形外，也有 V 形、燕尾形、半圆形、三角形等，实际应用中可查阅有关手册及国家标准。

3. 唇形密封圈

唇形密封圈根据截面的形状可分为 Y 形、V 形、U 形、L 形等。其工作原理如图 5-8 所示。液压力将密封圈的两唇边 h_1 压向形成间隙的两个零件的表面。这种密封作用的特点是能随着工作压力的变化自动调整密封性能，压力越高则唇边被压得越紧，密封性越好。当压力降低时唇边压紧程度也随之降低，从而减少了摩擦阻力和功率消耗。除此之外，还能自动补偿唇边的磨损，保持密封性能不降低。

目前，液压缸中普遍使用图 5-9 所示的所谓小 Y 形密封圈作为活塞和活塞杆的密封。其中图 5-9（a）所示为轴用密封圈，图 5-9（b）所示为孔用密封圈。这种小 Y 形密封圈的特点是断面宽度和高度的比值大，增加了底部支承宽度，可以避免摩擦力造成的密封圈的翻转和扭曲。

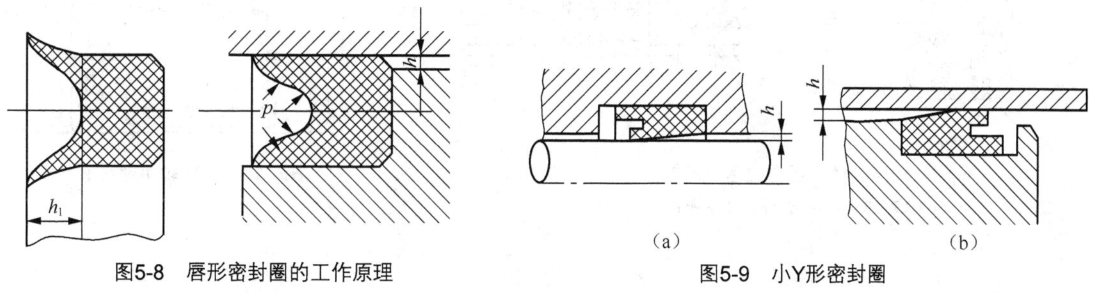

图5-8 唇形密封圈的工作原理

图5-9 小Y形密封圈

在高压和超高压情况下（压力大于 25 MPa），V 形密封圈也有应用。V 形密封圈的形状如图 5-10 所示，它由多层涂胶织物压制而成。通常将压环、密封环和支承环三个圈叠在一起使用，此时能保证良好的密封性。当压力更高时，可以增加中间密封环的数量。这种密封圈在安装时要预压紧，故摩擦阻力较大。

唇形密封圈安装时应使其唇边开口面向压力油，使两唇张开，分别贴紧在机件的表面上。

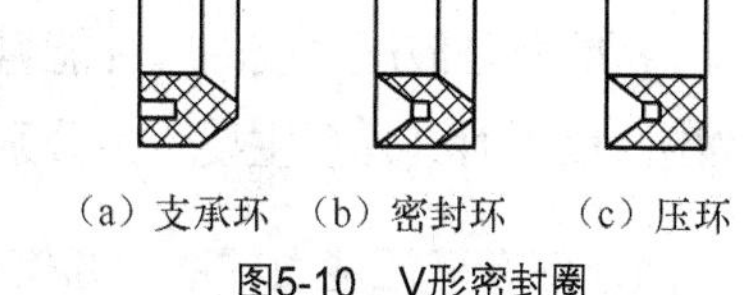

图5-10 V形密封圈

4. 组合式密封装置

随着液压技术的应用日益广泛，系统对密封的要求越来越高，普通的密封圈单独使用已不能很好地满足密封性能要求。特别是使用寿命和可靠性方面的要求无法得到很好的满足。因此，研究和开发了由包括密封圈在内的两个以上元件组成的组合式密封装置。

图 5-11（a）所示为 O 形密封圈与截面为矩形的聚四氟乙烯塑料滑环组成的组合密封装置。其中，滑环 2 紧贴密封面，O 形圈 1 为滑环提供弹性预压力，在介质压力等于零时构成密封。由于密封间隙紧靠滑环，而不是 O 形圈，因此摩擦阻力小而且稳定，可以用于 40 MPa 的高压。往复运动密封时，速度可达 15 m/s。往复摆动与螺旋运动密封时，速度可达 5 m/s。矩形滑环组合密封的缺点是抗侧倾能力稍差，在高、低压交变的场合下工作容易漏油。图 5-11（b）所示为由滑环 2 和 O 形圈 1 组成的轴用组合密封。由于滑环与被密封件 3 之间为线密封，其工作原理类似唇边密封。滑环采用一种经特别处理的化合物制造而成，具有极佳的耐磨性、低摩擦和保形性，不存在橡胶密封低速时易产生的“爬行”现象。工作压力可达 80 MPa。

组合式密封装置由于充分发挥了橡胶密封圈和滑环的长处，因此不仅工作可靠，摩擦力低且稳定，而且使用寿命比普通橡胶密封提高近百倍，在工程上的应用日益广泛。

5. 回转轴的密封装置

回转轴的密封装置形式很多，图 5-12 所示是一种耐油橡胶制成的回转轴用密封圈。它的内部有直角形圆环铁骨架支撑着，密封圈的内边围着一条螺旋弹簧，把内边收紧在轴上来进行密封。这种密封圈主要用作液压泵、液压马达和回转式液压缸的伸出轴的密封，以防止油液漏到壳体外部。它的工作压力一般不超过 0.1 MPa，最大允许线速度为 4～8 m/s，须在有润滑情况下工作。

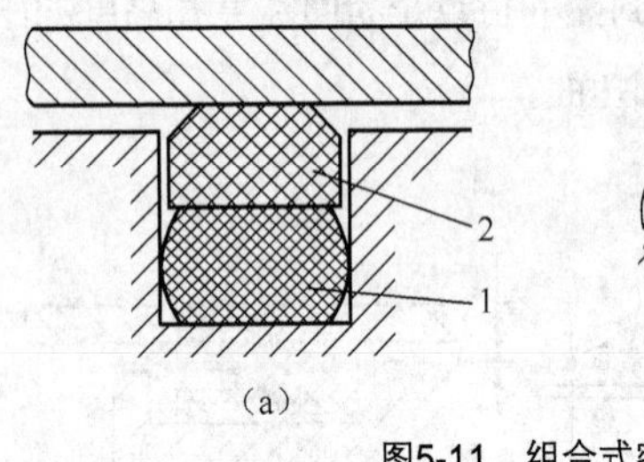

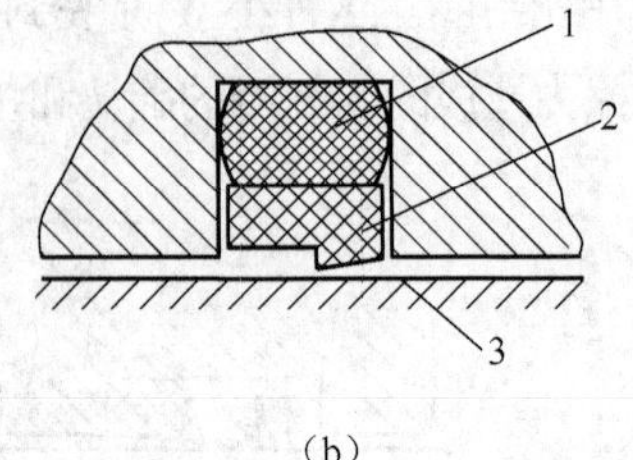

图5-11　组合式密封装置

1—O形圈；2—滑环；3—被密封件

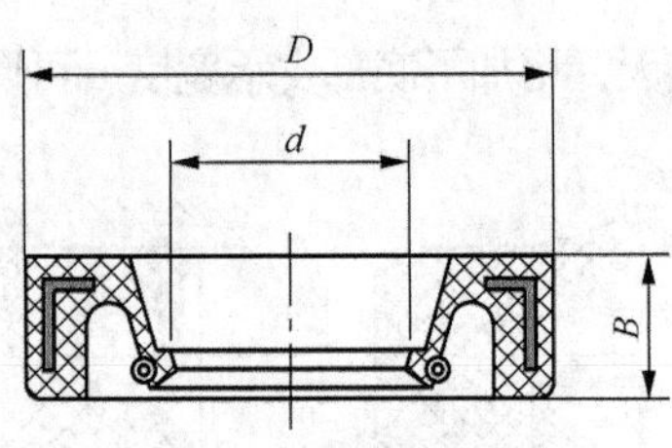

图5-12　回转轴用密封圈

5.4 蓄能器

5.4.1 蓄能器的作用

蓄能器是液压系统的一种能量储存装置，其基本功能是将液压能储存起来，在需要的时候重新放出。以下对其几项主要作用分别加以介绍。

1. 储存液压能做辅助能源使用

（1）减小做间歇运动的执行机构所需液压泵的功率。对于间歇运动的液压执行机构，若其在一个工作循环内速度差别很大，则当执行机构需要较小流量时，液压泵的多余流量便储存在蓄能器中；当执行机构需要较大流量时，蓄能器和泵同时供给液体压力，使执行机构获得短时间的高速度。这样便可利用较小的液压泵满足工作的需要，从而降低功率消耗。

（2）补偿泄漏和保持系统恒压。如图 5-13 所示的卸荷回路，当液压泵卸荷后，单向阀关闭，蓄能器用于补偿泄漏，使系统保持恒压。

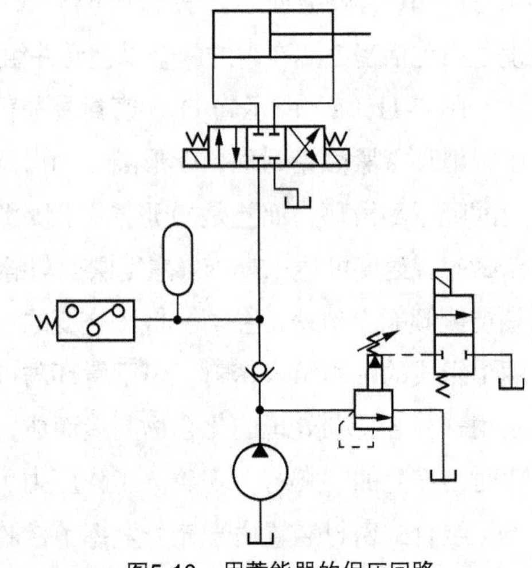

图5-13　用蓄能器的保压回路

（3）作应急能源。在液压泵发生故障或突然停电时，利用蓄能器储存的液压能使液压执行元件完成必要的动作。

2. 缓和液压冲击和吸收脉动

当系统出现液压冲击时，安全阀来不及瞬时动作。可利用蓄能器迅速吸收压力峰值，保护系统。液压泵的流量脉动会造成压力脉动，并使执行元件的运动速度产生脉动，可利用蓄能器将其消除。

乳化液泵站、喷雾泵站的液压系统都设置有蓄能器，用以吸收脉动和缓和冲击。

5.4.2 蓄能器的结构

蓄能器的类型有重锤式、弹簧式和充气式，具体结构种类较多，目前应用最广泛的是气囊式蓄能器。

图 5-14 为 XRB2B 型乳化液泵站使用的气囊式蓄能器。其容积为 4 L，公称压力为 34.3 MPa。它主要由充气阀、壳体、气囊、托阀等组成。气囊用特殊耐油橡胶制成，气体（氮气）从充气阀充入气囊。壳体由高强度无缝钢管制造。压力液体从蓄能器通液口进入，液压能转变为气体的压缩势能储存。当系统需要时，气囊膨胀，输出压力液体。托阀的作用是压力液体全部排出后，防止气囊膨胀到壳体外。托阀弹簧具有足够的刚度，当蓄能器高速排液时，托阀也不致关闭。

气囊式蓄能器的气囊惯性小，反应灵敏。与其他蓄能器比较，它的重量轻，尺寸小，安装维护方便。但气囊制造要求高。

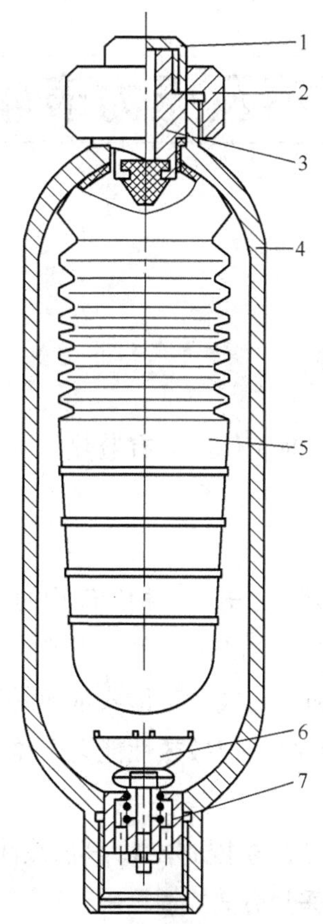

图5-14 气囊式蓄能器

1—螺盖；2—压帽；3—充气阀；4—壳体；5—气囊；6—托阀；7—阀座

5.4.3 蓄能器使用和安装

蓄能器在液压回路中的安放位置随其功用不同而不同。吸收液压冲击或压力脉动时宜放在冲击源或脉动源近旁；补油保压时宜放在尽可能接近有关的执行元件处。

使用蓄能器须注意如下几点：

（1）充气式蓄能器中应使用惰性气体（一般为氮气），允许工作压力视蓄能器结构形式而定，例如，气囊式为 3.5～32 MPa。

（2）不同的蓄能器各有其适用的工作范围。例如，皮囊式蓄能器的皮囊强度不高，不能承受很大的压力波动，且只能在-20～70℃的温度范围内工作。

（3）气囊式蓄能器原则上应垂直安装（油口向下），只有在空间位置受限制时才允许倾斜或水平安装。

（4）装在管路上的蓄能器须用支板或支架固定。

（5）蓄能器与管路系统之间应安装截止阀，供充气、检修时使用。蓄能器与液压泵之间应安装单向阀，防止液压泵停车时蓄能器内储存的压力油液倒流。

油箱及压力表辅件

5.5.1 油箱分类和结构

油箱的主要功用是储存油液，同时箱体还具有散热、沉淀污物、析出油液中渗入的空气以及作为安装平台等作用。

1. 油箱分类

油箱可分为开式结构和闭式结构两种。开式结构油箱中的油液具有与大气相同的自由液面，多用于各种固定设备；闭式结构的油箱中的油液与大气是隔绝的，多用于行走设备及车辆。

开式结构的油箱又分为整体式和分离式。整体式油箱是利用主机的底座作为油箱。其特点是结构紧凑，液压元件的泄漏容易回收，但散热性能差，维修不方便，对主机的精度及性能有所影响。

分离式油箱单独成立一个供油泵站，与主机分离，其散热性、维护和维修性均强于整体式油箱，但须增加占地面积。目前精密设备多采用分离式油箱。

2. 油箱的结构

液压系统中的油箱有整体式和分离式两种。整体式油箱利用主机的内腔作为油箱，这种油箱结构紧凑，各处漏油易于回收，但增加了设计和制造的复杂性，不便于维修，散热条件不好，且会使主机产生热变形。分离式油箱单独设置，与主机分开，减少了油箱发热和液压源振动对主机工作精度的影响，因此得到了普遍的采用，特别在精密机械上应用广泛。

油箱的典型结构如图5-15所示。由图可见，油箱内部用隔板7、9将吸油管1与回油管4隔开。顶部、侧部和底部分别装有滤油网2、液位计6和排放污油的放油阀8。安装液压泵及其驱动电机的安装板5固定在油箱顶面上。

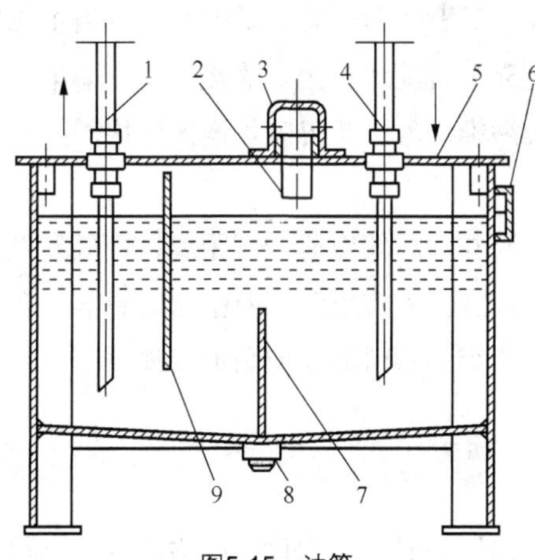

图5-15 油箱

1—吸油管；2—滤油网；3—盖；4—回油管；5—上盖；6—油位计；
7，9—隔板；8—放油阀

近年来又出现了充气式的闭式油箱。它不同于图5-15所示的开式油箱，液油箱是整个封闭的，顶部有一充气管，可送入0.05～0.07MPa过滤纯净的压缩空气。空气或者直接与油液接触，或者被输入到蓄能器式的皮囊内而不与油液接触。这种油箱的优点是改善了液压泵的吸油条件，但它要求系统中的回油管、泄油管承受背压。油箱本身还须配置安全阀、电接点压力表等元件以稳定充气压力，因此它只在特殊场合下使用。

5.5.2 油箱设计及注意事项

油箱属于非标准件，在实际情况下常根据需要自行设计。油箱设计时主要考虑油箱的容积、结构、散热等问题。限于篇幅，在此仅将设计思路简介如下。

1. 油箱容积的估算

油箱的容积是油箱设计时需要确定的主要参数。油箱体积大时散热效果好，但用油多，成本高；油箱体积小时，占用空间少，成本降低，但散热条件不足。在实际设计时，可用经验公式初步确定油箱的容积，然后再验算油箱的散热量 Q_1，计算系统的发热量 Q_2，当油箱的散热量大于液压系统的发热量时（$Q_1>Q_2$），油箱容积合适；否则需增大油箱的容积或采取冷却措施。

2. 设计时的注意事项

在确定容积后，油箱的结构设计就成为实现油箱各项功能的主要工作。设计油箱结构时应注意以下几点。

（1）箱体要有足够的强度和刚度。油箱一般用 2.5～4 mm 的钢板焊接而成，尺寸大者要加焊加强筋。

（2）泵的吸油管上应安装 100～200 目的网式过滤器，过滤器与箱底间的距离不应小于 20 mm，过滤器不得露出油面，防止泵卷吸空气产生噪声。系统的回油管要插入油面以下，防止回油冲溅产生气泡。

（3）吸油管与回油管应隔开，二者间的距离尽量远些，应当用几块隔板隔开，以增加油液的循环距离，使油液中的污物和气泡充分沉淀或析出。隔板高度一般取油面高度的 3/4。

（4）防污密封。为防止油液污染，盖板及窗口各连接处均需加密封垫，各油管通过的孔都要加密封圈。

（5）油箱底部应有坡度，箱底与地面间应有一定距离，箱底最低处要设置放油塞。

（6）油箱内壁表面要做专门处理。为防止油箱内壁涂层脱落，新油箱内壁要经喷丸、酸洗和表面清洗，然后可涂一层与工作液相容的塑料薄膜或耐油清漆。

5.5.3 压力表辅件

用于测量压力的指示仪表称作压力表或压力计。压力表的种类很多。

1. 按其作用原理分

（1）弹性式压力表　利用弹性元件在压力作用下发生变形，而此变形与作用的压力之间存在一定的线性关系，因而可通过放大机构等显示所测压力或压差。常用的此类仪表有弹簧管式、膜片式、膜盒式和波纹管式等。

（2）活塞式压力表　根据流体静力学原理，利用已知活塞面积上的专用砝码来衡量压力。常用的此类仪表有液体活塞式、气动活塞式等。

（3）数字式压力表　数字式压力计是可以直接以压力单位用数字显示的测量仪表。一般均以传感器为感压部件，将信号放大后经模/数转换成具有显示压力单位数值的压力或压差测量值。此类仪表根据感压部件的不同有弹簧管型、压阻型、电容型等。

（4）真空表　用于测量负压。

2. 按被测压力大小分

（1）低压表表压测量范围为 10～600 kPa。

（2）中压表表压测量范围为 600 kPa～10 MPa。

（3）高压表表压测量范围为 10～600 MPa。

（4）超高压表表压测量范围大于 600 MPa。

3. 按仪表准确度分

（1）精密压力表（标准压力表）精确度为 0.2～0.5 级。

（2）普通工作压力表精确度为 1.0～4 级。

本章介绍的液压辅助元件包括：油管、管接头、油箱、热交换器、过滤器、蓄能器、密封装置、压力表等。从液压传动工作原理来看它们是起辅助作用，但是从保证液压系统正常工作的角度来看，液压辅助元件和液压元件一样，都是液压系统中不可缺少的组成部分。它们对系统的性能、效率、温升、噪声和使用寿命的影响不亚于液压元件本身，因此必须给予足够重视。通过本章学习，要求掌握液压辅件的结构原理，熟知其使用方法及适用场合。

5-1 常用油管有哪几种？各适用于什么条件？

5-2 蓄能器的安装和使用应注意哪些问题？

5-3 什么是过滤器的过滤精度？选用过滤器时，要考虑哪些因素？

5-4 蓄能器有哪些作用？

5-5 常用的密封装置有哪些？各具备哪些特点？主要应用于液压元件哪些部位的密封？

第6章 液压基本回路

【学习目标】

1. 掌握液压基本回路的分类、组成及功用
2. 掌握常用液压基本回路的工作原理及特点
3. 掌握液压基本回路中液压元件的工作原理及作用
4. 掌握简单液压回路的连接方法

液压基本回路是指由若干个液压元件组成且能够完成某种特定功能的回路。例如用来调节液压泵供油压力的调压回路、改变液压执行元件运动方向的方向控制回路及调节液压执行元件运动速度的回路等都是常见的基本回路。液压系统不论如何复杂，都是由一些液压基本回路所组成。了解和掌握典型液压基本回路的组成、工作原理和性能，可为分析、设计、使用和维护各种液压系统打下基础。

液压基本回路根据完成的功能可分为方向控制回路、压力控制回路、速度控制回路和多缸工作控制回路。

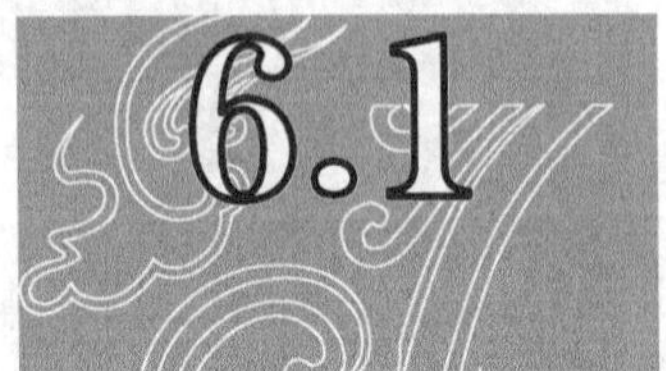

6.1 方向控制回路

方向控制回路是控制液压系统中执行元件的启动、停止和换向的回路。这类回路包括换向回路和锁紧回路两种基本回路。

6.1.1　换向回路

几乎所有的液压系统中都包含换向回路。除了在容积调速的闭式回路中采用双向变量液压泵来控制执行元件的换向外，在其他回路中则都是靠各种换向阀来实现的。换向阀的选用要根据回路的要求和使用场合来确定。

手动换向阀换向精度和平稳性不高，常用于换向不频繁且无需自动化的场合，如机床夹具、工程机械等。对速度和惯性较大的液压系统，采用机动阀较为合理，只需改变运动部件上的挡块的迎角，即可减小换向冲击，并有较高的换向位置精度。电磁阀使用方便，易于实现自动化，但换向时间短，换向冲击大，适用于小流量、平稳性要求不高的场合。流量较大，对换向精度和平稳性有一定要求的液压系统，可采用电液换向阀，或采用以手动阀或机动阀作先导阀、液动阀为主阀的复合阀。

6.1.2　液压锁紧回路

液压锁紧回路的功能是使执行元件停止在任意位置上，且能防止停止运动后因外力作用而发生移动。

1. 采用三位换向阀中位机能的锁紧回路

通常采用三位换向阀O形或M形的中位机能构成锁紧回路，如图6-1（a）所示。当阀处于中位时，执行元件的进、出油口均被封死，可使执行元件在行程任意位置停止。但由于受到换向阀（滑阀结构）泄漏的影响，执行元件不能长时间保持静止不动，锁紧效果较差。

2. 采用液控单向阀的锁紧回路

图6-1（b）所示为采用两个并联的液控单向阀1、2（又称液压锁）所组成的锁紧回路。执行元件可以在行程中的任何位置停止并锁紧。由于液控单向阀（锥阀结构）的密封性好，泄漏小，可较长时间锁紧，其锁紧效果只受液压缸泄漏和油液可压缩性的影响，因此其锁紧效果较好。这种回路常用于工程机械、起重机械和飞机起落架的液压系统中。

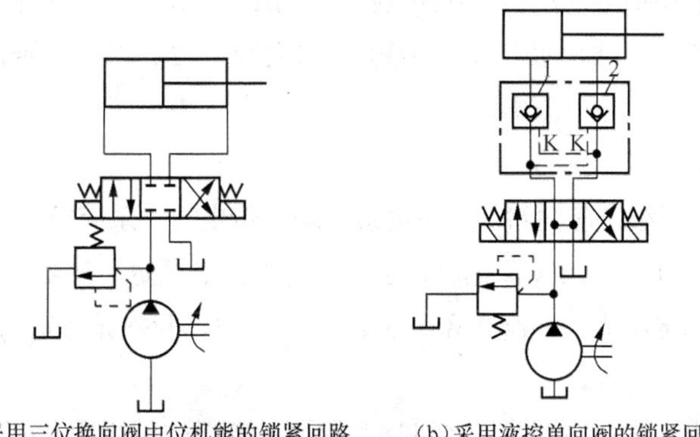

（a）采用三位换向阀中位机能的锁紧回路　（b）采用液控单向阀的锁紧回路

图6-1　液压锁紧回路

6.2 压力控制回路

压力控制回路是对系统整体或系统某一部分的压力进行控制，以满足执行元件对力或转矩要求的回路。这类回路包括调压、卸荷、保压、增压、减压、平衡等多种回路。

6.2.1 调压回路

调压回路的功用是使液压系统的压力保持恒定或不超过某一数值。在定量泵系统中，液压泵的供油压力可以通过溢流阀来调节；在变量泵系统中，用安全阀来限定系统最高压力。当液压系统在不同工作阶段需要两种以上不同大小的压力时，可采用多级调压回路。

1. 单级调压回路

图 6-2（a）所示为单级调压回路，在液压泵 1 出口处设置并联溢流阀 2 即可组成单级调压回路。通过调节溢流阀的压力，可以改变泵的输出压力。当溢流阀的调定压力确定后，液压泵就在溢流阀的调定压力下工作。从而实现了对液压系统进行调压和稳压控制。

如果将液压泵改换为变量泵，这时溢流阀将作为安全阀来使用。液压泵的工作压力低于溢流阀的调定压力，这时溢流阀不工作。当系统出现故障，使液压泵的工作压力上升时，一旦压力达到溢流阀的调定压力，溢流阀将开启，并将液压泵的工作压力限制在溢流阀的调定压力下，使液压系统不至因压力过载而受到破坏，从而保护了液压系统。

2. 二级调压回路

图 6-2（b）所示的调压回路，可实现两种不同的压力控制。当电磁阀断电时（图示状态），系统压力由溢流阀 1 调节。电磁阀通电后，系统压力由溢流阀 2 调节。需要注意的是溢流阀 2 的调定压力一定要小于溢流阀 1 的调定压力。

3. 多级调压回路

图 6-2（c）所示为三级调压回路。当两电磁铁均不带电时，系统压力由阀 1 调定；当 1YA 通电时，由阀 2 调定系统压力；当 2YA 通电时，系统压力由阀 3 调定。需要注意：阀 2 和阀 3 的调定压力一定要小于阀 1 的调定压力，而阀 2 和阀 3 的调定压力之间并无特定的关系。

4. 无级调压回路

图 6-2（d）所示为无级调压回路。通过调节电液比例溢流阀的输入电流，即可实现系统压力的无级调节。此回路结构简单，调压过程平稳，且容易使系统实现远距离控制或程序控制。

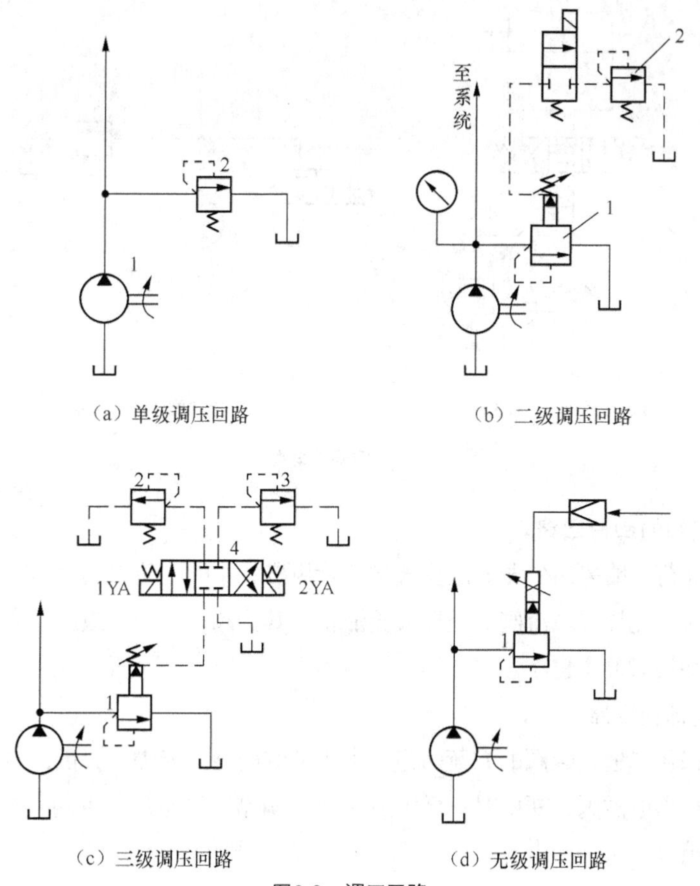

（a）单级调压回路

（b）二级调压回路

（c）三级调压回路

（d）无级调压回路

图6-2 调压回路

6.2.2 卸荷回路

卸荷回路的功用是在系统执行元件短暂停止工作期间，不关闭驱动液压泵的电动机，使液压泵在很小输出功率下运转，以减小功率损耗，降低系统发热，延长液压泵和电机的使用寿命。因为液压泵的输出功率为其流量和压力的乘积，因而两者任一近似为零，功率损耗即近似为零。因此液压泵的卸荷有流量卸荷和压力卸荷两种方法。流量卸荷用于变量泵，使泵仅作补偿内部泄漏用而以最小流量运转。此方法简单，但泵处于高压状态，磨损较严重。压力卸荷的方法是使泵在零压或接近零压下运转。常见的压力卸荷回路有以下几种：

1. 采用换向阀的卸荷回路

M、H和K型中位机能的三位换向阀处于中位时，液压泵即卸荷，如图6-3（a）所示。图6-3（b）所示为采用二位二通换向阀旁路卸荷。这两种方法比较简单，但换向阀换向时压力冲击较大，仅适用于低压、小流量的场合。若将图6-3（a）中的换向阀改为装有换向时间调节器的电液换向阀，则可用于流量较大的系统，并且可得到较好的卸荷效果。但此时应注意：泵的出口或换向阀的回油口应设置背压阀，以便系统重新启动。

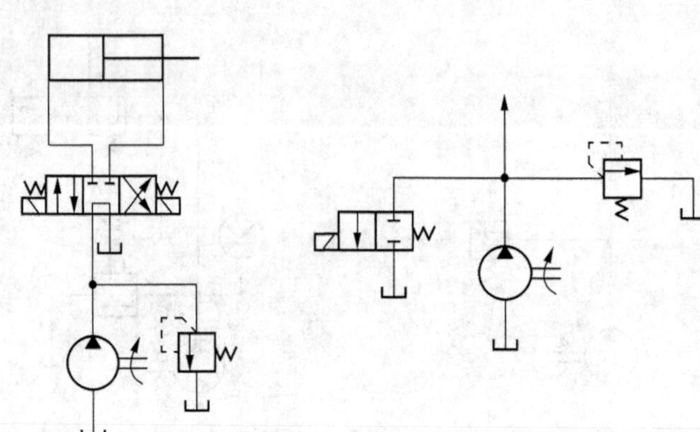

（a）采用三位换向阀的卸荷回路　　（b）采用二位换向阀的卸荷回路

图6-3　用换向阀的卸荷回路

2. 用电磁溢流阀的卸荷回路

图 6-4 所示的卸荷回路采用先导式溢流阀和流量规格较小的二位二通电磁阀组成一个电磁溢流阀。当电磁阀断电时，先导式溢流阀的遥控口接油箱，其主阀口全开，液压泵实现卸荷。这种卸荷回路卸荷压力小，切换时冲击也小。

3. 二通插装阀卸荷回路

图 6-5 所示为采用二通插装阀的卸荷回路。由于插装阀通流能力大，因此这种卸荷回路适用于大流量的液压系统。当电磁阀 2 断电时，泵压力由阀 1 调节；通电后，主阀上腔接通油箱，主阀口完全打开，泵即卸荷。

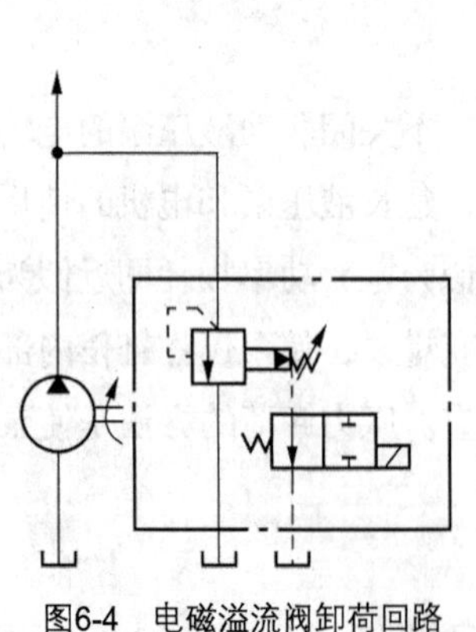

图6-4　电磁溢流阀卸荷回路

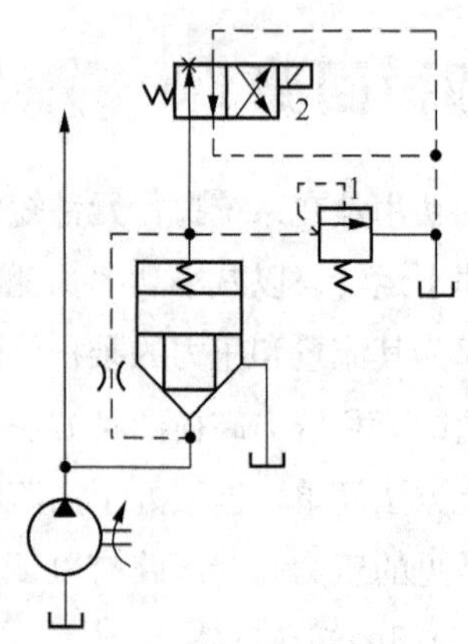

图6-5　采用二通插装阀的卸荷回路

6.2.3 减压回路

减压回路的功用是使液压系统中的某一支路获得比主油路低的稳定工作压力。机床的工件夹紧、导轨润滑及控制油路常采用减压回路。

1. 单级减压回路

图 6-6（a）所示为一种常见的单级减压回路。泵的供油压力（即主油路压力）根据系统负载大小由溢流阀 1 调定。夹紧缸所需的低压力油则靠减压阀 2 来调节。单向阀 3 在主油路压力降低到小于减压阀调定压力时防止油液倒流，起短暂保压的作用。

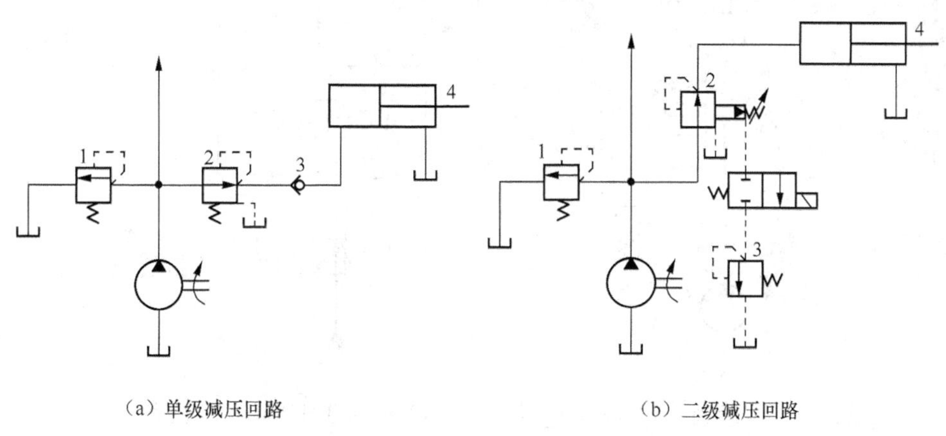

（a）单级减压回路　　（b）二级减压回路

图6-6 减压回路

2. 多级减压回路

图 6-6（b）所示为一种二级减压回路。它是在先导式减压阀 2 的遥控口上接一远程调压阀 3，此回路则可由阀 2 和阀 3 各调得一种低压。但要注意，阀 3 的调定压力一定要小于阀 2 的调定压力。

6.2.4 增压回路

增压回路的功用是提高液压系统某一支路的工作压力，以满足局部工作机构的需要。采用增压回路后，液压泵的供油压力仍然较低，这样就可以节省能源消耗。增压回路中实现油液压力放大的主要元件是增压缸。

1. 单作用增压缸的增压回路

采用单作用增压缸的增压回路如图 6-7（a）所示，当换向阀处于图示位置时，系统的供油压力 p_1 进入增压缸的大活塞腔。此时在小活塞腔即可得到所需的较高压力 p_2。当换向阀切换至右位时，增压缸活塞返回，补油箱中的油液经单向阀向小活塞腔补油。这种回路不能获得连续的高压油，因此只适用于行程较短的单作用液压缸回路。

2. 双作用增压缸的增压回路

如图 6-7（b）所示为采用双作用增压缸的增压回路，它能连续输出高压油，适用于增压行程要求较长的场合。在图示位置，液压泵压力油进入增压缸左端大、小活塞腔，右端大活塞腔接油箱，右端小活塞腔输出的高压油经单向阀 4 输出，此时单向阀 2、3 被封闭。当增压缸活塞移到右端时，换向阀的电磁铁通电，换向阀在右位工作，增压缸活塞向左移动，左端小活塞腔输出的高压油经单向阀 3 输出。这样，增压缸的活塞不断往复运动，其两端便交替输出高压油，从而实现连续增压。

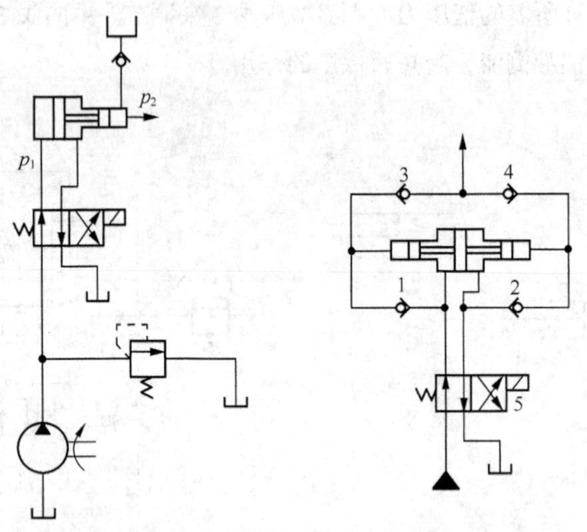

（a）采用单作用增压缸的增压回路　　（b）采用双作用增压缸的增压回路

图6-7 增压缸增压回路

6.2.5 保压回路

有些机械设备在工作过程中，常常要求液压执行元件保持一定工作压力一段时间，这时需采用保压回路。保压性能的两个主要指标为保压时间和压力稳定性。

1. 利用蓄能器的保压回路

图 6-8 所示为可实现工件夹紧的回路，当主换向阀在左位工作时，液压缸前进并压紧工件，进油路压力升高到调定值，压力继电器便发出电信号使二位二通阀通电，泵即卸荷，单向阀自动关闭，液压缸则由蓄能器保压。缸压不足时，压力继电器复位，使泵重新向缸供油。此回路的保压时间取决于蓄能器的容量，调节压力继电器的通断调节区间即可调节缸压力的最大值和最小值。

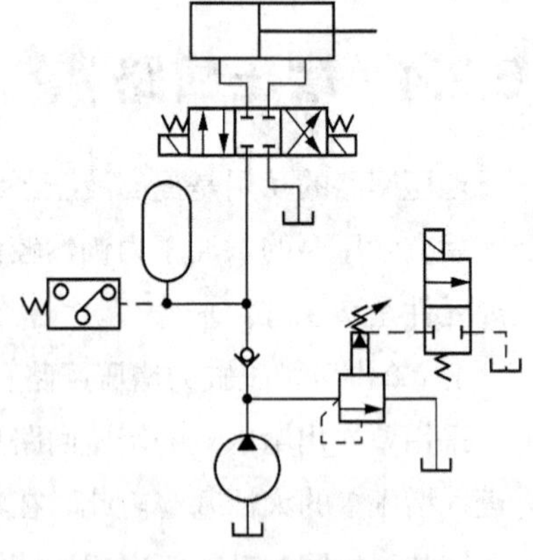

图6-8 用蓄能器的保压回路

2. 自动补油保压回路

图 6-9 所示为采用液控单向阀和电接触式压力表自动补油的保压回路。1YA 通电，换向阀在右位工作，活塞下行加压，当液压缸上腔压力达到保压要求时，电接触压力表发出电信号，使 1YA 断电，换向阀处于中位，泵卸荷，液压缸由液控单向阀保压。当液压缸上腔压力下降到调定值时，电接触压力表又发出电信号，使 1YA 重新通电，液压泵又向液压缸供油，使压力上升，实现补油保压。2YA 通电，换向阀处于左位时，活塞向上退回，此时液控单向阀反向导通。

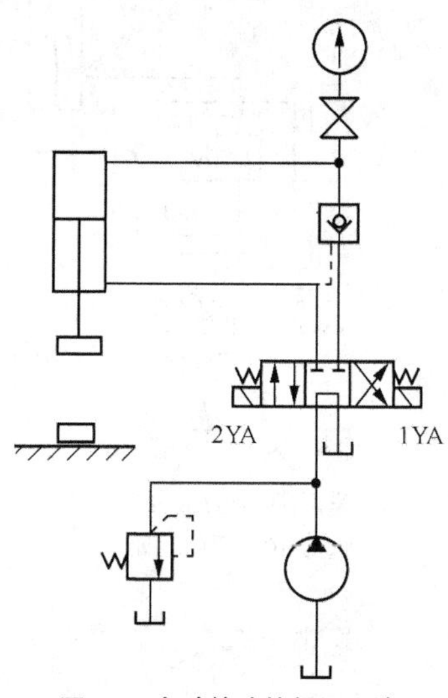

图6-9 自动补油的保压回路

6.2.6 平衡回路

平衡回路的功用是防止立式或倾斜放置的液压缸及工作部件因自重而自行下落或在下行运动中因自重造成速度失控。其平衡机理是使液压缸的下腔保持一定的背压力，以便与重力负载相平衡。

1. 采用单向顺序阀的平衡回路

图 6-10（a）所示为采用单向顺序阀的平衡回路。当 1YA 通电，活塞下行时，回油路上就存在着一定的背压，只要将这个背压调得能支承住活塞及与之相连的工作部件的自重，活塞就可以平稳地下落。当换向阀处于中位时，活塞停止运动，不再继续下移。在这种回路中，当活塞向下快速运动时，其功率损失大，锁住时，活塞和与之相连的工作部件会因单向顺序阀和换向阀的泄漏而缓慢下落。因此它只适用于工作部件重量不大、活塞锁住时定位要求不高的场合。

2. 采用液控顺序阀的平衡回路

图 6-10（b）所示为采用液控顺序阀的平衡回路。当活塞下行时，控制压力油打开液控顺序阀，背压消失，因而回路工作效率较高。当停止工作时，液控顺序阀关闭以防止活塞和工作部件因自重而下降。

这种平衡回路的优点是：只有上腔进油时活塞才下行，比较安全可靠。缺点是：活塞下行时平稳性较差。这是因为活塞下行时，液压缸上腔油压降低，使液控顺序阀关闭。当顺序阀关闭时，因活塞停止下行，使液压缸上腔油压升高，又打开液控顺序阀。由此可见液控顺序阀始终处于启、闭的过渡状态，因而影响工作的平稳性。这种回路适用于运动部件重量不大、停留时间较短的液压系统。

3. 采用液控单向阀的平衡回路

图 6-10（c）所示为采用液控单向阀的平衡回路。由于液控单向阀是锥面密封，泄漏极小，因此这种回路闭锁性能好。回油路上串联节流阀，用于防止活塞下行时出现速度大幅度波动，起到调速作用。

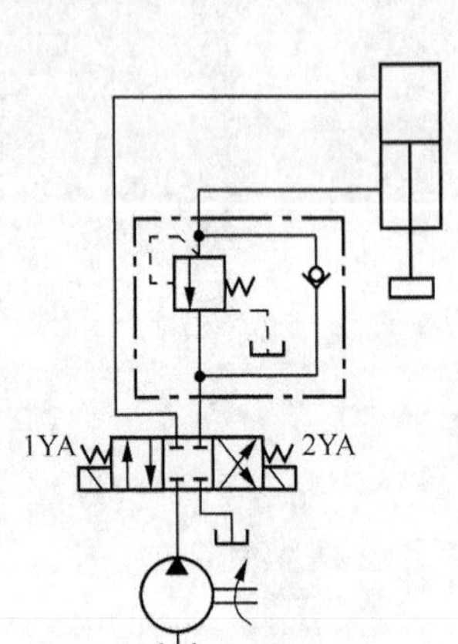

（a）采用单向顺序阀的平衡回路

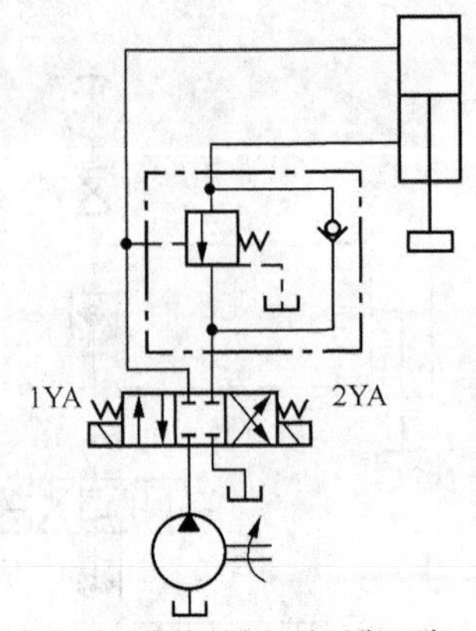

（b）采用液控顺序阀的平衡回路

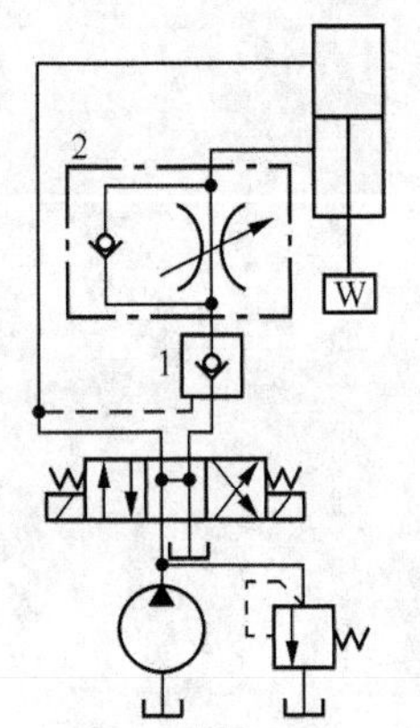

（c）采用液控单向阀的平衡回路

图6-10 平衡回路

6.2.7 释压回路

释压回路的功用在于使高压大容量液压缸中储存的能量缓缓释放，避免突然释放时产生过大的液压冲击。一般液压缸直径大于 25 cm，压力高于 7MPa 时。其油腔在排油前就先须释压。图 6-11 所示为一种使用节流阀的释压回路。由图可见，液压缸上腔的高压油在换向阀 5 处于中位（液压泵卸荷）时通过节流阀 6、单向阀 7 和换向阀 5 释压，释压快慢由节流阀调节。当此腔压力降至压力继电器 4 的调定压力时，换向阀切换至左位，液控单向阀 2 打开，使液压缸上腔的油通过该阀排到液压缸顶部的副油箱 3 中去。使用这种释压回路无法在释压前保压，释压前有保压要求时换向阀亦可用 M 形，并另配备相应的元件。

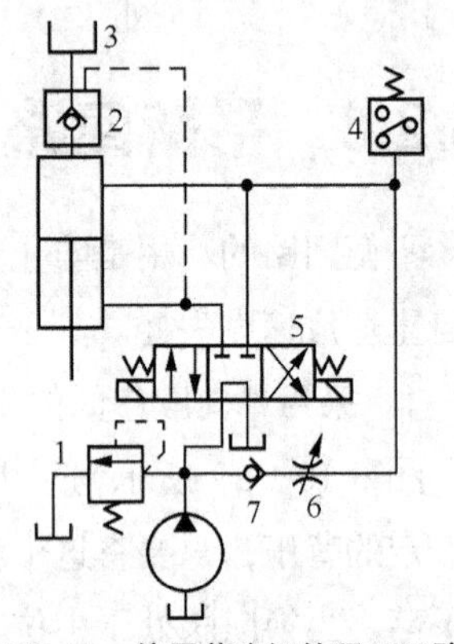

图6-11 使用节流阀的释压回路

6.3 速度控制回路

速度控制回路是对液压系统中的执行元件的运动速度和速度切换方式进行控制的回路。这类回路包括调速回路、快速运动回路和速度换接回路等。

6.3.1 调速回路

调速回路用来调节执行元件的工作速度。在不考虑油液可压缩性和泄漏的条件下，执行元件的

速度表达式为

液压缸：

$$v=\frac{q}{A} \tag{6-1}$$

液压马达：

$$n=\frac{q}{V} \tag{6-2}$$

式中，q 为输入执行元件的流量，A 为液压缸的有效面积，V 为液压马达的排量。

从上述两式可以看出，改变输入执行元件的流量、液压缸的有效面积或液压马达的排量均可以达到调速的目的。

液压系统的调速方法有以下 3 种。

（1）节流调速　采用定量泵供油，由流量阀调节进入执行元件的流量来调节速度。

（2）容积调速　采用变量泵改变输出流量或改变液压马达的排量来实现调速。

（3）容积节流调速　采用变量泵和流量阀联合装置来调节速度，又称为联合调速。

1. 节流调速回路

节流调速回路由定量泵供油，用流量阀控制进入执行元件或从执行元件流出的流量，以调节其运动速度。根据流量阀在回路中安装位置的不同，节流调速方式可以有进油路节流调速、回油路节流调速和旁油路节流调速三种。

（1）采用节流阀的进油节流调速回路。如图 6-12（a）所示，节流阀串联在液压泵和液压缸之间。调节节流阀的通流面积便能控制进入液压缸的流量，从而达到调速的目的。定量泵多余的油液经溢流阀流回油箱，泵出口处的压力 p_p 为溢流阀的调定压力并基本保持恒定。在这种调速回路中，节流阀和溢流阀联合使用才起到调速作用。

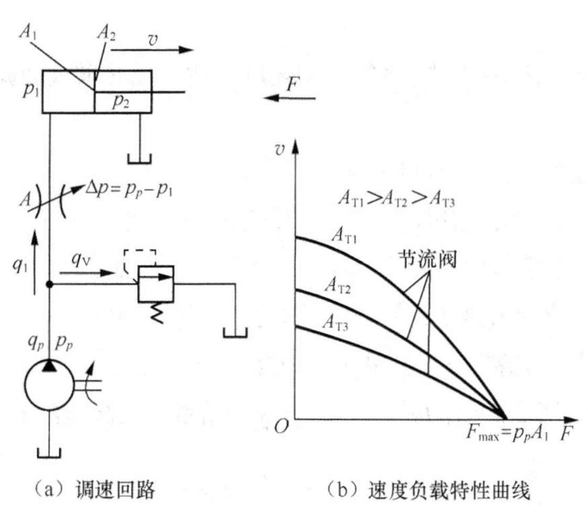

（a）调速回路　　（b）速度负载特性曲线

图6-12　节流阀式进油节流调速回路

① 速度负载特性 液压缸在以稳定的速度运动时，作用在活塞上的力平衡方程为

$$p_1A_1 = p_2A_2 + F \tag{6-3}$$

式中，p_1、p_2 分别为液压缸进油腔、回油腔的压力，不计管路压力损失时，p_2=0；A_1、A_2 为液压缸无杆腔、有杆腔的有效面积；F 为液压缸的负载。

所以有

$$p_1 = \frac{F}{A_1} \tag{6-4}$$

则节流阀两端的压力差为

$$\Delta p = p_p - \frac{F}{A} \tag{6-5}$$

根据节流阀的流量特性公式 $q = KA_T\Delta p^m$，因此通过节流阀进入液压缸的流量 q_1 为

$$q_1 = KA_T(p_p - \frac{F}{A})^m \tag{6-6}$$

则液压缸的运动速度为

$$\upsilon = \frac{q_1}{A_1} = \frac{KA_T(p_p - \frac{F}{A})^m}{A_1} \tag{6-7}$$

式（6-7）即为进油路节流调速回路的速度负载特性公式。由该式可知，液压缸的运动速度 υ 和节流阀通流面积 A_T 成正比。调节 A_T 可实现无级调速，这种回路的调速范围较大。

根据式（6-7），选择不同的 A_T 值作 υ - F 坐标曲线，可得一组曲线，即为该回路的速度负载特性曲线，如图 6-12（b）所示。速度负载特性曲线表明速度随负载的变化而变化，曲线越陡，说明负载变化对速度的影响越大，即速度刚性越差。曲线越平缓，刚性越好。因此从速度负载特性曲线可知：

（a）当节流阀通流面积 A_T 不变时，缸的运动速度 υ 随负载 F 增大而减小，因此这种回路的速度负载特性较软。

（b）当 A_T 一定时，重载区比轻载区的速度刚性要差。

（c）当负载不变时，A_T 小，速度刚性好，即低速时的速度刚性好。

② 最大承载能力。由图 6-12（b）可看出，不同 A_T 的速度负载特性曲线汇交于负载 F 轴上的同一点，该点所对应的负载即为该回路的最大承载能力 $F_{\max}$。由式（6-7）可知，$F_{\max} = p_pA$。在泵供油压力 p_p 由溢流阀调定的情况下，其最大承载能力为一定值。

③ 功率和效率。液压泵的输出功率为 $P_p = p_pq_p$=常量，而液压缸的输出功率为

$$P_1 = F\upsilon = F\frac{q_1}{A_1} = p_1q_1 \tag{6-8}$$

则该回路效率为

$$\eta = \frac{P_1}{P_p} = \frac{F\upsilon}{p_pq_p} = \frac{p_1q_1}{p_pq_p} \tag{6-9}$$

由于存在溢流损失和节流损失，故这种调速回路的效率较低。该回路适用于轻载、低速、负载变化不大和对速度稳定性要求不高的小功率液压系统。

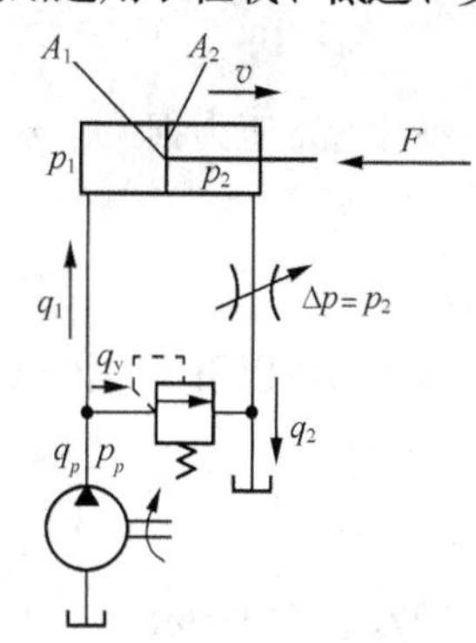

图6-13 节流阀式回油节流调速回路

（2）采用节流阀的回油节流调速回路。在执行元件的回油路上设置一个流量阀，即构成回油节流调速回路。图 6-13 所示为采用节流阀的节流调速回路。用节流阀调节液压缸的回油流量，也就间接地控制了进入液压缸的流量，从而实现调速。

和进油节流调速回路不同的是，该回路的背压 $p_2 \neq 0$，节流阀两端压力差 $\Delta p = p_2$，缸的工作压力 $p_1 = p_p$。仿照公式（6-7）的推导步骤，可以得出回油节流调速回路的速度负载特性公式。

从推导结果上可以发现，回油节流调速回路和进油节流调速回路的速度负载特性基本相同。若液压缸两腔有效面积相同（双杆液压缸），则两种调速回路的速度负载特性完全相同。因此，回油节流调速回路也具备进油节流调速回路的一些特点，但是，这两种回路也有不同之处。

① 承受负值负载的能力：回油节流调速回路中缸回油腔有一定的背压力。在有负值负载（负载方向和运动方向一致）时，背压能阻止缸的前冲，即该回路能在负值负载下工作。而进油路节流调速回路由于回油腔没有背压，因而不能在负值负载下工作。

② 实现压力控制的方便性：进油节流调速回路中，进油腔的压力随负载的变化而变化。工作部件碰到死挡铁停止运动后，其压力将升至溢流阀的调定压力，利用这一压力变化容易实现压力控制。而在回油节流调速回路中，回油腔的压力随负载的变化而变化。工作部件碰到死挡铁后，压力降至为 0。虽然也可以利用这一压力变化来实现压力控制，但其可靠性差，很少采用。

③ 运动平稳性：在回油节流调速回路中，由于回油腔存在背压，可以起到阻尼作用，同时空气也不易渗入。而进油节流调速回路中则没有背压存在，因此，回油节流调速回路比进油节流调速回路运动平稳性要好。

为了提高节流调速回路的综合性能，实际应用中，常采用进油路节流调速回路，并在其回油路上加背压阀。这种方式兼具了两种回路的优点。

（3）采用节流阀的旁路节流调速回路。将流量阀安装在与液压泵并联的旁油路上，即构成旁路节流调速回路。图 6-14（a）所示为采用节流阀的旁路节流调速回路。用节流阀调节液压泵流回油箱的流量，从而控制进入液压缸的流量，即可实现调速。回路中的溢流阀在正常情况下是关闭的，起安全阀作用，系统过载时才打开，其调定压力比最大回路工作压力稍大。

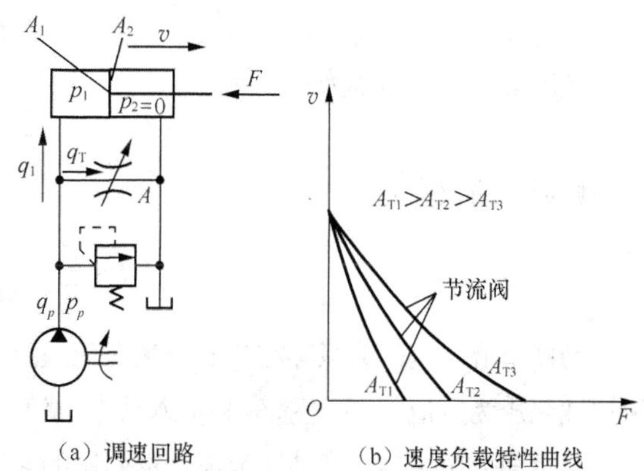

（a）调速回路 （b）速度负载特性曲线

图6-14 节流阀式旁路节流调速回路

① 速度负载特性　活塞受力平衡方程为

$$p_1A_1 = p_2A_2 + F \tag{6-10}$$

不计管路压力损失，$p_1 = p_p$，$p_2 = 0$，所以有

$$p_p = \frac{F}{A_1} \tag{6-11}$$

从上式可以看出，液压泵的供油压力 p_p 取决于外负载 F 的大小。通过节流阀的流量为

$$q_T = KA_T(\frac{F}{A_1})^m \tag{6-12}$$

进入液压缸的流量为

$$q_1 = q_p - KA_T(\frac{F}{A_1})^m \tag{6-13}$$

则活塞的运动速度为

$$\upsilon = \frac{q_1}{A_1} = \frac{q_p - KA_T(\frac{F}{A_1})^m}{A_1} \tag{6-14}$$

根据式（6-14），选用不同的 A_T 值，画出一组该回路的速度负载特性曲线，如图 6-14（b）所示。由速度负载特性曲线可知：

（a）当负载 F 一定时，开大节流阀阀口，活塞运动速度减慢；关小节流阀阀口，活塞运动速度加快。

（b）当节流阀通流面积 A_T 一定时，负载 F 增大，活塞运动速度显著下降，其速度刚性比进、回油路节流调速更软。

（c）当 A_T 一定时，负载 F 较大，速度刚性越好，即该回路在重载区的速度刚性较好。

② 最大承载能力　由图 6-14（b）可以看出，不同的 A_T 值下的速度负载特性曲线所对应的最大负载 F_{max} 不同。最大承载能力 F_{max} 随 A_T 的增大而减小，即低速时承载能力差，调速范围也小。

③ 功率和效率　液压泵的输出功率为

$$P_p = p_pq_p \tag{6-15}$$

液压缸的输出功率为

$$P_1 = p_1q_1 \tag{6-16}$$

则回路的效率为

$$\eta = \frac{P_1}{P_p} = \frac{p_1q_1}{p_pq_p} = \frac{q_1}{q_p} \tag{6-17}$$

旁路节流调速回路只存在节流损失而无溢流损失。泵的压力随负载变化而变化（进、回油路节流调速泵压为定值），节流损失和输入功率也随负载的变化而变化。因此，该回路的效率较高。

从上面分析可知，旁油路节流调速回路的速度负载特性很软，低速时承载能力差，故一般只适用于高速重载和对速度平稳性要求不高的较大功率液压系统中，如牛头刨床主传动系统、输送机械

液压系统等。

（4）采用调速阀的节流调速回路。使用节流阀的节流调速回路，速度刚性都比较软，在变载荷下运动稳定性均比较差。为克服此缺点，在回路中用调速阀代替节流阀。由于调速阀本身能在负载变化的条件下保证其通过的流量基本不变，因此使用调速阀后，节流调速回路的速度负载特性可得到很大改善。但需注意，为保证调速阀正常工作，调速阀两端压差必须大于其最小压差（中低压调速阀为 0.5 MPa，高压为 1.0 MPa）。

在采用调速阀的调速回路中，虽然提高了速度稳定性，但由于调速阀中包含了减压阀和节流阀的损失，并且同样存在溢流损失，因此，该回路的效率更低。

2. 容积调速回路

节流调速回路的主要缺点是效率低，发热大，故只适用于小功率的液压系统中。而容积调速回路则是依靠调节变量泵或变量马达的排量来实现调速的，回路中没有溢流损失和节流损失，故其效率高，发热小，适用于大功率的液压系统。

按油路的循环方式不同，液压回路可分为开式回路和闭式回路，如图 6-15（a）、（b）所示。开式回路是通过油箱进行油液循环的回路，即泵从油箱中吸油，执行元件的回油仍返回油箱。其优点是油液在油箱中便于分离杂质，析出气体，并且具有良好的散热效果；缺点是空气容易侵入系统，致使运动不平稳。闭式回路无油箱，泵吸油口与执行元件回油口直接相连，油液在系统内封闭循环。其优点是油、气隔开，结构紧凑，运动平稳，噪声小；缺点是散热性差，另外为了补偿泄漏，闭式回路往往要设置补油装置。

根据液压泵和液压马达（或液压缸）组合方式的不同，容积调速回路可分为变量泵—定量液压马达（或液压缸）、定量泵—变量液压马达、变量泵—变量液压马达三种形式。

（1）变量泵—定量液压马达（或液压缸）容积调速回路。图 6-15（a）所示为变量泵和液压缸组成的开式容积调速回路，图 6-15（b）所示为变量泵和液压马达组成的闭式容积调速回路。这两种调速回路都是通过调节变量泵的排量来实现调速的。正常工作时，溢流阀关闭，作安全阀用。在图 6-15（b）中，泵 1 是补油泵，其流量为变量泵最大输出流量的 10%～15%，补油压力由溢流阀 6 来调定。

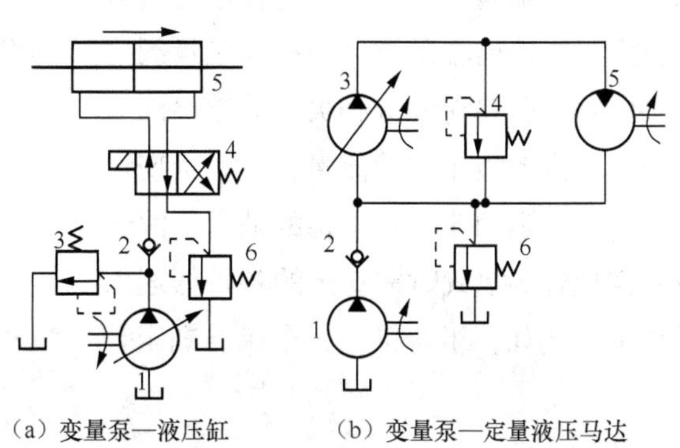

（a）变量泵—液压缸　　（b）变量泵—定量液压马达

图6-15　变量泵和定量执行元件组成的容积调速回路

（2）定量泵—变量液压马达容积调速回路。定量泵和变量马达组成的容积调速回路如图 6-16 所示。定量泵 4 和溢流阀 5 组成补油回路。保持定量泵输出的流量不变，调节液压马达的排量便可改变其输出转速。

（3）变量泵—变量液压马达容积调速回路。变量泵和变量液压马达组成的容积调速回路如图 6-17 所示。液压马达的转速可以通过调节液压泵的排量或调节液压马达的排量来实现。变量泵正向或反向供油，马达即可实现正转或反转。单向阀 6、9 用于使辅助泵 4 双向补油，单向阀 7、8 使安全阀 3 双向都能起到过载保护作用。这种回路实际上就是上面两种调速回路的组合。由于液压泵和液压马达的排量都可改变，故此回路的调速范围很大。

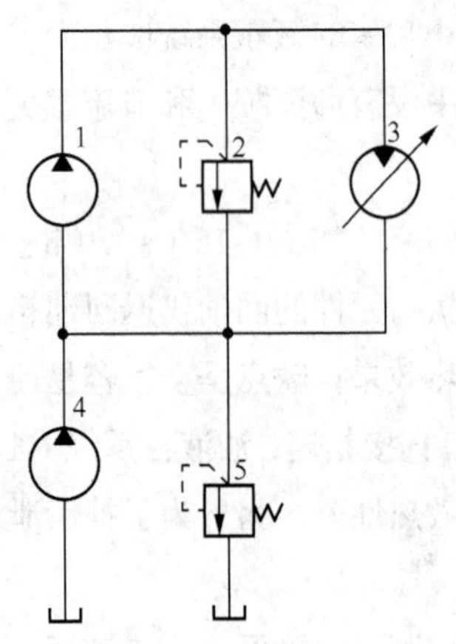

图6-16 定量泵和变量马达组成的容积调速回路

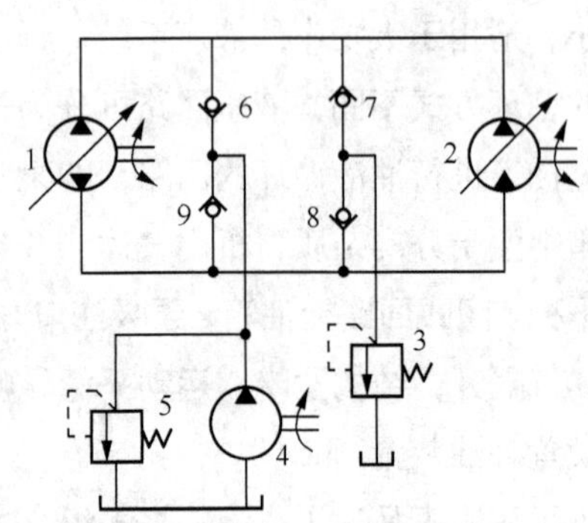

图6-17 变量泵和变量液压马达组成的容积调速回路

3. 容积—节流调速回路

容积调速回路虽效率高，发热小，但在低速时，泄漏在总流量中所占的比例增加，其速度的稳定性变差。因此在低速且稳定性要求高的机床进给系统中常采用容积—节流调速回路，即联合使用变量泵和流量控制阀调节执行元件的速度。

容积—节流调速回路如图 6-18 所示。回路用变量泵供油，用调速阀或节流阀改变进入液压缸的流量，以实现执行件速度调节的目的。在这种回路中，变量泵的输出流量能自动接受流量阀的调节并且全部进入执行元件做功，回路无溢流损失，其效率比节流调速回路高。采用流量阀调节进入液压缸的流量，克服了变量泵在负载大、压力高时漏油量大、运动速度不平稳的缺点，因此这种调速回路常用于空载时需快速，承载时需稳定的各种低速中等功率机械设备的液压系统中。例如，组合机床、车床、铣床等的液压系统。

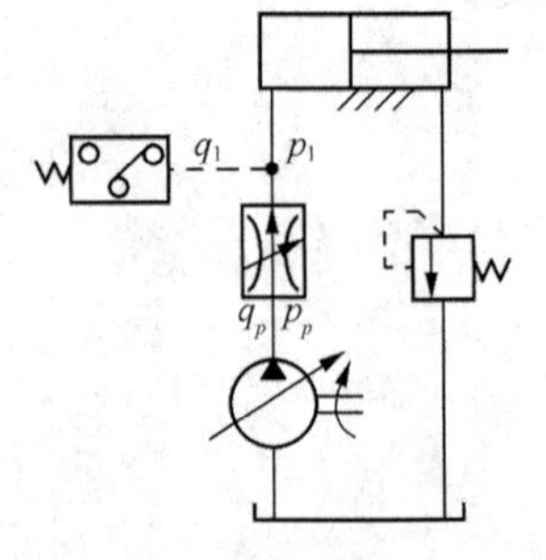

图6-18 容积—节流调速回路

4. 调速回路的比较和选用

（1）调速回路的比较见表 6-1。

表 6-1　调速回路的比较

主要性能		节流调速回路				容积调速回路	容积—节流调速回路
		采用节流阀		采用调速阀			
		进、回油	旁油路	进、回油	旁油路		
机械特性	速度稳定性	较差	差	好		较好	好
	承载能力	较好	较差	好		较好	好
调速范围		较大	小	较大		大	较大
功率特性	效率	低	较高	低	较高	最高	较高
	发热	大	较小	大	较小	最小	较小
适用范围		小功率、轻载的中、低压系统				大功率、重载 高速的中、高压系统	中、小功率的中压系统

（2）调速回路的选用。调速回路的选用主要考虑以下问题：

① 执行机构的负载性质、运动速度、速度稳定性等要求：负载小，且工作中负载变化也小的系统可采用节流阀节流调速；在工作中负载变化较大且要求低速稳定性好的系统，宜采用调速阀的节流调速或容积—节流调速；负载大、运动速度高、油的温升要求小的系统，宜采用容积调速回路。

一般来说，功率在 3 kW 以下的液压系统宜采用节流调速；功率在 3～5 kW 范围内宜采用容积—节流调速；功率在 5 kW 以上的宜采用容积调速回路。

② 工作环境要求：处于温度较高的环境下工作，且要求整个液压装置体积小、重量轻的情况，宜采用闭式回路的容积调速。

③ 经济性要求：节流调速回路的成本低，功率损失大，效率也低；容积调速回路因变量泵、变量马达的结构较复杂，所以价钱高，但其效率高、功率损失小；而容积—节流调速则介于两者之间。

实际应用中需综合分析选用适当的回路。

6.3.2 快速运动回路

为了提高生产率，设备在空载运行时一般需作快速运动。采用快速运动回路可使执行元件获得所需的高速，提高系统的工作效率。根据实现增速方法的不同快速运动回路有多种结构方案。常见的快速运动回路有以下几种。

1. 双泵供油回路

图 6-19 为双泵供油的快速运动回路。液压泵 2 为高压小流量泵，其流量应略大于最大工进速度所需要的流量，其工作压力由溢流阀 5 调定。泵 1 为低压大流量泵，其流量与泵 2 流量之和应等于液压系统快速运动所需要的流量，其工作压力应低于液控顺序阀 3 的调定压力。

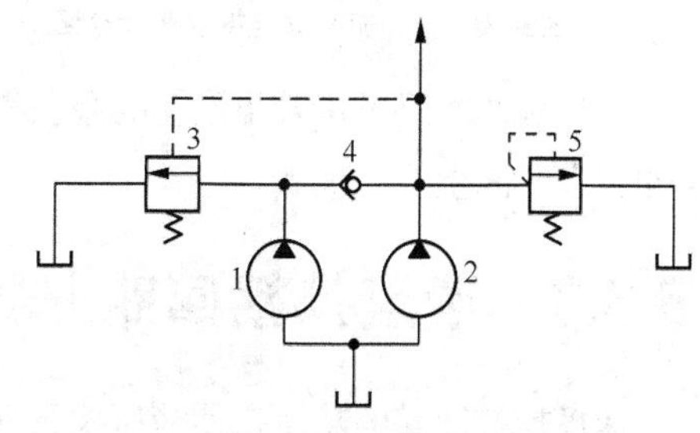

图6-19　双泵供油回路

空载时，液压系统的压力低于液控顺序阀 3 的调定压力。阀 3 关闭，泵 1 输出的油液经单向阀 4 与泵 2 输出的油液汇集在一起进入液压缸，从而实现快速运动。当系统工作进给承受负载时，系统压力升高至大于阀 3 的调定压力，阀 3 打开，单向阀 4 关闭，泵 1 的油经阀 3 流回油箱，泵 1 处于卸荷状态。此时系统仅由小泵 2 供油，实现慢速工作进给，其工作压力由溢流阀 5 调定。

这种快速回路功率利用合理，效率较高，缺点是回路较复杂，成本较高，常用在快慢速差值较大的组合机床、注塑机等设备的液压系统中。

2. 液压缸差动连接快速运动回路

如图 6-20 所示，当阀 1 和阀 3 在左位工作时，液压缸差动连接作快进运动；当阀 3 通电，差动连接即被切断，液压缸回油通过单向调速阀 2，实现工进；当阀 1、3 切换至右位，缸快退。

这种连接方式可在不增加泵流量的情况下，提高执行元件的运动速度。这种快速回路简单、经济，应用较多，但液压缸速度增加有限，且快、慢速的转换不够平稳。

3. 采用蓄能器的快速运动回路

如图 6-21 所示，当系统停止工作时，换向阀 5 处在中位，此时泵经单向阀 3 向蓄能器 4 供油，蓄能器压力升高到外控式顺序阀 2 调定压力后，阀口打开，液压泵卸荷。当换向阀 5 处于左位或右位时，由泵和蓄能器一起向液压缸供油，系统短期可以得到较大的流量，使液压缸快速运动。

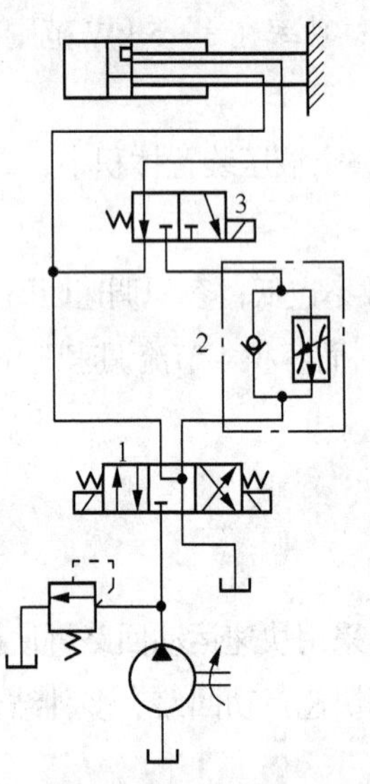

图6-20 液压缸差动连接快速运动回路

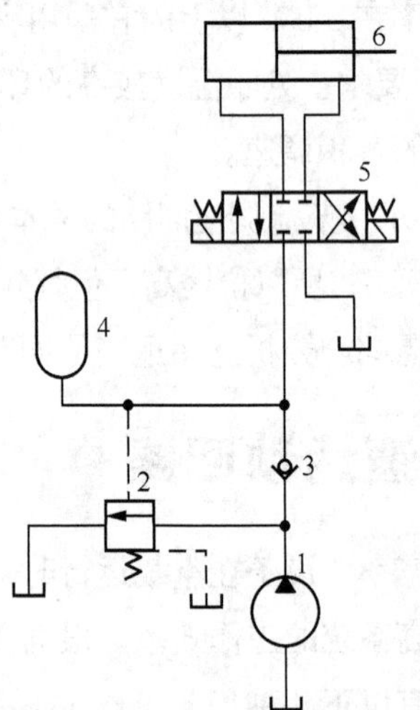

图6-21 采用蓄能器的快速运动回路

这种快速回路可用较小流量的泵获得较快的运动速度。其缺点是蓄能器充油时，液压缸须停止工作，在时间上有些浪费。

6.3.3 速度换接回路

速度换接回路的功用是使液压执行元件在一个工作循环中从一种运动速度切换到另一种运动速度。例如，由快速转变为慢速工作，或两种慢速的转换等。实现这种功能的回路要求在切换时具有较高的速度换接平稳性。

1. 快慢速转换回路

图 6-22 所示为用行程阀的快慢速转换回路。在图示状态下，液压缸快进；当活塞所连接的挡块压下行程阀 6 时，行程阀关闭，液压缸右腔的油液只能通过节流阀 5 才能流回油箱，活塞运动转变为慢速进给；当换向阀换到左位时，压力油经单向阀 4 进入液压缸的右腔，活塞快速退回。这种回路的快慢速换接比较平稳，换接点位置比较准确。其缺点是行程阀必须安装在运动部件附近，位置不能随意改变，管路连接较复杂。若将图中的行程阀改为电磁阀，也可实现上述快慢速自动换接，而且安装连接方便，但速度换接平稳性及换接位置准确性都较差。

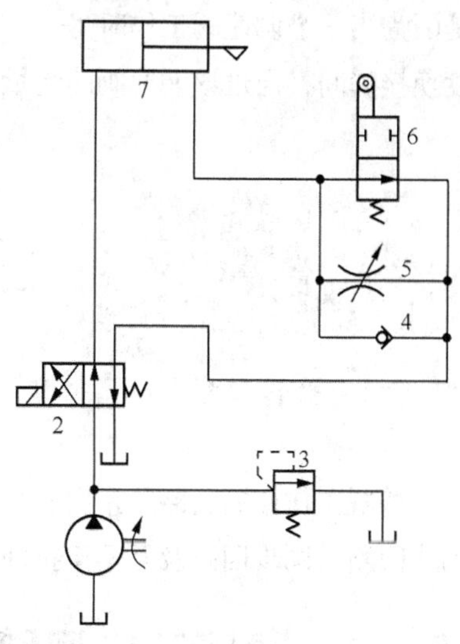

图6-22 用行程阀的快慢速转换回路

2. 两种工作进给速度的转换回路

一些加工机床要求工作行程有两种工作进给速度，第一种工作进给速度较大，多用于零件的粗加工；第二种工作进给速度较小，多用于半精加工或精加工。为实现两次不同速度的工作进给速度，回路中常采用两个串联或并联调速阀。

图 6-23（a）所示为两个调速阀串联的两种工作进给速度的换接回路。调速阀 B 的开口小于调速阀 A 的开口。当电磁阀断电时，泵输出油液经调速阀 A 进入液压缸左腔，实现一工进，进给速度由调速阀 A 调节；当电磁阀通电时，压力油先经调速阀 A，再经调速阀 B 进入液压缸左腔，速度由调速阀 B 调节，实现二工进。这种回路的速度换接平稳性较好，但二次工进时，油液要经过两个调速阀，能量损失较大。

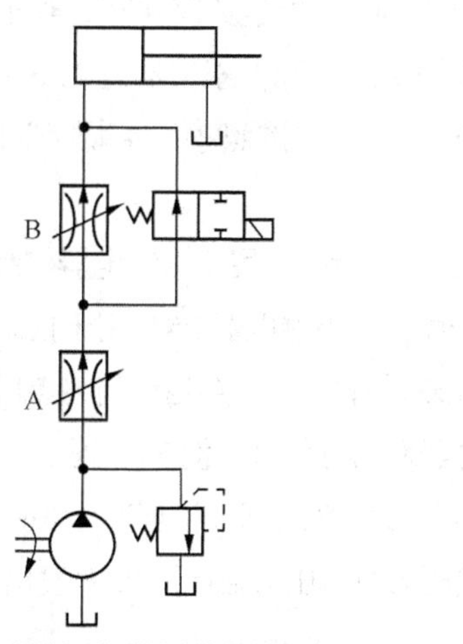

（a）调速阀串联的速度转换回路

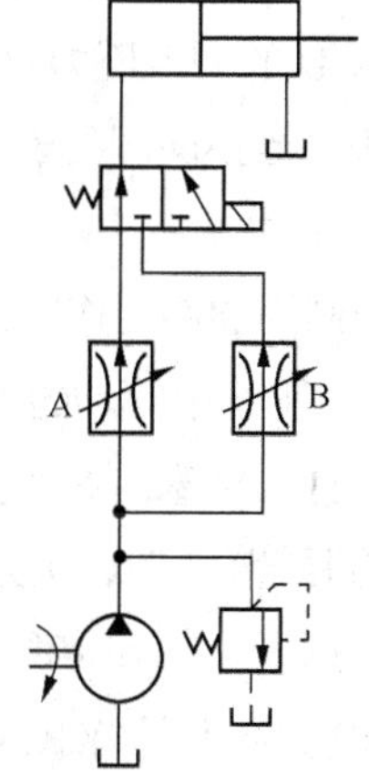

（b）调速阀并联的速度转换回路

图6-23 两种慢速的转换回路

图 6-23（b）所示为两个调速阀并联的两种工作进给速度的换接回路。此回路两种工作进给速度可以分别调节，互不影响。但在两种工作进给速度换接时，运动部件容易产生突然前冲现象。这

是因为当一个调速阀工作时另一个调速阀无油液通过，其定差减压阀处于最大开口位置，因而在速度换接瞬间，通过该调速阀的流量很大，造成前冲现象。

6.4 多缸工作控制回路

多缸工作控制回路是指由一个液压泵驱动多个液压缸相互配合工作的回路。这类回路包括顺序动作回路、同步回路及互不干扰回路等。

6.4.1 顺序动作回路

多缸顺序动作回路的功用是使多个执行元件严格按照预定顺序依次动作。按控制方式不同，顺序动作回路可分为压力控制回路和行程控制回路。

1. 压力控制顺序动作回路

这种回路是利用液压系统工作过程中的压力变化来使液压执行元件按顺序先后动作的。常用顺序阀和压力继电器来控制多缸顺序动作。

（1）用单向顺序阀控制的顺序动作回路。图 6-24 所示为用单向顺序阀控制的顺序动作回路。单向顺序阀 D 是用来控制两液压缸向右运动的先后顺序的，而单向顺序阀 C 是用来控制两液压缸向左运动的先后顺序的。当换向阀处于左位工作时，压力油进入 A 缸左腔和阀 D 的进油口，缸 A 的活塞向右运动，实现动作①，而此时进油路压力较低，阀 D 处于关闭状态；当缸 A 运动到终点后停止，进油路压力升高到顺序阀 D 的调定压力时，顺序阀 D 打开，压力油进入 B 缸左腔，缸 B 活塞向右运动，实现动作②；同理，当换向阀处于右位时，两缸则按照③和④顺序返回。若两缸的返回无先后顺序要求，可以将阀 C 省去。

（2）用压力继电器控制的顺序动作回路。图 6-25 所示为用压力继电器控制的顺序动作回路。压力继电器 1KP 用于控制两液压缸向右运动的先后顺序，压力继电器 2KP 用于控制两液压缸向左运动的先后顺序。当 1YA 通电时，缸 A 活塞向右运动，实现动作①；缸 A 运动到终点后，回路压力升高，当压力达到压力继电器 1KP 的调定压力时，压力继电器发出电信号，使 3YA 通电，缸 B 活塞向右运动，实现动作②；同理，当 4YA 通电（其余电磁铁断电）时缸 B 返回，实现动作③；缸 B 退到原位后，回路压力升高，当压力升高到压力继电器 2KP 的调定压力时，压力继电器 2KP 发出电信号使 2YA 通电，缸 A 活塞退回完成动作④。

压力控制的顺序动作回路中，顺序阀或压力继电器的调定压力必须大于前一动作执行元件最大工作压力的 10%～15%，否则在管路中的压力冲击或波动下会造成误动作，引起事故。这种回路只适用于执行元件数目不多，负载变化不大的场合。

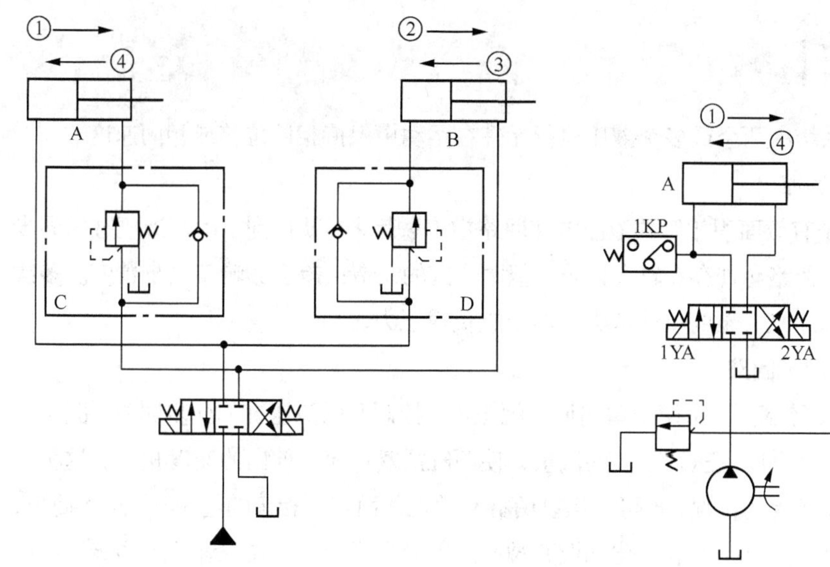

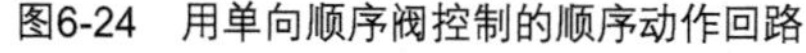
图6-24 用单向顺序阀控制的顺序动作回路

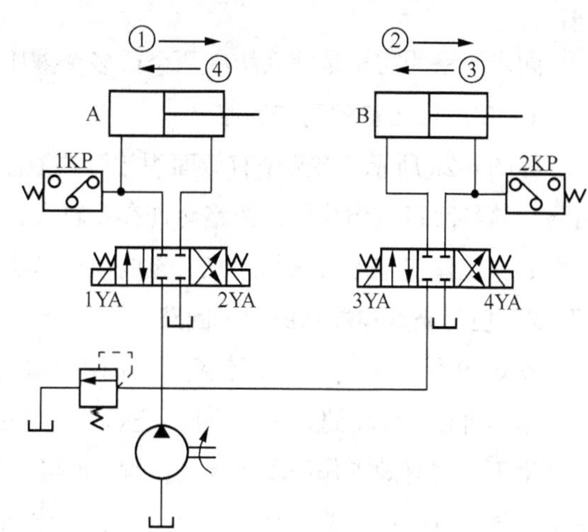

图6-25 用压力继电器控制的顺序动作回路

2. 行程控制的顺序动作回路

（1）用行程阀控制的顺序动作回路。图 6-26 是用行程阀控制的顺序动作回路。开始两液压缸活塞均在左端位置，扳动手动换向阀 C 的手柄使其在右位工作，缸 A 右行，实现动作①；当运动部件上的挡块压下行程阀 D 后，缸 B 右行，实现动作②；松开换向阀手柄，换向阀复位（即在左位），缸 A 先退回，实现动作③；在挡块离开行程阀后，行程阀复位（即在下位），缸 B 退回，实现动作④。这种回路动作可靠，但要改变动作顺序较为困难。

（2）用行程开关控制的顺序动作回路。图 6-27 所示为用行程开关控制的顺序动作回路。1YA 通电后，缸 A 右行完成动作①；触动行程开关 1ST 使 2YA 通电，缸 B 右行，完成动作②；当缸 B 右行触动行程开关 2ST 使 1YA 断电，缸 A 返回，实现动作③；在缸 A 触动 3ST 使 2YA 断电，缸 B 返回，实现动作④。最后触动 4ST 使泵卸荷或执行其他动作，完成一个工作循环。这种回路调整液压缸的动作行程大小及改变动作顺序都比较方便，因此在实际中应用较为普遍。

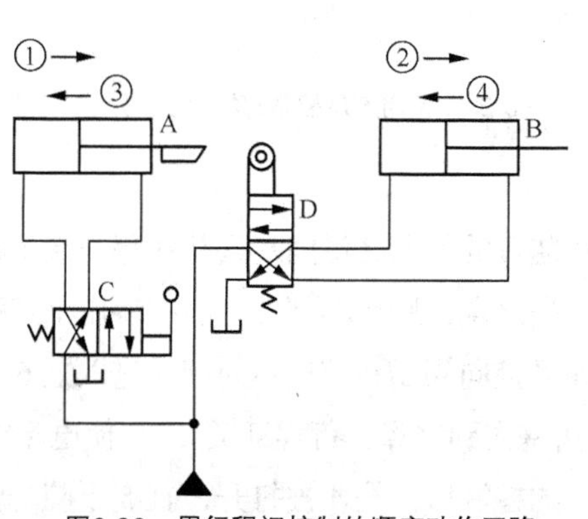

图6-26 用行程阀控制的顺序动作回路

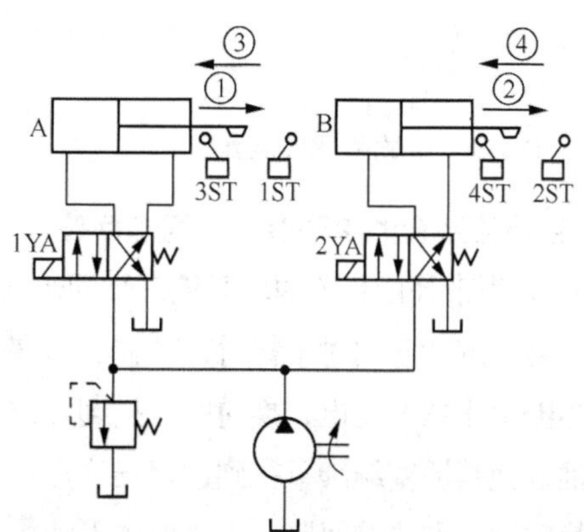

图6-27 用行程开关控制的顺序动作回路

6.4.2 同步回路

同步回路的功用是使系统中两个或多个液压执行元件在运动中保持相同位移或相同速度。

1. 串联液压缸的同步回路

如图 6-28 所示，将两个有效面积相等的液压缸在回路中串联起来，就得到了串联液压缸的同步回路。这种回路结构简单，回路允许存在较大偏载。但两个缸的制造误差会影响其同步精度。多次行程后，位置误差还会累积起来。泵的供油压力为两个缸负载压力之和。

2. 使用流量控制阀的同步回路

图 6-29 所示为使用流量控制阀（由两个单向调速阀组成）控制并联液压缸的同步回路。图中两个调速阀可分别调节进入两个并联液压缸下腔的流量，使两缸活塞杆向上伸出的速度相等。这种回路可用于两缸有效工作面积相等的情况，也可以用以两缸有效工作面积不相等的情况。其结构简单，使用方便，且可以调速。其缺点是受油温变化和调速阀性能差异等影响，不易保证位置同步，速度的同步精度也较低，用于同步精度要求不太高的系统中。

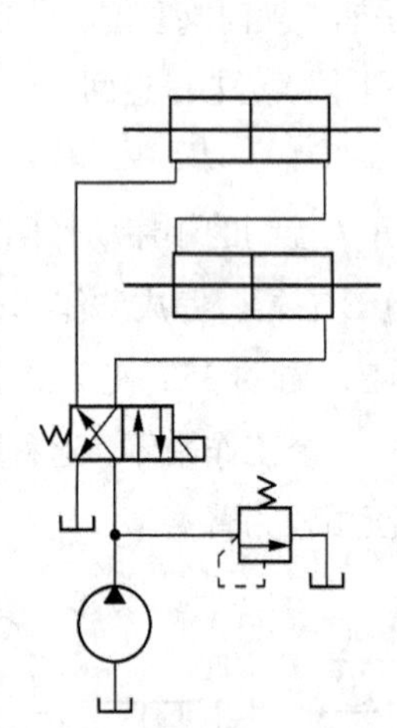

图6-28　串联液压缸的同步回路

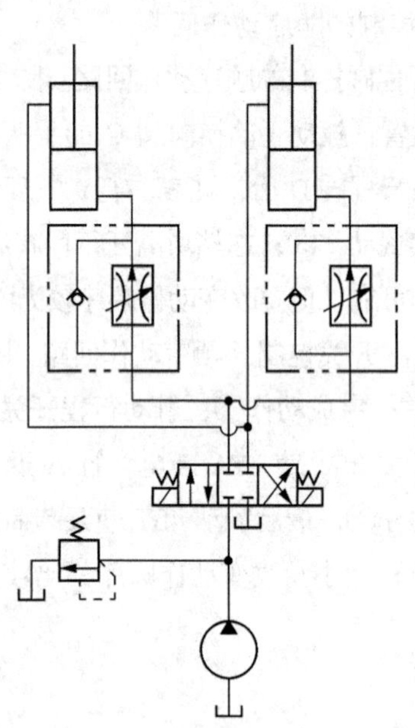

图6-29　使用流量控制阀的同步回路

3. 带补偿装置的串联液压缸同步回路

图 6-30 为带补偿装置的串联液压缸同步回路。补偿装置的作用是使同步误差在每一次下行中都可消除。当两缸活塞同时下行时，若缸 5 活塞先到达行程终点，则运动部件上的挡块压下行程开关 1ST，使电磁阀 3YA 通电，换向阀 3 换到左位，压力油经换向阀 3 和液控单向阀 4 进入缸 6 上腔，进行补油，使其活塞继续下行到达行程终点。若缸 6 活塞先到终点，行程开关 2ST 使电磁铁 4YA 通电，换向阀 3 右位接回路，压力油进入液控单向阀 4 的控制口，阀 4 被打开，缸 5 下腔与油箱接通，使其活塞继续下行到行程终点，从而消除累积误差。

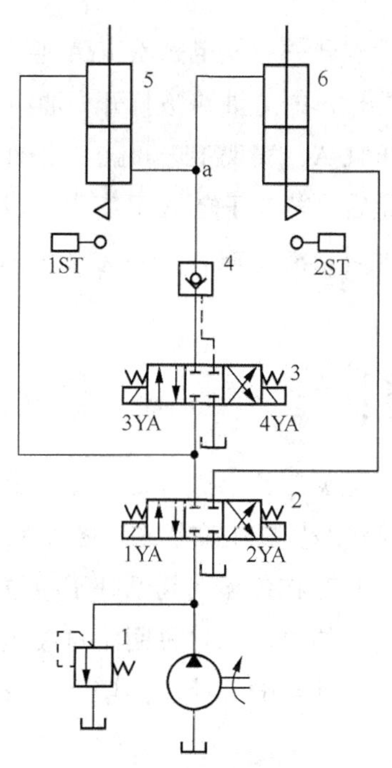

图6-30　带补偿装置的串联液压缸同步回路

6.4.3　多缸快慢速互不干扰回路

互不干扰回路的功用是使系统中几个执行元件在完成各自工作循环时彼此互不影响。在一泵多缸的液压系统中，往往会出现一个液压缸转为快速运动的瞬时，由于其快速运动需要输入大量油液，而造成整个系统压力下降，从而影响其他液压缸慢速工作进给运动。因此，在速度平稳性要求较高的多缸系统中，常采用多缸快慢速互不干扰回路。

图 6-31 所示为采用双泵分别供油的快慢速互不扰回路。液压缸 A、B 均需完成“快进—工进—快退”自动工作循环，且要求工进速度平稳。该油路的特点是：两缸的快进和快退均由低压大流量泵 2 供油，两缸的工进均由高压小流量泵 1 供油。快速进给和慢速工进的供油渠道不同，因而避免了相互的干扰。

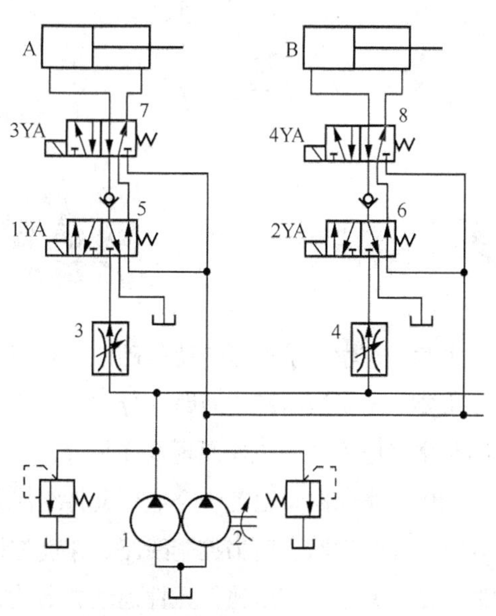

图6-31　多缸快慢速互不干扰回路

图示位置电磁换向阀 5、6、7、8 的电磁铁 1YA、2YA、3YA、4YA 均不通电，液压缸 A、B 活塞均处于左端位置。当电磁铁 3YA、4YA 通电时，换向阀 7、换向阀 8 处于左位，两缸均由泵 2 供油实现快进（此时缸为差动连接），泵 1 对两缸的供油分别在换向阀 5、换向阀 6 处被切断。假设液

压缸 A 先完成快进，在终点碰到行程开关后使电磁铁 1YA 通电，3YA 断电，此时泵 2 对液压缸 A 的进油路被切断，而泵 1 对液压缸 A 的进油路被打开，油液经过调速阀 3、换向阀 5 的右位、单向阀、换向阀 7 的右位进入液压缸 A，实现工进。缸 B 仍作快进，互不影响。当两缸都转为工进后，它们全部由泵 1 供油。此后，若液压缸 A 又率先完成工进，行程开关将使换向阀 5 和换向阀 7 的电磁铁 1YA、3YA 都通电，液压缸 A 即由泵 2 供油快退。当各电磁铁都断电时，各缸都停止运动。

6.4.4 多缸卸荷回路

多缸卸荷回路的功用在于使液压泵在各个执行元件都处于停止位置时自动卸荷，而当任一执行元件要求工作时又立即由卸荷状态换成工作状态。图 6-32 所示为这种回路的一种串联式结构。由图可见，液压泵的卸荷油路只有在各换向阀都处于中位时才能接通油箱，任一换向阀不在中位时液压泵都会立即恢复压力油的供应。这种回路对液压泵卸荷的控制十分可靠，但当执行元件数目较多时，卸荷油路较长，使泵的卸荷压力增大，影响卸荷效果。这种回路常用于工程机械上。

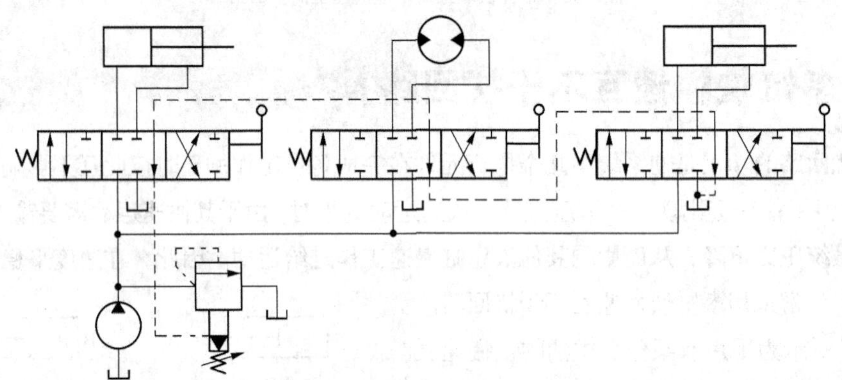

图6-32　多缸卸荷回路

本章是在学习了液压传动基础知识和液压元件的基本工作原理后的应用部分，是全书的重点。本章主要介绍了液压基本回路的分类、组成及功用；常用液压基本回路的工作原理及特点；液压基本回路中液压元件的工作原理及作用等。

液压基本回路是由若干个液压元件组成的且能够完成某种特定功能的回路，根据完成的功能可分为方向控制回路、压力控制回路、速度控制回路和多缸工作控制回路。如：调节液压泵供油压力的调压回路、改变液压执行元件运动方向的方向控制回路及调节液压执行元件运动速度的回路等都是常见的基本回路。液压传动系统不论如何复杂，都是由一些液压基本回路所组成。在掌握了液压元件的工作原理后，了解和掌握典型的液压基本回路的组成、工作原理和性能，可为分析、设计、使用和维护各种液压系统打下基础。学习液压基本回路的目的，就是要进一步熟练掌握液压元件的基本原理和特点，并能将它们有机的组合，并应用于复杂液压系统的设计当中，以满足所设计系统特定的工作要求。

思考与习题

6-1 什么是液压基本回路？按其功用可分为几类？

6-2 要求较高的锁紧回路中能否选择 O 形或 M 形中位机能的三位换向阀？

6-3 按下列要求画出换向回路：

（1）实现液压缸的左、右换向；

（2）实现单杠缸的左、右换向和差动连接；

（3）实现单杆缸的左、右换向，并要求缸在运动中能随时停止；

（4）实现单杆缸的左、右换向，并要求缸在停止时泵能够卸荷。

6-4 如何调节液压执行元件的运动速度？常用的调速方式有哪些？分别叙述不同调速方式的调速原理。

6-5 各阀调定压力如图 6-33 所示，当系统负载足够大，不计管道损失和调压偏差，电磁铁 1YA 断电和通电时，A、B、C 3 点处的压力是多少？

6-6 如图 6-34 所示的液压回路中，两液压缸无杆腔的面积 $A_1 = A_2$ =100 cm^2，缸 I 负载 F =35 000 N，缸 II 运动时负载为 0，溢流阀、顺序阀和减压阀的调定压力分别为 4 MPa、3 MPa 和 2 MPa，若不计摩擦阻力、惯性力和管路损失，求在下列 3 种情况下，A、B 和 C 处的压力。

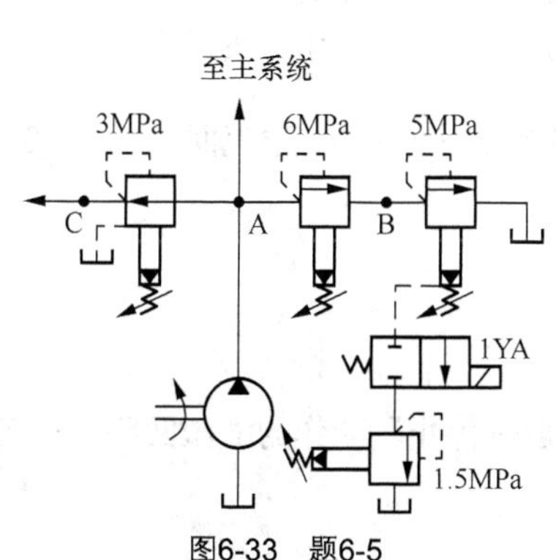

图6-33 题6-5

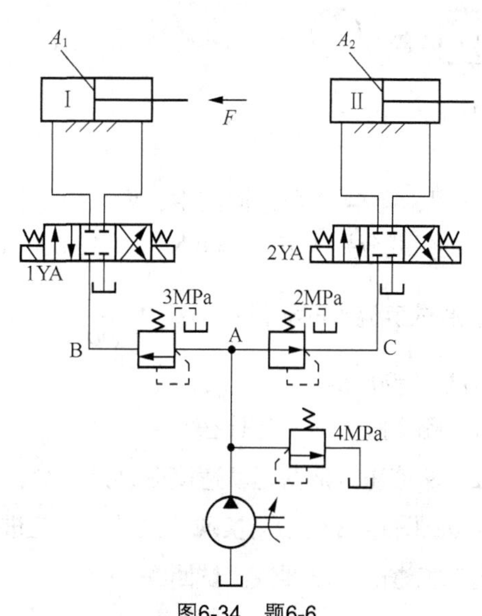

图6-34 题6-6

（1）两换向阀处于中位；

（2）1YA 通电，缸Ⅰ活塞移动时及活塞运动到终点时；

（3）1YA 断电，2YA 通电，缸Ⅱ活塞运动时及活塞碰到死挡铁时。

6-7 如图 6-35 所示的回油节流调速回路中，已知液压泵的流量 q_P=25 L/min，负载 F=40 000 N，溢流阀的调定压力 p_Y=5.4 MPa，液压缸两腔有效面积分别为 A_1=80 cm^3，A_2=40 cm^3，液压缸的工进速度 v=0.18 m/min，不计管路损失和摩擦损失，试计算：

（1）工进时的液压回路效率；

（2）当负载 F=0 时，活塞运动的速度和回油腔的压力为多大？

6-8 如图 6-36 所示回路中，两液压缸完全相同，$F_1 > F_2$，若不计泄漏、摩擦等因素，试问：

（1）哪个缸先动？哪个缸速度快？为什么？

（2）若将回油路中的节流阀阀口全部打开，使该处的压降为零，两缸的动作顺序及运动速度有何变化？

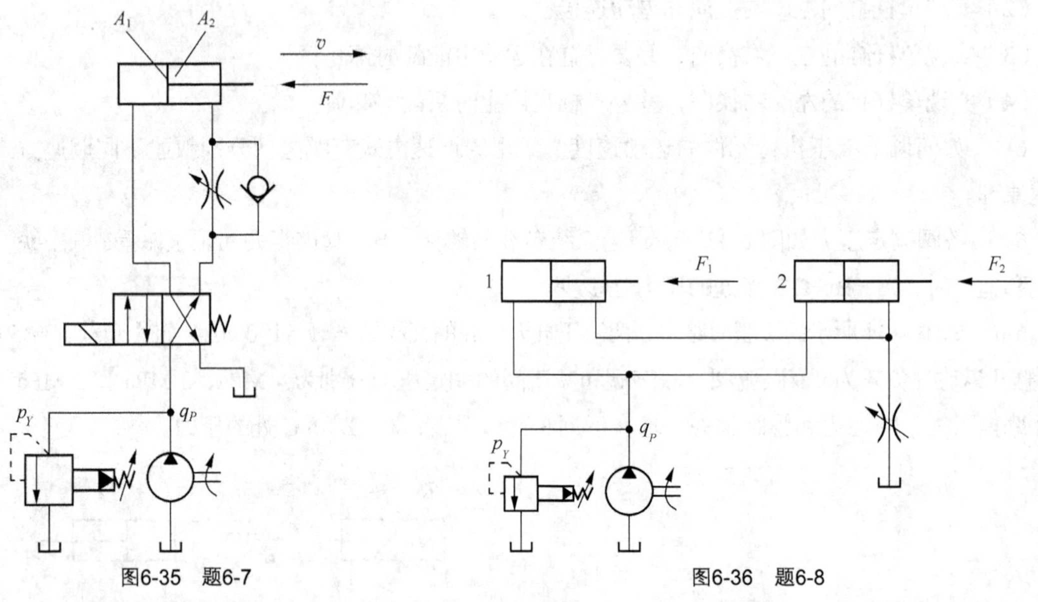

图6-35 题6-7

图6-36 题6-8

6-9 图示 6-37 所示回路中，两缸完全相同，液压缸两腔有效面积分别为 A_1=50 cm^3 和 A_2=30 cm^3，两缸负载分别为 F_1=7 000 N，F_1=10 000 N，溢流阀的调定压力 p_Y=4 MPa，液压泵的流量 q_P=40 L/min，通过节流阀的流量 $q_T = C_q A_T \sqrt{\frac{2}{\rho}\Delta p}$，设节流阀的流量系数 C_q=0.62，通流面积 A_T=0.05 cm^2，油液密度 ρ=900 kg/m^3，试问：

（1）哪个缸先动？为什么？

（2）两液压缸活塞运动速度分别是多少？

6-10 图 6-38 所示为实现“快进——工进—二工进—快退—停止”动作的液压回路，一工进的速度比二工进的速度要快。试回答：

（1）这是什么调速回路？该调速回路有何优点？

（2）试比较阀 A 和阀 B 的开口量大小。

（3）试列出电磁铁动作顺序表。

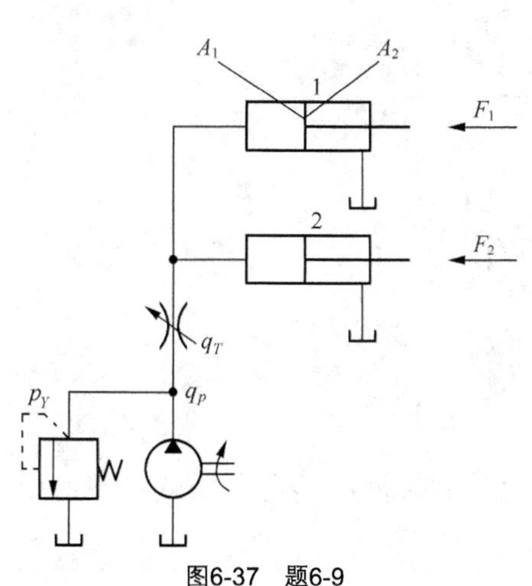

图6-37　题6-9

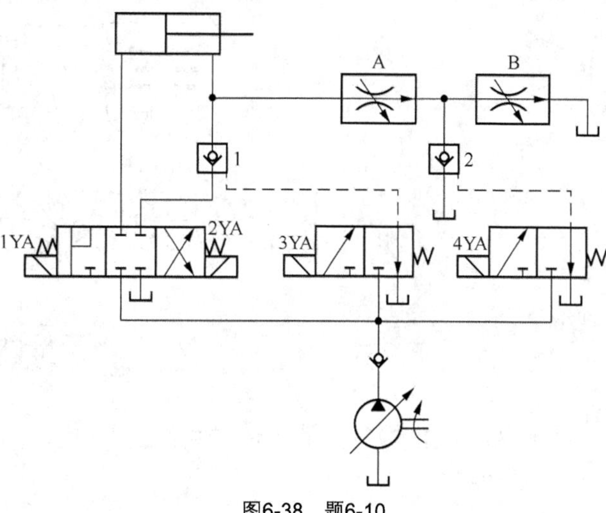

图6-38　题6-10

第7章 液压系统分析

【学习目标】

1. 理解并掌握各种典型液压传动系统工作原理
2. 理解并掌握液压传动系统的故障诊断与分析方法

组合机床液压动力滑台

7.1.1 概述

组合机床是一种高效率的机械加工专用机床，它由通用部件和专用部件组成，加工范围较宽，自动化程度较高，在机械制造业的成批和大量生产中得到了广泛的应用。

动力滑台是组合机床上实现进给运动的一种通用部件，配上动力头和不同的主轴箱可以对工件完成钻、扩、铰、镗、刮端面、倒角、铣削及攻螺纹等加工工序。动力滑台有机械滑台和液压滑台之分。液压动力滑台是利用液压缸来进行驱动的，在电气和机械装置的配合下可以实现图 7-1 所示的各种自动工作循环。它对液压系统性能的主要要求是速度换接平稳，进给速度稳定，功率利用合理，效率高，发热少。

现以 YT4543 型液压动力滑台为例分析组合机床动力滑台液压系统的工作原理和特点。该动力滑台要求进给速度范围为 1.6～600 mm/min，最大进给力为 4.5×10^4 N。图 7-1 所示为 YT4543 型动力滑台的液压系统原理图，该系统用限压式变量泵供油；用电液换向阀换向；用液压缸差动连接来实现快进；用行程阀实现快进与工进的转换；用二位二通电磁换向阀进行两个工进速度之间的转换；为了保证进给的精度，用死挡铁停留来限位。通常实现的工作循环为：快进——工进—二工进—死挡铁停留—快退—原位停止。

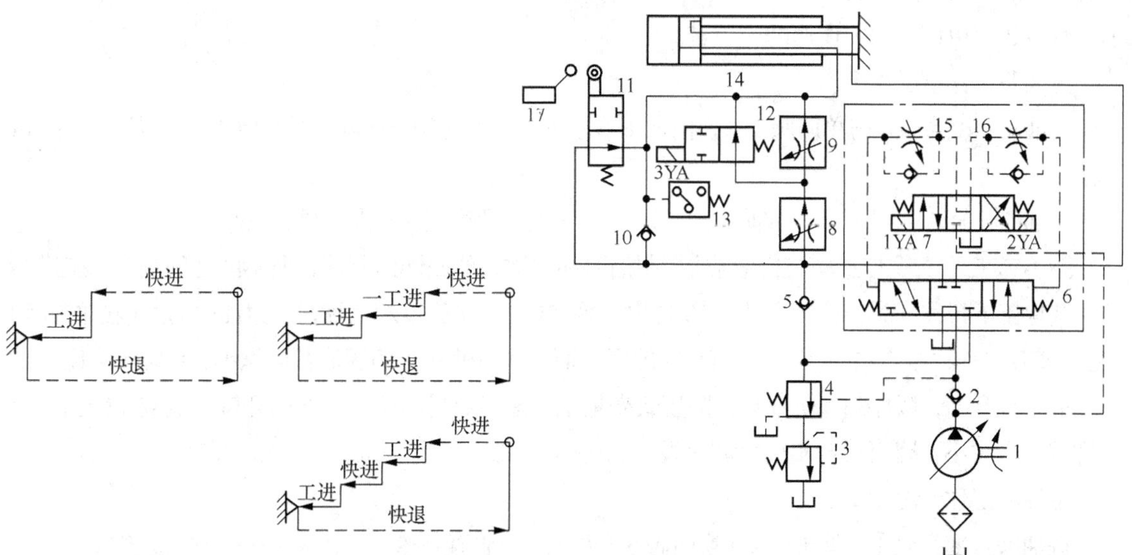

图7-1　YT4543型动力滑台液压系统图

1—变量泵；2、5、10—单向阀；3—背压阀；4—液控顺序阀；6—主换向阀（液动换向阀）；7—先导阀（电磁换向阀）；8、9—调速阀；11—行程阀；12—电磁换向阀；13—压力继电器；14—液压缸；15、16—单向节流阀；17—行程开关

7.1.2　YT4543 型动力滑台液压系统的工作原理及特点

1. 工作原理

（1）快进。快速前进时，电磁铁 1YA 通电，电液换向阀中的先导阀 7（电磁换向阀）处左位，电液换向阀中的主阀 6（液动换向阀）左位接入系统，顺序阀 4 因系统压力不高仍处于关闭状态。这时液压缸 14 差动连接，限压式变量泵 1 输出最大流量。系统中油液流动情况如下。

① 控制油路。

进油路：变量泵 1→换向阀 7（左位）→单向节流阀 15 中的单向阀→换向阀 6 左端

回油路：换向阀 6 右端→单向节流阀 16 中的节流阀→换向阀 7（左位）→油箱

② 主油路。

进油路：变量泵 1→单向阀 2→换向阀 6（左位）→行程阀 11（下位）→缸 14（左腔）

回油路：缸 14（右腔）→换向阀 6（左位）→单向阀 5→行程阀 11 （下位）→缸 14（左腔）

这时液压缸两腔连通，滑台差动快进。单向节流阀 16 中的节流阀可用以调节液动换向阀芯移动的速度，亦即调节主换向阀的换向时间，以减小换向冲击。

（2）一工进。当滑台快进终了时，滑台上的挡块压下行程阀 11，切断了快速运动的进油路。其控制油路未变，而主油路中，压力油只能通过调速阀 8 和二位二通电磁换向阀 12 右位进入液压缸 14 左腔。由于油液流经调速阀而使系统压力升高，液控顺序阀 4 开启，单向阀 5 关闭，液压缸 14 右腔的油液经换向阀 6 左位、液控顺序阀 4 和背压阀 3 流回油箱。同时，变量泵 1 的流量也自动减小，滑台实现由调速阀 8 调速的一工进。

主油路工作情况如下。

进油路：变量泵 1→单向阀 2→换向阀 6（左位）→调速阀 8→电磁阀换向 12（右位）→缸 14（左腔）

回油路：缸 14（右腔）→换向阀 6（左位）→液控顺序阀 4→背压阀 3→油箱

（3）二工进。二工进与一工进时的控制油路和主油路的回油路相同，所不同之处是当一工进终了，挡块压下行程开关，使电磁铁 3YA 通电，换向阀 12 左位接入系统，压力油须通过调速阀 8 和 9 进入液压缸 14 左腔。这时由于调速阀 9 的通流面积比调速阀 8 的通流截面积小，系统压力比一工进时进一步升高，顺序阀 4 仍开启，限压式变量泵 1 输出流量与调速阀 9 的开口相适应，输出的流量将进一步减小，因而滑台实现由调速阀 9 调速的二工进。

主油路工作情况如下。

进油路：变量泵 1→单向阀 2→换向阀 6（左位）→调速阀 8→调速阀 9→缸 14（左腔）

回油路：缸 14（右腔）→换向阀 6（左位）→顺序阀 4→背压阀 3→油箱

（4）止位钉停留。滑台完成二工进后，液压缸 14 碰到滑台座前端的止位钉（可调节滑台行程的螺钉）后停止运动。这时液压缸 14 左腔压力升高，当压力升高到压力继电器 13 的开启压力时，压力继电器动作并发出电信号。这时的油路同二工进的油路，但实际上，系统内油液已停止流动，变量泵的流量已减至很小，仅用于补充泄漏油。

（5）快退。压力继电器发出信号后，使电磁铁 2YA 通电，1YA 断电。这时电磁换向阀 7 右位接入系统，液动换向阀 6 也换为右位工作，主油路换向。因滑台返回时为空载，系统压力低，变量泵的流量又自动恢复到最大值，故滑台快速退回，其油路为：

① 控制油路。

进油路：变量泵 1→换向阀 7（右位）→单向节流阀 16 中的单向阀→换向阀 6 右端

回油路：换向阀 6 左端→单向节流阀 15 中的节流阀→换向阀 7（右位）→油箱

② 主油路。

进油路：变量泵 1→单向阀 2→换向阀 6（右位）→缸 14（右腔）

回油路：缸 14（左腔）→单向阀 10→换向阀 6（右位）→油箱

当滑台退至二工进起点位置时，挡块脱开行程开关，使电磁铁 3YA 断电，当滑台退至一工进起点位置时，行程阀 11 复位。

（6）原位停止。当滑台快速退回到其原始位置时，挡块压下原位行程开关发出电信号，使电磁铁 2YA 断电，电磁换向阀 7 恢复中位，液动换向阀 6 也恢复中位，液压缸两腔油路被封闭，滑台停止运动。这时变量泵则通过单向阀 2 及换向阀 6 的中位卸荷，其油路为：

变量泵 1→单向阀 2→换向阀 6（中位）→油箱

单向阀 2 的作用是使滑台在原位停止时，控制油路仍保持一定的控制压力（低压），以便能迅速启动。

2. 动力滑台液压系统的特点

动力滑台的液压系统是能完成较复杂工作循环的典型的单缸中压系统，其特点是：

（1）采用容积节流调速回路。该系统采用了“限压式变量叶片泵+调速阀+背压阀”式容积节流调速回路。用变量泵供油可使空载时获得快速运动（变量泵的流量最大），工进时，负载增加，变量泵的流量会自动减小，且无溢流损失，因而功率的利用合理。用调速阀调速可保证工作进给时获得稳定的低速，有较好的速度刚性。调速阀设在进油路上，便于利用压力继电器发送信号实现动作顺序的自动控制。回油路上加背压阀能防止负载突然减小时产生前冲现象，并能使工进速度平稳。

（2）采用电液动换向阀的换向回路。采用反应灵敏的小规格电磁换向阀作为先导阀控制能通过大流量的液动换向阀实现主油路的换向，发挥了电液联合控制的优点。而且由于液动换向阀阀芯移动的速度可由节流阀调节，因此，能使流量较大、速度较快的主油路换向平稳，无冲击。

（3）采用液压缸差动连接的快速回路。主换向阀采用了三位五通阀，因此，换向阀左位工作时能使缸右腔的回油返回缸的左腔，从而使液压缸两腔同时通压力油，实现差动快进。这种油路简单可靠。

（4）采用行程控制的速度转换回路。系统采用行程阀和液控顺序阀配合动作实现快进与工进速度的转换，并使速度转换平稳、可靠、且位置准确。采用两个串联的调速阀及用行程开关控制的电磁换向阀实现两种工进速度的转换。由于进给速度较低，故亦能保证换接精度和平稳性的要求。

（5）采用压力继电器控制动作顺序。滑台工进结束液压缸碰到止位钉时，缸内工作压力升高，因而采用压力继电器发送信号，使滑台反向退回方便可靠。止位钉的采用还能提高滑台工进结束时的位置精度及进行刮端面、锪孔、镗台阶孔等工序的加工。

7.1.3 动作顺序表

图 7-1 所示，系统图中各电磁铁及行程阀的动作顺序见表 7-1（电磁铁通电、行程阀压下时，表中记“+”号，反之记“-”号）。

表 7-1　　YT4543 型动力滑台液压系统的动作顺序表

电磁阀 行程阀		信号来源	动力滑台工作循环					
			快进	一工进	二工进	停留	快退	原位停止
1YA	+	按钮启动						
	−	终点行程开关						
行程阀	+	挡块压下						
	−	挡块脱开						
3YA	+	挡块压下行程开关						
	−	挡块脱开行程开关						
2YA	+	压力继电器						
	−	终点行程开关						

7.2 压力机液压系统

7.2.1 概述

液压压力机（简称液压机）的液压传动系统以压力变换为主。系统压力高、流量大、功率大。因此，应特别注意提高原动机功率利用率，防止泄压时产生冲击和振动，保证安全可靠。

液压机类型很多，其中四柱式液压压力机最为典型，应用也最广泛。这种压力机由四个导向立柱，上、下横梁和滑块组成。在上、下横梁中安置着上、下两个液压缸。上缸驱动滑块，实现“快速下行—慢速加压—保压延时—快速返回—原位停止”的动作循环；下缸为顶出缸，实现“顶出—停留—退回”的动作循环，如图 7-2 所示。液压系统的压力要经常变换和调节，并能产生较大的压制力（吨位）。因此要求工作平稳性和安全可靠性要高。在这种压力机上，可以进行冲剪、弯曲、翻边、拉伸、装配、冷挤、成形等多种压力加工工艺。

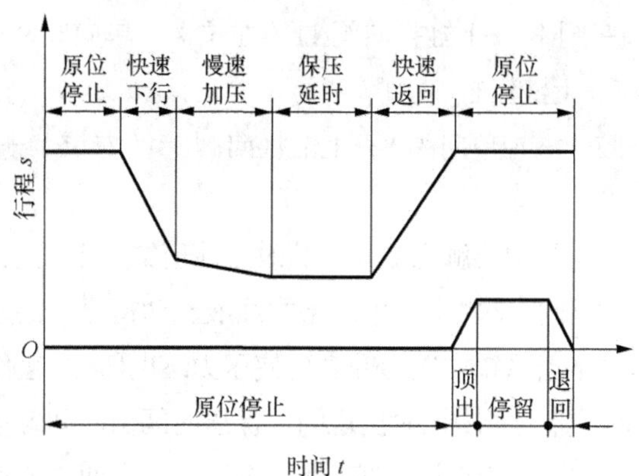

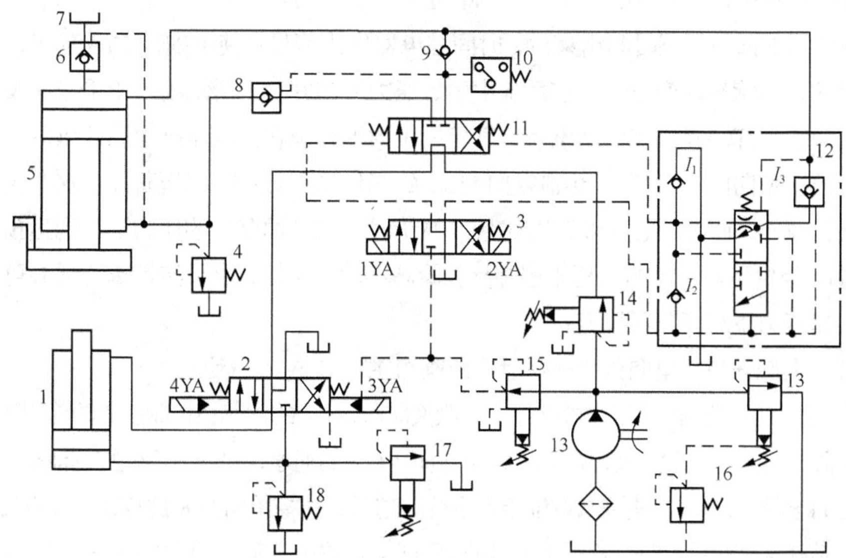

图7-2　YB32—200型压力机液压系统图

1—下缸；2—下缸换向阀；3—上缸先导阀；4—上缸安全阀；5—上缸；6、8—液控单向阀；7—充液筒；9—单向阀；10—压力继电器；11—上缸主换向阀；12—预泄换向阀组；13—液压泵；14—顺序阀；15—减压阀；16—调压阀；17—溢流阀；18—下缸安全阀

7.2.2　压力机液压系统工作原理

图 7-2 为 YB32—200 型压力机液压系统图。该系统由一高压泵供油，控制油路的压力油由减压阀 15 减压后得到。现以一般的定压成型压制工艺为例，说明该压力机液压系统工作原理。液压机的上滑块的工作情况为：

（1）快速下行。快速下行时，电磁铁 1YA 通电，作为先导阀用的电磁换向阀 3 和上缸换向阀 11（液动换向阀）左位接入系统，液控单向阀 8 被打开。这时系统中油液进入液压缸上腔。因上滑块在自重作用下迅速下降，而液压泵 13 的流量较小，所以液压机顶部充液筒中的油液经液控单向阀 6 也流入液压缸上腔。其油液流动的情况为：

进油路：液压泵 13→顺序阀 14→上缸换向阀 11（左位）→单向阀 9→上液压缸 5 上腔；

充液筒 7→液控单向阀 6→上液压缸 5 上腔

回油路：上液压缸 5 下腔→液控单向阀 8→上缸换向阀 11（左位）→下缸换向阀 2（中位）→油箱

（2）慢速加压。上滑块在运行中接触到工件，这时上液压缸 5 上腔压力升高，液控单向阀 6 关闭，加压速度便由液压泵 13 的流量来决定，主油路的油液流动情况与快速下行时相同。

（3）保压延时。保压延时是当系统中压力升高到使压力继电器 10 起作用，电磁铁 1YA 断电，先导阀 3 和上液压缸换向阀 11 都处于中位时出现的。保压时间由时间继电器控制，可在 0～24min 内调节。保压时除了液压泵 13 在较低压力下卸荷外，系统中没有油液流动。其卸荷油路为：

液压泵 13→顺序阀 14→上缸换向阀 11（中位）→下缸换向阀 2（中位）→油箱

（4）泄压快速返回。保压时间结束后，时间继电器发出信号，使电磁铁 2YA 通电。但为了防止保压状态向快速返回状态转变过快，在系统中引起压力冲击并使上滑块动作不平稳而设置了预泄换向阀组 12。它的功用就是在 2YA 通电后，其控制压力油必须在上液压缸上腔卸压后，才能进入主换向阀右腔，使主换向阀 11 换向。预泄换向阀 12 的工作原理是：在保压阶段，这个阀以上位接入系统，当电磁铁 2YA 通电，先导阀 3 右位接入系统时，控制油路中的压力油虽到达预泄换向阀组 12 阀芯的下端，但由于其上端的高压未曾卸除，阀芯不动。但是，由于液控单向阀 I_3 可以在控制压力低于其主油路压力下打开，所以有：

上液压缸 5 上腔→液控单向阀 I_3→预泄换向阀组 12（上位）→油箱

于是上液压缸 5 上腔的油液压力被卸除，预泄换向阀组 12 的阀芯在控制压力油作用下向上移动，以其下位接入系统。它一方面切断上液压缸 5 上腔通向油箱的通道，另一方面使控制油路中的压力油输到上缸换向阀 11 阀芯的右端，使该阀右位接入系统。这时，液控单向阀 8 被打开，油液流动情况为：

进油路：液压泵 13→顺序阀 14→上缸换向阀 11（右位）→液控单向阀 8→上液压缸 5 下腔

回油路：上液压缸 5 上腔→液控单向阀 6→充液筒 7

所以，上滑块快速返回，从回油路进入充液筒中的油液，若超过预定位置，可从充液筒中的溢流管流回油箱。由图 7-2 可见，上缸换向阀 11 在由左位切换到中位时，阀芯右端由油箱经单向阀 I_1 补油，在由右位转换到中位时，阀芯右端的油经单向阀 I_2 流回油箱。

（5）原位停止。原位停止是上滑块上升至预定高度，挡块压下行程开关，电磁铁 2YA 断电，先导阀 3 和上缸换向阀 11 均处于中位时得到的。这时上缸停止运动，液压泵 13 在较低压力下卸荷，由于液控单向阀 8 和安全阀 4 的支承作用，上滑块悬空停止。

（6）液压压力机下滑块（顶出缸）的顶出和返回。下滑块向上顶出时，电磁铁 3YA 通电。

① 进油路：液压泵 13→液控顺序阀 14→上缸换向阀 11（中位）→下缸换向阀 2（右位）→下液压缸 1 下腔

② 回油路：下液压缸 1 上腔→下缸换向阀 2（右位）→油箱

下滑块向上移动至下液压缸中活塞碰上缸盖时，便停留在这个位置上。向下退回是在电磁铁 3YA 断电、4YA 通电时发生的，这时有：

③ 进油路：液压泵 13→液控顺序阀 14→上缸换向阀 11（中位）→下缸换向阀 2（左位）→下液压缸 1 上腔

④ 回油路：下液压缸 1 下腔→下缸换向阀 2（左位）→油箱

原位停止是在电磁铁 3YA、4YA 均断电，下缸换向阀 2 处于中位时得到。系统中阀 18 为下缸安全阀，阀 17 为下缸溢流阀，由它可以调整顶出压力。

7.2.3　动作顺序表

YB32—200 型压力机液压系统图中各电磁铁及预泄阀的动作顺序见表 7-2。

表 7-2　　YB32—200 型压力机液压系统的动作顺序表

电磁阀 预泄阀		信号来源	压力机工作循环								
			滑块					顶出缸			
			快速 下行	慢速 加压	保压 延时	快速 返回	原位 停止	向上 顶出	停留	向下 退回	原位 停止
		υ 主缸 顶出缸									
1YA	+	按钮启动									
	−	压力继电器									
2YA	+	时间继电器									
	−	终点行程开关									
预泄阀	+	先导阀右位									
	−										
3YA	+	按钮启动									
	−										
4YA	+	按钮控制									
	−										

塑料注射成型机液压系统

7.3.1　概述

塑料注射成形机（简称注塑机）主要用于热塑性塑料制品的成形加工。塑料颗粒在注塑机的料筒内加热熔化至流动状态，以很高的压力和较快的速度注入闭合模具的模腔内，保压一段时间，经冷却凝固而成形为塑料制品。

塑料注射成型工艺是一个按照预定顺序进行的周期性动作过程。其工艺顺序动作多，成型周期短，需要很大的注射力和合模力，注射和合模速度可在较大范围内调节。注塑机采用液压传动，并在电气控制的配合下，完成闭模、注射、保压和启模等一系列周期性动作，实现了自动化操作，极大地提高了劳动生产率，因而得到了广泛的应用。

7.3.2 快速运动回路

现以常用的 XS—ZY—250A 型注塑机为例说明注塑机液压系统的工作原理，图 7-3 所示为 XS—ZY—250A 型注塑机的液压系统图，其动作顺序如图 7-4 所示。

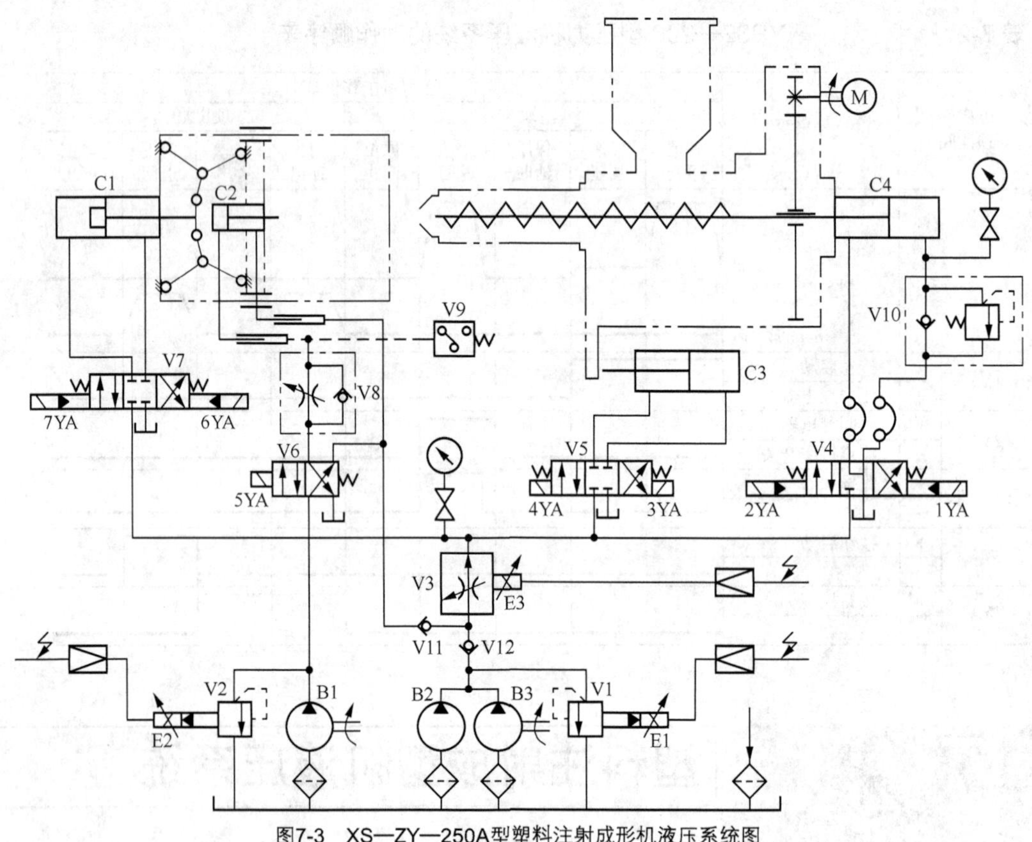

图7-3 XS—ZY—250A型塑料注射成形机液压系统图

B1、B2、B3—液压泵；C1、C2、C3、C4—液压缸；V1、V2—比例溢流阀；V3—比例流量阀；V4、V7—电液换向阀；V5、V6—电磁换向阀；V8—单向节流阀；V9—压力继电器；V10—单向顺序阀；V11、V12—单向阀

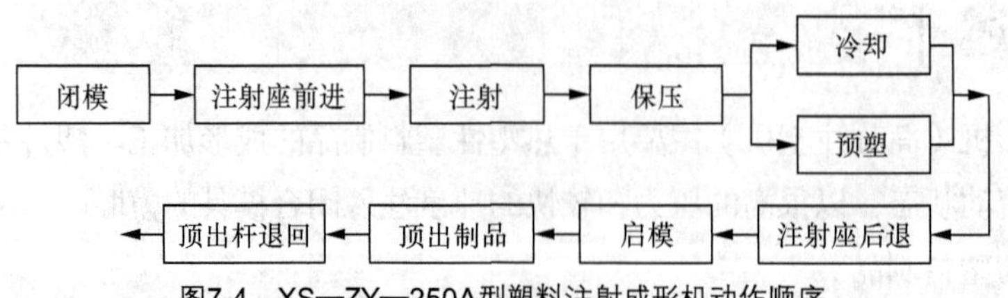

图7-4 XS—ZY—250A型塑料注射成形机动作顺序

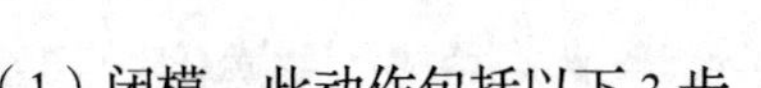

（1）闭模。此动作包括以下3步。

① 闭模。液压泵B1、B2、B3工作，系统压力由阀V1或V2控制，移模缸C1活塞杆通过连杆机构驱动动模板右移，此时顶出缸C2活塞杆退回在原位。油液流动情况如下。

B1→V6（右位）→V11↘
V3→V7（左位）→C1（左腔）；C1（右腔）→V7（左位）→油箱
B2、B3→V12↗

② 低压保护。高压泵B1卸荷，其输出油液经阀V2返回油箱；低压泵B2、B3供油，低压由阀V1控制，油液流动情况同①。

③ 锁紧。低压泵卸荷，其输出油液经阀V1返回油箱；高压泵B1供油，高压由阀V2控制，油液流动情况同①。

（2）注射座整体前进。泵B1供油，注射座移动缸C3的活塞杆带动注射座左移，并使喷嘴靠在定模板上，系统压力由阀V2控制。油液流动情况如下。

B1→V6（右位）→V11→V3→V5（右位）→C3（右腔）；C3（左腔）→V5（右位）→油箱

（3）注射。泵B1、B2、B3供油，油液流动情况如下。

B1、B2、B3→V3→V4（右位）→V10→C4（右腔）；C4（左腔）→V4（右位）→油箱

（4）保压。泵B1供油，保压压力由阀V2控制，油液流动情况同（3）；泵B2、B3卸荷，其输出油液经阀V1返回油箱。

（5）预塑。电动机启动，经齿轮减速驱动螺杆旋转，料斗中加入的原料被前推进行预塑。此时注射座不得后退，以保持喷嘴与模具始终接触，故由泵B1保压，油液流动情况同（2）。

同时，注射缸C4右腔的油液在螺杆反推力的作用下的流动情况如下。

V10→V4（中位）→油箱

其背压由阀V10控制。

（6）注射座整体后退。油液流动情况如下。

B1→V6（右位）→V11→V3→V5（左位）→C3（左腔）；C3（右腔）→V5（左位）→油箱

（7）启模。油液流动情况如下。

B1→V6（右位）→V11↘
V3→V7（右位）→C1（右腔）；C1（左腔）→V7（右位）→油箱
B2、B3→V12↗

（8）制品顶出。油液流动情况如下。

B1→V6（左位）→V8→C2（左腔）；C2（右腔）→V6（左位）→油箱

（9）螺杆后退。用于拆卸螺杆和清除螺杆包料，油液流动情况如下。

B1→V6（右位）→V11→V3→V4（左位）→C4<左腔）；C4（右腔）→V10→V4（左位）→油箱

7.3.3 电磁铁动作顺序表

XS—ZY—250A 型塑料注射成形机液压系统图中各电磁铁动作顺序见表 7-3。

表 7-3 XS—ZY—250A 型注塑机液压系统电磁铁的动作顺序表

动作 \ 电磁铁		1YA	2YA	3YA	4YA	5YA	6YA	7YA	E1	E2	E3
闭模	闭模	−	−	−	−	−	−	+	+	+	+
	低压保护	−	−	−	−	−	−	+	+	−	+
	锁紧	−	−	−	−	−	−	+	−	+	+
注射座整体前进		−	−	+	−	−	−	−	−	+	+
注射		+	−	−	−	−	−	−	+	+	+
保压		+	−	−	−	−	−	−	−	+	+
预塑		−	−	+	−	−	−	−	−	+	+
注射座整体后退		−	−	−	+	−	−	−	−	+	+
启模		−	−	−	−	−	+	−	+	+	+
制品顶出		−	−	−	−	+	−	−	−	+	−
螺杆后退		−	+	−	−	−	−	−	−	+	+

7.4 液压系统常见故障分析及排除方法

7.4.1 液压泵常见故障及排除方法

液压泵是液压系统的心脏，它一旦发生故障就会立即影响系统的正常工作。液压泵常见故障的分析和排除方法见表 7-4。

表 7-4 液压泵常见故障的分析和排除方法

故障现象	故障分析	排除方法
泵不排油或排量与压力不足	1. 电动机转向接反	1. 更换接头线,改变电机转向
	2. 过滤器或吸油管道堵塞	2. 拆洗过滤器及管道或更换油液

续表

故障现象	故障分析	排除方法
泵不排油或排量与压力不足	3. 连接部位有泄漏,空气侵入泵内	3. 检查并紧固有关的螺纹连接件或更换密封件，严防空气侵入
	4. 油液黏度过大，温升太高	4. 根据温升实际情况，选择适当黏度的油液
	5. 零件磨损，间隙增大，泄漏较大	5. 检查有关磨损零件，进行修磨达到规定间隙
	6. 泵的转速太低	6. 检查电机功率及有无打滑现象
	7. 油箱中油液液面太低	7. 检查油面高度，并使吸油管插入液面以下
	8. 溢流阀有故障	8. 检查溢流阀的阀芯、弹簧及阻尼孔等
齿轮泵噪声及压力脉动较大	1. 空气由吸油管或密封处进入泵内	1. 加黄油于连接处，若噪声减小，说明有泄漏。拧紧接头或更换密封
	2. 吸油管阻力过大,甚至堵塞	2. 检查过滤器的容量及堵塞情况
	3. 齿形精度不高,节距有误差或轴线不平行	3. 更换齿轮或配研与调整
	4. 泵与电动机轴不同心	4. 按技术要求进行调整，注意工作状态与静止状态的不同。有时，偏差可能由温升引起
齿轮泵温升过高	1. 装配不当，轴向间隙太小，油膜破坏，形成干摩擦，机械效率降低	1. 检查装配质量,调整间隙
	2. 泵磨损严重，间隙过大，泄漏增加	2. 修磨磨损件，使其达到合适的间隙
	3. 油液黏度不当	3. 改用黏度合适的油液
	4. 油液污染变质	4. 更换新油
叶片泵噪声较大	1. 压力冲击过大，配油盘上三角槽有堵塞	1. 检查三角槽有否堵塞现象
	2. 定子曲面有伤痕	2. 修整抛光定子曲面
	3. 空气进入泵内	3. 检查有关密封部位是否有泄漏，并加以严封，保证有足够油液和吸油通畅
	4. 叶片倒角太小，运动时，其作用力有突然变化的现象	4. 将叶片一侧的倒角适当加大，一般为 $1 \times 45^\circ$
	5. 叶片高度尺寸误差较大	5. 重新检查组选，保证同一组叶片高度误差不超过 0.01 mm
	6. 叶片侧面与顶面垂直度及配油盘端面跳动过大	6. 检查并修整叶片的侧面及配油盘端面
	7. 油泵的主轴密封过紧，温升较大	7. 调整密封装置，使轴的温升不致过高，不得有烫手感觉
	8. 电动机转速过高	8. 更换电机，降低转速
	9. 联轴节的同心度较差或安装不牢靠	9. 检查、调整同心度，并加以紧固

续表

故障现象	故障分析	排除方法
叶片泵不吸油或无压力	1. 电机转向有错	1. 重新接线头,改变旋转方向
	2. 油箱中液面较低，吸油有困难	2. 检查油箱中油面的高度
	3. 油液黏度过大，叶片滑动阻力较大	3. 更换黏度较低的油液
	4. 叶片与槽的配合过紧	4. 修磨叶片或槽，保证叶片移动灵活
	5. 配油盘刚度不够或与泵体接触不良	5. 更换或修整其接触面
叶片泵排油量及压力不足	1. 叶片及转子装反	1. 纠正叶片和转子的方向
	2. 有关连接部位密封不严，空气进入泵内	2. 检查各连接处及吸油口是否有泄漏，紧固或更换密封
	3. 配合零件的径向或轴向间隙过大	3. 检查并修整，使其达到设计要求，情况严重的可返修
	4. 定子曲面与叶片接触不良	4. 进行修磨
	5. 配油盘磨损较大	5. 修复或更换
	6. 叶片与槽配合间隙过大	6. 单片进行选配，保证达到配合要求
	7. 吸油有阻力 8. 叶片移动不灵活	7. 拆洗过滤器，清除杂物，使吸油通畅 8. 不灵活的叶片，应单槽配研
轴向柱塞泵排油量不足	1. 吸油管及过滤器堵塞或阻力太大	1. 排除油管堵塞，清洗过滤器
	2. 油箱油面太低	2. 检查油量，适当加油
	3. 泵体内没有充满油，有残存空气	3. 排除泵内空气
	4. 柱塞与缸体或配油盘与缸体间磨损	4. 更换柱塞，修磨配油盘与缸体的接触面，保证接触良好
	5. 柱塞回程不够或不能回程，引起缸体与配油盘间失去密封	5. 检查中心弹簧加以更换
	6. 变量机构失灵，达不到工作要求	6. 检查变量机构
	7. 油温不当或有漏气	7. 选择合适的油液，紧固可能漏气的连接处
轴向柱塞泵压力不足或压力脉动较大	1. 吸油口堵塞或通道较短	1. 清除堵塞现象，加大通油截面
	2. 油温较高，油液黏度下降，泄漏增加	2. 控制油温，更换黏度较大的油液
	3. 缸体与配油盘之间磨损，失去密封，泄漏增加，柱塞与缸体磨损	3. 修磨缸体与配油盘接触面，更换柱塞，严重者送厂返修
	4. 变量机构偏角太小，流量过小，内漏相对增加	4. 加大变量机构的偏角
	5. 变量机构不协调（如伺服活塞与变量活塞失调，使脉动增大）	5. 若偶尔脉动，可更换新油；经常脉动，可能是配合件刮伤或别劲，应拆下研修
轴向柱塞泵噪声较大	1. 泵内有空气	1. 排除空气，检查可能进入空气的部位
	2. 过滤器被堵塞	2. 清洗过滤器
	3. 油液不干净	3. 抽样检查，更换干净的油液

续表

故障现象	故障分析	排除方法
轴向柱塞泵噪声较大	4. 油液黏度过大	4. 更换黏度较小的油液
	5. 油液的油面过低或有漏气	5. 按油标高度注油，并检查密封
	6. 泵与电机安装不同心，使泵增加了径向载荷	6. 重新调整
	7. 管路振动	7. 采取隔离消振措施
轴向柱塞泵内部泄漏	1. 缸体与配油盘间磨损	1. 修整接触面
	2. 中心弹簧损坏，使缸体与配油盘间失去密封性	2. 更换弹簧
	3. 轴向间隙过大	3. 重新调整轴向间隙
	4. 柱塞与缸体间磨损	4. 更换柱塞或重新配研
轴向柱塞泵外部泄漏	1. 传动轴上的密封损坏	1. 更换密封圈
	2. 各接合面、管接头的螺栓及螺母未拧紧，密封损坏	2. 紧固并检查密封性，以便更换密封
轴向柱塞泵发热	1. 内部漏损较大	1. 检查和研修有关密封配合面
	2. 相对运动的配合接触面有磨损	2. 修整或更换磨损件
轴向柱塞泵变量机构失灵	1. 在控制油路上，可能出现堵塞现象	1. 净化油，必要时冲洗
	2. 变量体与变量头磨损	2. 刮磨，使园弧面配合良好，必要时送厂返修
	3. 伺服活塞、变量活塞以及弹簧芯轴卡死	3. 若为机械卡死，可用研磨方法修复；如果是油液污染，则应更换油液
轴向柱塞泵不转	1. 柱塞与缸体卡死　（可能油污染或油温变化）	1. 更换新油
	2. 柱塞球头折断（可能因柱塞卡死或有负载起动）	2. 更换
	3. 滑靴脱落（柱塞卡死或有负荷起动所引起）	3. 更换或维修

7.4.2 液压缸、液压马达常见故障及排除方法

液压缸、液压马达常见故障的分析及排除方法见表 7-5、7-6。

表 7-5　　液压缸常见故障的分析和排除方法

故障现象	故障分析	排除方法
爬行	1. 外界空气进入缸内	1. 设置排气装置或开动系统强迫排气
	2. 密封压得太紧	2. 调整密封，但不得泄漏
	3. 活塞与活塞杆不同轴，活塞杆不直	3. 校正或更换，使同轴度小于 0.04 mm

续表

故障现象	故障分析	排除方法
爬行	4. 缸内壁拉毛，局部磨损严重或腐蚀	4. 适当修理，严重者重新磨缸内孔，按要求重配活塞
	5. 安装位置有偏差	5. 校正
	6. 双活塞杆两端螺母拧得太紧	6. 调整
冲击	1. 用间隙密封的活塞，与缸筒间隙过大	1. 更换活塞，使间隙达到规定要求
	2. 节流阀失去作用	2. 检查节流阀
	3. 端头缓冲的单向阀失灵，不起作用	3. 修正、研配单向阀与阀座或更换
推力不足，速度不够或逐渐下降	1. 由于缸与活塞配合间隙过大或O形密封圈损坏，使高低压侧互通	1. 更换活塞或密封圈，调整到合适的间隙
	2. 工作段不均匀，造成局部几何形状有误差，使高低压腔密封不严，产生泄漏	2. 镗磨修复缸孔径，重配活塞
	3. 缸端活塞杆密封压得太紧或活塞杆弯曲，使摩擦力或阻力增加	3. 放松密封，校直活塞杆
	4. 油温太高，黏度降低，泄漏增加，使缸速度减慢	4. 检查温升原因，采取散热措施，如间隙大，可单配活塞或增装密封环
	5. 液压泵流量不足	5. 检查泵或调节控制阀
外泄漏	1. 活塞杆表面损伤或密封圈损坏造活塞杆处密封不严	1. 检查并修复活塞杆和密封圈
	2. 管接头密封不严	2. 检修密封圈及接触面
	3. 缸盖处密封不良	3. 检查并修整

表 7-6　液压马达常见故障的分析和排除方法

故障现象	故障分析	排除方法
转速低输出转矩小	1. 由于过滤器阻塞，油液黏度过大，泵间隙过大，泵效率低，使供油不足	1. 清洗过滤器，更换黏度合的油液，保证供油量
	2. 电机转速低，功率不匹配	2. 更换电机
	3. 密封不严，有空气进入	3. 紧固密封
	4. 油液污染，堵塞马达内部通道	4. 清洗马达，更换油液
	5. 油液黏度小，内泄漏增大	5. 更换黏度适合的油液
噪声过大	1. 进油口过滤器堵塞，进油管漏气	1. 清洗，紧固接头
	2. 联轴器与马达轴不同心或松动	2. 重新安装调整或紧固
	3. 齿轮马达齿形精度低，接触不良，轴向间隙小，内部个别零件损坏，齿轮内孔与端面不垂直，端盖上两孔不平行，滚针轴承断裂，轴承架损坏	3. 更换齿轮，或研磨修整齿形，研磨有关零件重配轴向间隙，对损坏零件进行更换
	4. 叶片马达的叶片和主配油盘接触的两侧面、叶片顶端或定子内表面磨损或刮伤，扭力弹簧变形或损坏	4. 根据磨损程度修复或更换
	5. 径向柱塞马达的径向尺寸严重磨损	5. 修磨缸孔，重配柱塞

7.4.3 液压阀常见故障及排除方法

液压阀是用来控制液压系统的压力、流量和方向的元件。如果某一液压阀出现故障，将对液压系统的正常工作和系统稳定性、精确性、可靠性、寿命等造成极大的影响。

液压阀产生故障的原因有：元件选择不当、零件加工精度及装配质量差、弹簧刚度不能满足要求、密封件质量差等，还有油液过脏和油温过高等因素。

液压阀在液压系统中的作用非常重要，故障种类很多。只要掌握各类阀的工作原理，熟悉它们结构特点，分析故障原因，查找故障不会有太大困难。下面是液压阀常见故障及排除方法的列表。

表 7-7 溢流阀常见故障及排除方法

故障现象	故障分析	排除方法
振动与噪声	1. 主阀芯与阀体之间的节流口部位零件的几何形状和尺寸误差产生流体噪声	1. 提高元件设计和加工精度
	2. 装配或维护不当而产生的机械噪声	2. 调整滑阀与阀孔的配合间隙
溢流时发生振动	1. 从压力上升源到溢流阀之间被节流，阀前部压力上升慢而引起振动	1. 增大压力上升源到溢流阀的管道口径
压力波动	1. 控制阀芯弹簧刚度不够，不能维持稳定的工作压力	1. 更换弹簧
	2. 油液污染严重，阻尼孔堵塞，滑阀移动困难	2. 经常检查油液污染度，必要时，换油和疏通阻尼孔
	3. 锥阀或钢球与阀座配合不好，其原因可能由于污物卡住或磨损	3. 清除污物或修磨阀座
	4. 滑阀动作不灵活	4. 先进行清洗并修磨损伤处，不能修磨时，可更换滑阀
压力调整无效（无压力、压力调不上去或压力上升过大）	1. 调整液压系统压力方法错误	1. 调整液压系统压力的正确方法：首先将溢流阀全打开（即弹簧无压缩），启动液压泵，慢慢旋紧调压旋钮，压力逐渐上升
	2. 液压泵启动后，压力迅速上升不止	2. 溢流阀没有打开，应先打开溢流阀
	3. 弹簧损坏（断裂）或漏装造成的压力调整无效	3. 更换或重新装弹簧
	4. 滑阀配合过紧或被污物卡死，造成调整压力上升	4. 检查、清洗并研修，使滑阀在孔中移动灵活。如果油液污染严重，则更换新油
	5. 锥阀（或钢球）漏装，使滑阀失去控制，调压无效	5. 补装
	6. 阻尼孔堵塞，滑阀失去控制作用	6. 清洗阻尼孔或更换新油
	7. 进油口和出油口装反	7. 根据油液的流方向加以纠正
压力虽已上升，但不溢流	1. 阀内部孔堵塞、阀芯导向部分进入异物	1. 清洗

续表

故障现象	故障分析	排除方法
压力虽没有超过设定值，但却溢流	1. 阀内进入异物	1. 清洗
	2. 阀座损伤	2. 更换阀座
	3. 调压弹簧损坏	3. 更换调压弹簧
泄漏	1. 锥阀（或钢球）与阀座接触不良	1. 修磨阀座，更换钢球
	2. 滑阀与阀体配合间隙过大	2. 更换滑阀
	3. 管接头没有拧紧或密封不良	3. 拧紧管接头
	4. 有关结合面上的密封圈、纸垫或铜垫失效	4. 更换密封元件

表 7-8　减压阀常见故障及排除方法

故障现象	故障分析	排除方法
不起减压作用	1. 顶盖方向装错，使输出油孔与回油孔已沟通	1. 检查顶盖上孔的位置，并加以纠正
	2. 阻尼孔被堵	2. 用直径微小的钢丝或针（约 1mm）疏通小孔
	3. 回油孔的螺塞未拧出，油液不通	3. 拧出螺塞，接通回油管
	4. 滑阀移动不灵或被卡住	4. 清洗污垢，研配滑阀，保证滑阀自如
无二次压力	1. 阀弹簧损坏	1. 更换阀弹簧
	2. 阀座有裂痕，阀座橡胶剥离	2. 更换阀体
	3. 阀体中夹入杂物，阀导向部分粘附异物	3. 清洗
	4. 阀芯导向部分和阀体的密封圈收缩、膨胀	4. 更换密封圈
压力波动	1. 油液中侵入空气	1. 设法排气
	2. 滑阀移动不灵或卡住	2. 检查滑阀与孔的形状位置误差以及是否有拉伤
	3. 阻尼孔堵塞	3. 清洗阻尼孔，换油
	4. 弹簧刚度不够，有弯曲、卡住或太软	4. 检查并更加弹簧
	5. 锥阀安装不正确，钢球与阀座配合不良	5. 更换调整锥阀或钢球
输出压力较低	1. 锥阀与阀座配合不好 2. 阀顶盖密封不好，有泄漏	1. 拆卸锥阀，研磨或更换 2. 拧紧螺栓或拆卸后更换纸垫
	3. 阀口径小	3. 使用口径大的减压阀
阀体泄漏	1. 密封件损坏	1. 更换密封件
	2. 弹簧松弛	2. 更换弹簧
异常振动	1. 弹簧错位或弹簧的弹力减弱	1. 把弹簧调整到正常位置或更换弹簧
	2. 阀体的中心与阀杆的中心错位	2. 检查并调整位置偏差

表 7-9 流量控制阀常见故障及排除方法

故障现象	故障分析	排除方法
无流量通过或流量极少	1. 节流口堵塞，阀芯卡住	1. 拆卸清洗、修复、更换油液，提高过滤精度
	2. 阀芯与阀孔配合间隙过大，泄漏较大	2. 检查磨损、密封情况，并进行修复或更换
流量不稳定	1. 油中杂质粘附在节流口边缘上，通流截面减小，速度减慢；当杂质被冲洗后，通流截面增大，速度又上升	1. 拆洗节流器，清除污物，更换精过滤器。若油液污染严重，应更换油液
	2. 系统温升，油液黏度下降，流量增加，速度上升	2. 采用散热、降温措施或换成带温度补偿的调速阀
	3. 节流阀内、外泄漏较大，流量损失大，不能保证运动速度所需的流量	3. 检查阀芯与阀体间的配合间隙及加工精度，对超差零件进行修复或更换。检查连接部位的密封情况，更换密封圈
	4. 阻尼结构堵塞，系统中进入空气，出现压力波动及跳动现象，使速度不稳定	4. 对有阻尼装置的零件进行清洗，检查排气装置和油液的污染程度或换油
	5. 节流阀负载刚度差，负载变化时，速度也突变（负载增大，速度下降）	5. 检查系统压力和减压阀工作是否正常。同时，也要注意溢流阀的控制作用是否正常

表 7-10 方向控制阀常见故障及排除方法

故障现象	故障分析	排除方法
不能换向	1. 阀的滑动阻力大，润滑不良	1. 进行润滑
	2. O 形密封圈变形	2. 更换密封圈
	3. 杂物卡住滑动部分	3. 清除杂物
	4. 弹簧损坏	4. 更换弹簧
	5. 阀操纵力小	5. 检查阀操作部分
	6. 活塞密封圈磨损	6. 更换密封圈
阀产生振动	1. 电磁阀电源电压低	1. 提高电源电压，使用低电压线圈
交流电磁铁有蜂鸣声	1. 块状活动铁芯密封不良	1. 检查铁芯接触和密封性，必要时更换铁芯组件
	2. 粉尘进入块状、层叠型铁芯的滑动部分，使活动铁芯不能密切接触	2. 清除粉尘
	3. 层叠活动铁芯的铆钉脱落，铁芯叠层分开不能吸合	3. 更换活动铁芯
	4. 电源电压低	4. 提高电源电压
	5. 外部导线拉得太紧	5. 引线应宽裕
电磁铁动作时间偏差大，或有时不能动作	1. 活动铁芯锈蚀，不能移动	1. 铁芯除锈，修理好对外部的密封，更换铁芯组件
	2. 电源电压低	2. 提高电源电压或使用符合电压的线圈
	3. 粉尘等进入活动铁芯的滑动部分，使运动状况恶化	3. 清除粉尘

续表

故障现象	故障分析	排除方法
线圈烧毁	1. 环境温度高	1. 按产品规定温度范围使用
	2. 粉尘夹在阀和铁芯之间，不能吸引活动铁芯	2. 清除粉尘
	3. 线圈上残余电压	3. 使用正常电源电压，使用符合电压的线圈
切断电源活动铁芯不能退回	1. 杂物进入活动铁芯滑动部分	1. 清除杂物

本章在学习、掌握了液压基本回路后，重点介绍了阅读分析液压系统的一般方法和步骤，详细介绍了几种典型液压设备的液压系统。通过本章的学习，要掌握如何阅读分析液压系统，在对设备的功能、执行元件的运动循环、动作间的关系以及设备对液压系统的要求等有明确了解的基础上，按照阅读液压系统的一般方法和步骤进行逐步的分析。依据动作循环，写出每个动作的进、回油路路线，填写电磁铁动作顺序表，分析系统由哪些基本回路组成、每个液压阀都是什么阀、在系统中它们起什么作用，最后看懂整个回路系统。同时还要学会分析和总结液压系统的特点。

本章还介绍了液压系统中的动力元件、执行元件、压力控制阀、流量控制阀、方向控制阀等的常见故障分析及解决方法。这部分内容需要通过实训及工程实践才能更好地掌握。

7-1　YT4543 型动力滑台液压系统有何特点？使用了哪些液压基本回路？各有什么功用？

7-2　分析图 7-5 所示的液压系统：

（1）根据给定液压传动系统及动作循环图填写各电磁铁动作顺序表；

（2）写出①～⑦号液压元件的名称，并说明在系统中的作用；

（3）说明此系统采用何种调速方式；

（4）执行元件完成一个工作循环原位停止后，如不停泵，分析此时泵的工作情况；

（5）对系统在各种工况下的工作情况进行分析。

电磁铁 动作	1YA	2YA	3YA
快进			
工进			
快退			
原位停			

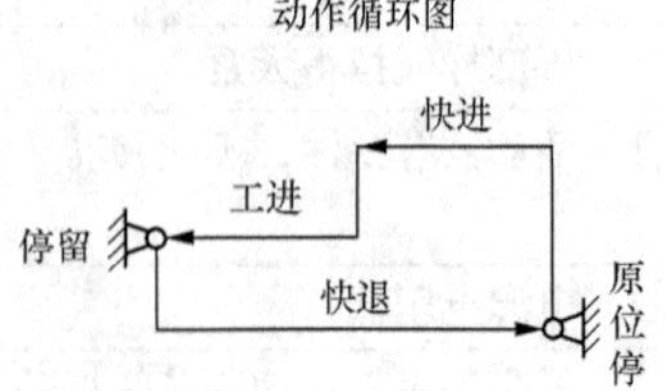

图7-5　题7-2

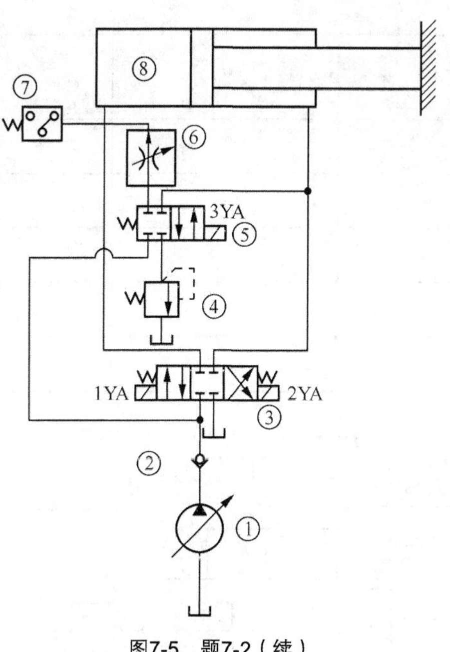

图7-5　题7-2（续）

7-3　图 7-6 所示的液压系统中，如按规定的顺序接受电信号，试列表说明各液压阀和两液压缸的工作状态。

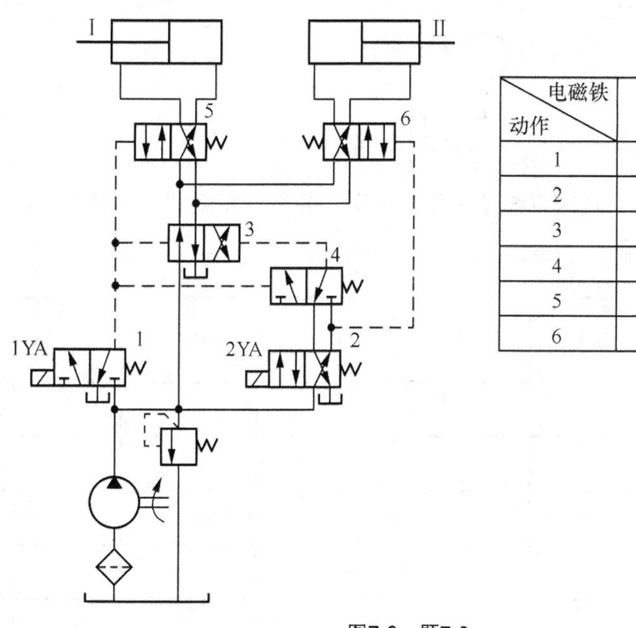

动作＼电磁铁	1YA	2YA
1	−	+
2	−	−
3	+	−
4	+	+
5	+	−
6	−	−

图7-6　题7-3

7-4　图 7-7 所示的专用钻床液压系统，能实现“快进——工进—二工进—快退—原位停止”工作循环。根据工作循环分析专用钻床液压系统，并填写电磁铁动作顺序表（通电用“+”表示，不通电用“−”表示）。

动作 \ 电磁铁	1YA	2YA	3YA	4YA
快进				
一工进				
二工进				
快退				
原位停止				

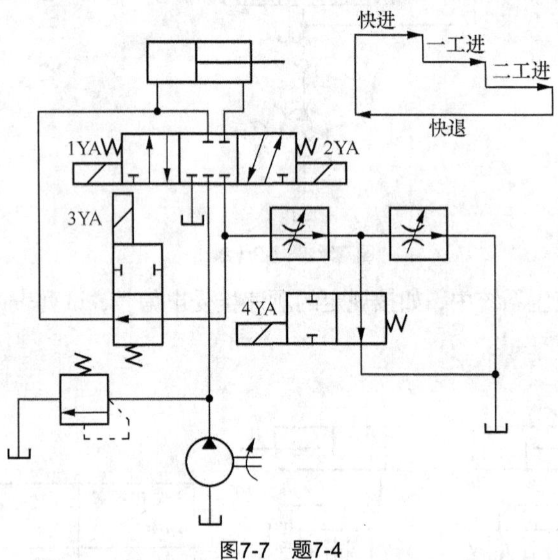

图7-7 题7-4

7-5 根据图 7-8 所示的车床液压系统及工作循环图，分析液压系统，并填写电磁铁动作顺序表（通电用“+”表示，不通电用“−”表示）。

动作 \ 电磁铁	1YA	2YA	3YA	4YA	5YA	6YA
工件夹紧						
横向快进						
横向工进						
纵向工进						
横向快退						
纵向快退						
松开工件						
原位停止						

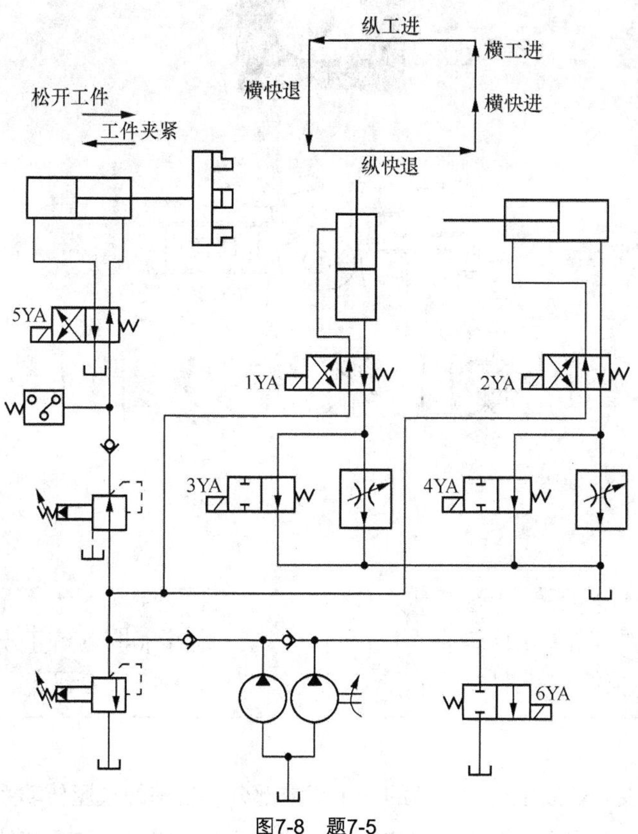

图7-8 题7-5

第8章 液压系统设计

【学习目标】

1. 掌握液压系统设计步骤与计算方法
2. 能够使用液压手册正确选取参数
3. 能够根据系统工况要求选取合适的液压元件
4. 能够根据系统工况要求设计简单的液压系统及合理的液压系统原理图

液压传动系统的设计是液压机械设计的一个组成部分。目前的液压传动系统设计主要采用经验法，即通过调查研究，运用已掌握的知识和经验，依靠分析、对比、选择和估算，最后设计出符合要求的系统。液压系统的设计步骤如下。

（1）明确设计原则和依据。

（2）进行工况分析，确定系统的主要参数。

（3）进行系统方案论证，拟定液压系统原理图。

（4）计算和选择液压元件。

（5）验算液压系统的主要性能。

（6）绘制工作图，编制技术文件。

8.1 液压系统的设计原则和依据

1. 液压系统的设计原则

液压系统的设计原则是：从实际出发，注意吸收国内外先进技术，力求设计出重量轻、体积小、成本低、效率高、结构简单、性能良好及操作方便的液压装置。

2. 液压系统的设计依据

设计要求是进行每项工程设计的依据。在制定基本方案并进一步着手液压系统各部分设计之前，必须把设计要求以及与该设计内容有关的其他方面了解清楚，主要包括以下几方面。

（1）主机的用途、性能、工艺流程、作业环境及总体布局等。

（2）液压系统要完成哪些动作，动作顺序及彼此间的联锁关系等。

（3）液压驱动机构的运动形式及运动速度。

（4）各动作机构的载荷大小及其性质。

（5）对液压系统性能（如工作平稳性、转换精度等）、工作效率、自动化程度等方面的要求。

（6）自动化程序及操作控制方式的要求。

（7）对防尘、防爆、防寒、噪声及安全可靠性的要求。

（8）对效率及成本等方面的要求。

液压系统的工况分析和主要参数的确定

8.2.1 液压系统的工况分析

工况分析的目的是明确在工作循环中执行元件的负载和运动的变化规律，它包括运动分析和负载分析。液压元件在各个阶段的负载组成是不一样的，但总不外乎是工作负载（如切削力、夹紧力、重力等）、惯性负载和阻力负载（如摩擦阻力、密封阻力、背压阻力等）几项。

1. 运动分析

运动分析就是研究工作机构根据工艺要求应以什么样的运动规律完成工作循环，包括对运动速度、行程大小及循环时间长短等方面的研究。为此必须确定执行元件的类型，并绘制位移—时间循环图或速度—时间循环图。

液压执行元件的类型可按表 8-1 进行选择。

表 8-1 液压执行元件的类型

名称	特点	应用场合
双杆活塞缸	双向输出力、输出速度相同，杆受力状态相同	双向工作的往复运动
单杆活塞缸	双向输出力、输出速度不同，杆受力状态不同。差动连接时可实现快速运动	往复不对称直线运动

续表

名称	特点	应用场合
柱塞缸	结构简单	长行程、单向工作
摆动缸	单叶片缸转角小于 300°，双叶片缸转角小于 150°	往复摆动运动
齿轮、叶片马达	结构简单、体积小、惯性小	高速小转矩回转运动
轴向柱塞马达	运动平稳、转矩大、转速范围宽	大转矩回转运动
径向柱塞马达	结构复杂、转矩大、转速低	低速大转矩回转运动

2. 负载分析

负载分析就是通过计算，确定各液压执行元件的负载大小和方向，并分析各执行元件运动过程中的振动、冲击及过载能力等情况。

作用在执行元件上的负载有约束性负载和动力性负载两类。

约束性负载的特征是其方向与执行元件运动方向永远相反，对执行元件起阻止作用，而不会起驱动作用。如固体摩擦阻力、黏性摩擦阻力是约束性负载。

动力性负载的特征是其方向与执行元件的运动方向无关，其数值由外界规律所决定。执行元件承受动力性负载时可能会出现两种情况：一种情况是动力性负载方向与执行元件运动方向相反，起着阻止执行元件运动的作用，称为阻力负载（正负载）；另一种情况是动力性负载方向与执行元件运动方向一致，称为超越负载（负负载或称为反向负载）。超越负载变成驱动执行元件的驱动力。执行元件要维持匀速运动，其中的流体要产生阻力功，形成足够的阻力来平衡超越负载产生的驱动力。这就要求系统应具有平衡和制动功能。重力是一种动力性负载。重力与执行元件运动方向相反时是阻力负载，与执行元件运动方向一致时是超越负载。

对于负载变化规律复杂的系统必须画出负载循环图。不同工作目的的系统，负载分析的着重点不同。例如，对于工程机械的作业机构，着重点为重力在各个位置上的情况，负载图以位置为变量；机床工作台着重点为负载与各工序的时间对应关系。

（1）液压缸的负载计算。一般说来，液压缸承受的动力性负载有工作负载 F_w、惯性负载 F_m、重力负载 F_g，约束性负载有摩擦阻力 F_f、背压负载 F_b、液压缸自身的密封阻力 F_{sf}。即作用在液压缸上的外负载为

$$F = \pm F_w \pm F_m \pm F_f \pm F_g \pm F_b \pm F_{sf} \tag{8-1}$$

① 工作负载 F_w　工作负载与主机的工作性质有关，它可能是定值，也可能是变值。一般工作负载是时间的函数，即 $F_w = f(t)$，需根据具体情况分析决定。

② 惯性负载 F_m　惯性负载是运动部件在启动加速或减速制动过程中产生的惯性力，其值可按牛顿第二定律求出

$$F_m = ma = m\frac{\Delta v}{\Delta t} \tag{8-2}$$

式中，m 为运动部件总质量；a 为加速度；Δv 为 Δt 时间内速度的变化量；Δt 为启动或制动时间，一般机械系统取 0.1～0.5 s，行走机械系统取 0.5～1.5 s，机床运动系统取 0.25～0.5 s，机床进给系统取 0.05～0.2s，工作部件较轻或运动速度较低时取小值。

③ 导向摩擦阻力 F_f　摩擦阻力是指液压缸驱动工作机构所需克服的导轨摩擦阻力，其值与导轨形状、安放位置和工作部件的运动状态有关。

对于平导轨

$$F_f = \mu(mg + F_N) \tag{8-3}$$

对于 V 形导轨

$$F_f = \frac{\mu(mg + F_N)}{\sin(\alpha/2)} \tag{8-4}$$

式中，F_N 为作用在导轨上的垂直载荷；α 为 V 形导轨夹角，通常取 $\alpha = 90°$；μ 为导轨摩擦系数，其值可参阅相关设计手册。

④ 重力负载 F_g　当工作部件垂直或倾斜放置时，自重也是一种负载；当工作部件水平放置时，$F_g = 0$。

⑤ 背压负载 F_b　液压缸运动时还必须克服回油路压力形成的背压阻力 F_b，其值为

$$F_b = p_b A_2 \tag{8-5}$$

式中，A_2 为液压缸回油腔有效工作面积；p_b 为液压缸背压，在液压缸结构参数尚未确定之前，一般按经验数据估计一个数值。系统背压的一般经验数据为：中低压系统或轻载节流调速系统取 0.2～0.5 MPa，回油路有调速阀或背压阀的系统取 0.5～1.5 Mpa，采用补油泵补油的闭式系统取 1.0～1.5 MPa，采用多路阀的复杂中高压工程机械系统取 1.2～3.0 MPa。

⑥液压缸自身的密封阻力 F_{sf}　液压缸工作时还必须克服其内部密封装置产生的摩擦阻力 F_{sf}，其值与密封装置的类型、油液工作压力，特别是液压缸的制造质量有关，计算比较繁琐，一般将它计入液压缸的机械效率 η_m 中考虑，通常取 $\eta_m = 0.90～0.97$。

（2）液压缸运动循环各阶段的负载。液压缸的运动分为启动、加速、恒速、减速制动等阶段，不同阶段的负载计算是不同的。

启动时　$$F = (F_f \pm F_g)/\eta_m \tag{8-6}$$

加速时　$$F = (F_m + F_f \pm F_g + F_b)/\eta_m \tag{8-7}$$

恒速运动时　$$F = (\pm F_w + F_f \pm F_g + F_b)/\eta_m \tag{8-8}$$

减速制动时　$$F = (\pm F_w - F_m + F_f \pm F_g + F_b)/\eta_m \tag{8-9}$$

3. 工作负载图

对复杂的液压系统，如有若干个执行元件同时或分别完成不同的工作循环，则有必要按上述各阶段计算总负载力，并根据上述各阶段的总负载力和它所经历的工作时间 t（或位移 s），按相同的坐标绘制液压缸的负载—时间（F—t）或负载—位移（F—s）图。图 8-1 所示为某机床主液压缸的速度图和负载图。在简单的液压系统中，这两种图可以省略不画。

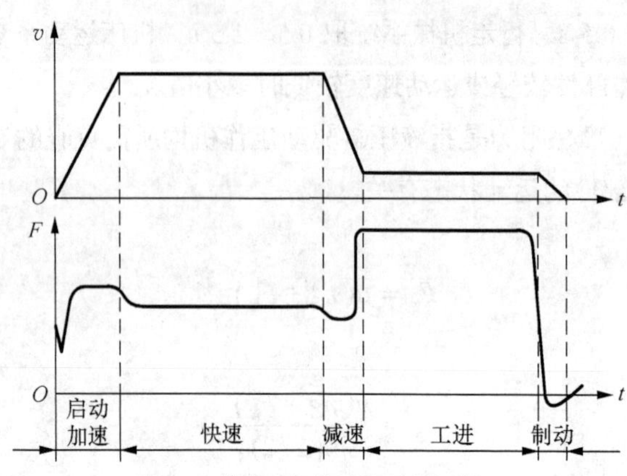

图8-1 某液压缸的速度图和负载图

最大负载值是初步确定执行元件工作压力和结构尺寸的依据。

液压马达的负载力矩分析与液压缸的负载分析相同，只需将上述负载力的计算变换为负载力矩即可。

8.2.2 液压系统主要参数的确定

确定液压系统的主要参数是指确定液压执行元件的工作压力和最大流量。这两个参数是计算和选择元件、辅件和原动机的规格型号的依据。要确定液压系统的压力和流量，首先必须根据各液压执行元件的负载循环图，选定系统工作压力。再根据系统压力，确定液压缸有效工作面积 A 或液压马达的排量 V_M。最后，根据位移—时间循环图（或速度—时间循环图）确定其流量。

1. 系统工作压力的确定

工作压力可以根据执行元件负载图中的最大负载来选取（见表 8-2），也可以根据主机的类型来选取（见表 8-3）。

确定执行元件结构参数的主要依据是工作压力，其大小影响执行元件的尺寸和成本，乃至整个系统的性能。在系统功率一定时，一般选用较高的工作压力，使执行元件和系统的结构紧凑、质量轻、经济性好。但是，若工作压力选得过高，会提高对元件的强度、刚度、密封性和制造精度的要求。不但达不到预期的经济效果，反而会降低元件的容积效率，增加系统发热，降低元件寿命和系统可靠性。反之，若工作压力选得过低，就会增大执行元件及整个系统的尺寸，使结构变得庞大。所以应根据实际情况选取适当的工作压力。

表 8-2 按负载选择系统工作压力

负载（kN）	<5	5～10	10～20	20～30	30～50	>50
系统压力（MPa）	<0.8～1	1.6～2	2.5～3	3～4	4～5	>5～7

表 8-3 按主机类型选择系统工作压力

设备类型	机床					农业机械 汽车工业 小型工程 机械及辅 助机械	工程机械 重型机械 锻压设备 液压支架	船用系统
	磨床	组合机床 牛头刨床 插床 齿轮加工机床	车床 铣床 镗床	珩磨 机床	拉床 龙门刨床			
压力(MPa)	< 2.5	< 6.3	2.5～6.3		< 10	10～16	16～32	14～25

2. 执行元件参数的确定

前述内容初步选定的工作压力当作是执行元件的输入压力 p_1，然后再初步选定执行元件的回油压力 p_2（背压），这样就可以确定执行元件的参数。对于液压缸的主要结构参数（缸径 D、活塞杆径 d）和液压马达的排量 V_M 的计算，详见第 3 章相应计算公式。注意计算所得的数值，应圆整为标准值。

3. 执行元件流量的确定

液压缸（液压马达）的最大流量

$$q_{max} = Av_{max} / \eta_v \text{或} \quad q_{max} = v_M n_{max} / \eta_v \tag{8-10}$$

式中，A 为液压缸的有效面积，当液压缸为差动缸时 $A = A_1 - A_2$；q_{max} 为液压缸（液压马达）所需的最大流量；n_{max} 为液压缸（液压马达）最高转速；η_v 为执行元件的容积效率。

液压缸所需最小流量 q_{min} 按其实际有效工作面积 A 和所要求的最小速度 v_{min} 来计算，即

$$q_{min} = Av_{min} / \eta_v \tag{8-11}$$

液压缸的最小流量 q_{min}，应等于或大于流量阀或变量泵的最小稳定流量。若不满足此要求，则需重新选定液压缸的工作压力，使工作压力低一些，缸的有效工作面积大一些，所需最小流量 q_{min} 也大一些，以满足上述要求。流量阀和变量泵的最小稳定流量，可从产品样本中查到。

4. 执行元件的工况图

液压系统执行元件的工况图如图 8-2 所示。工况图是在执行元件结构参数确定之后，根据设计任务要求，算出它在不同阶段中的实际工作压力、流量和功率之后作出的。工况图包括压力图、流量图和功率图。压力图、流量图是执行元件在运动循环中各阶段的压力与时间或压力与位移，流量与时间或流量与位移的关系图；功率图则是根据压力 p 与流量 q 计算出各循环阶段所需功率，画出功率与时间或功率与位移的关系图。当系统中有多个同时工作的执行元件时，必须把这些执行元件的流量图按系统总的动作循环组合成总流量图。

液压执行元件的工况图是选择系统中其他液压元件和液压基本回路的依据，也是拟定液压系统方案的依据，其原因主要有以下几点。

（1）液压泵和各种控制阀的规格是根据工况图中的最大压力和最大流量选定的。

（2）液压系统中的基本回路及其油源形式主要是根据工况图中不同阶段内的压力和流量变化情况选择出来后，再通过分析比较后确定的。

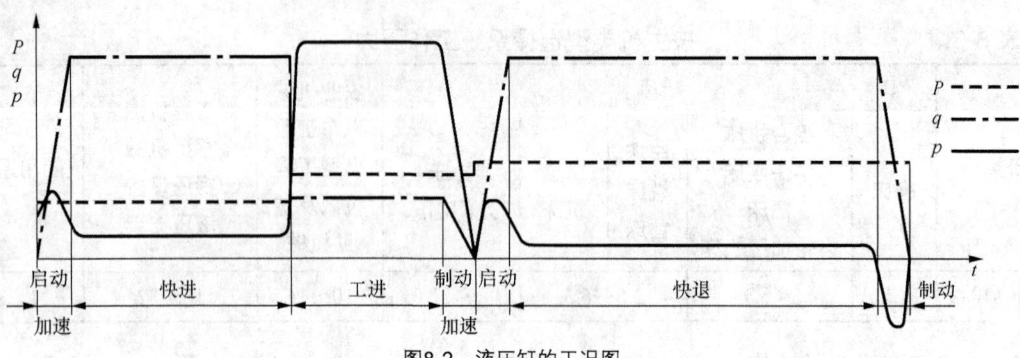

图8-2 液压缸的工况图

（3）将工况图所反映的情况与调研得来的参考方案进行对比，可以对原来设计参数的合理性作出鉴别、对各参数值进行调整。例如，在工艺情况允许的条件下，调整有关工作阶段的时间和速度，以减少所需的功率；当功率分布很不均匀时，适当修整参数，以避开或削减功率“峰值”等。

8.3 液压系统原理图的拟定和方案论证

拟定系统原理图是液压系统设计中最重要的一步。它是从工作原理和结构组成上来具体体现设计任务中的各项要求，不需精确计算和选择元件规格，只需选择功能合适的元件及原理合理的基本回路组合成系统。

一般的方法是选择一种与本系统类似的成熟系统作为基础，对它进行适应性调整或改进，使其成为具有继承性的新系统。如果没有合适的相似系统可借鉴，可参阅设计手册和参考书中有关的基本回路，对其加以综合、完善，构成自己设计的系统原理图。用这种方法拟定系统原理图时，包括确定系统类型、选择回路和组成系统三方面的内容。

1. 选择系统的类型

系统有开式系统和闭式系统两种类型。选择系统的类型主要取决于它的调速方式和散热要求。一般情况下，采用节流调速和容积节流调速的系统、有较大空间放置油箱且不需另设散热装置的系统、要求结构尽可能简单的系统等都宜采用开式系统；采用容积调速的系统、对工作稳定性和效率有较高要求的系统、行走机械上的系统等宜采用闭式系统。

2. 选择液压基本回路

液压基本回路是决定主机动作和性能的基础，是组成系统的骨架。要根据液压系统所需完成的任务和工作机械对液压系统的设计要求来选择液压基本回路。

在拟定液压系统原理图时，应根据各类主机的工作特点和性能要求，先确定对主机主要性能起决定性影响的主要回路，然后再考虑其他辅助回路。例如对于机床液压系统，调速和速度换接回路是主要回路；对于压力机液压系统，调压回路是主要回路；有垂直运动部件的系统要考虑平衡回路；有多个执行元件的系统要考虑顺序动作、同步或回路隔离；有空载运行要求的系统要考虑卸荷回路等。

选择基本回路时，首先要抓住各类机器的液压系统的主要矛盾，如对变速、稳速要求严格的主机，速度的调节、换接和稳定是系统设计的核心；对速度无严格要求，但对输出力、力矩或功率调节有主要要求的机器，功率的调节和分配是系统设计的核心。

压力控制方式的选择主要取决于液压系统的调速方式。节流调速时，多采用调压回路；容积调速或容积节流调速时，则多采用限压回路。卸荷回路的选择，主要由系统功率损失、温升、流量与压力的瞬时变化等因素决定。

3. 液压系统的合成

选定液压基本回路后，配以辅助性回路，如锁紧回路、平衡回路、缓冲回路、控制油路、润滑油路、测压油路等，就可以组成一个完整的液压系统。

合成液压系统时应特别注意以下几点。

（1）防止回路间可能存在的相互干扰。

（2）系统应力求简单，并将作用相同或相近的回路合并，避免存在多余回路。系统要安全可靠，要有安全、联锁等回路，力求控制油路可靠。

（3）组成系统的元件要尽量少，并应尽量采用标准元件，减少自行设计的专用件。

（4）组成系统时还要考虑节省能源，提高效率，减少发热，防止液压冲击。

（5）测压点分布合理。

对可靠性要求高且不允许工作中停机的系统，应采用冗余设计方法，即在系统中设置一些备用的元件和回路，以替换故障元件和回路，保证系统持续可靠运转。

最重要的是，实现给定任务可以有多种多样的系统方案，因此必须进行方案论证。对多个方案，分别从结构、技术、成本、操作、维护等方面进行反复对比，最后组成一个结构完整、技术先进合理、性能优良的液压系统。

8.4 计算和选择液压元件

所谓液压元件的计算，是指计算该液压元件在工作中承受的压力和通过的流量，以便选择元件的规格、型号。此外，还要计算原动机的功率和液压油箱的容量。选择元件时，应尽量选用标准元件。

8.4.1 液压泵的确定与驱动功率的计算

确定液压泵时，要根据系统的工作压力和流量以及系统对泵的性能要求来进行泵的选择。泵选定后，就可计算其所需电动机功率，并根据此功率和泵所需转速选择相应的电动机。

1. 确定液压泵的最大工作压力和流量

液压泵的最大工作压力 p_p 必须等于或超过液压执行元件最大工作压力与进油路上总压力损失这两者之和，按下式计算

$$p_p \geqslant p_{\max} + \sum \Delta p \tag{8-12}$$

式中，$p_{\max}$ 为液压执行元件最大工作压力，由压力（p—t）图选取最大值；$\Sigma \Delta p$ 为从液压泵出口到执行元件入口之间所有沿程压力损失和局部压力损失之和。初算时按经验数据选取：管路简单、管中流速不大时，取 $\Sigma \Delta p = 0.2 \sim 0.5$ MPa；管路复杂、管中流速较大或有调速元件时，取 $\Sigma \Delta p = 0.5 \sim 1.5$ MPa。

液压泵的流量 q_p 必须等于或超过几个同时工作的液压执行元件总流量的最大值与回路中泄漏量这两者之和，按下式计算

$$q_P = K(\sum q)_{\max} \tag{8-13}$$

式中，K 为考虑系统泄漏和溢流阀保持最小溢流量的系数，一般取 $K = 1.1 \sim 1.3$，大流量取小值，小流量取大值；$(\Sigma q)_{\max}$ 为同时工作的执行元件的最大总流量，由流量（q—t）图选取最大值。

选择液压泵时，可以参考液压元件手册，根据液压泵最大工作压力 p_p 选择液压泵的类型，根据液压泵的流量 q_p 选择液压泵的规格。选择液压泵的额定压力时应考虑到动态过程和制造质量等因素，要使液压泵有一定的压力储备。一般泵的额定工作压力应比上述最大工作压力高 20%～60%，泵的额定流量则应与系统所需的最大流量相适应。

2. 确定原动机的功率

液压泵在额定压力和额定流量下工作时，其驱动电机的功率可从元件手册中查到。此外，也可根据具体工况计算。电动机的转速应与泵的转速匹配。

在工作循环中，当液压泵的压力和功率变化较小时，液压泵所需的驱动功率为

$$P_p = p_p q_p / \eta_p \tag{8-14}$$

式中，η_p 为液压泵的总效率，齿轮泵 $\eta_p = 0.6 \sim 0.8$，叶片泵 $\eta_p = 0.7 \sim 0.8$，柱塞泵 $\eta_p = 0.8 \sim 0.85$。具体数值可参阅产品样本。

限压式变量叶片泵的驱动功率，可按泵的实际流量—压力特性曲线拐点处的功率来计算。

在工作循环过程中，当液压泵的压力和功率变化较大时，应分别计算出工作循环中各个阶段所需的驱动功率，然后求其均方根值即可得到液压泵所需的驱动功率

$$P_p = \sqrt{\frac{P_1^2 t_1 + P_2^2 t_2 + \cdots + P_n^2 t_n}{t_1 + t_2 + \cdots t_n}} \tag{8-15}$$

式中，P_1、P_2、$\cdots P_n$ 为一个工作循环中，每个工作阶段所需的功率（W）；t_1、t_2、$\cdots t_n$ 为一个工

作循环中，每个工作阶段所需的工作的时间（s）。

在选择电动机时，应将求得的平均功率值与各工作阶段的最大功率值比较。若电动机的超载量在允许范围之内（一般允许短时超载 25%），则按平均功率选择电动机；否则应按最大功率选择电动机。

8.4.2 液压控制阀的选择

阀类元件的规格应按阀所在回路的最大工作压力和通过该阀的最大流量，从产品样本中选定。选用阀类元件时应考虑其结构形式、特性、压力等级、连接方式、集成方式及操作方式等。

选择压力控制阀时，应考虑压力阀的压力调节范围、流量变化范围、所要求的压力灵敏度和平稳性等。特别是溢流阀的额定流量必须满足液压泵最大流量的要求。

选择流量控制阀时，应考虑流量阀的流量调节范围、流量—压力特性、最小稳定流量、压力补偿要求或温度补偿要求，以及对油液过滤精度的要求，同进还应考虑阀进、出口压差大小及阀内泄漏量的大小等。

选择方向控制阀时，应考虑方向阀的换向频率、响应时间、操作方式、滑阀机能、阀口压力损失及阀内泄漏量的大小等。对于单杆液压缸系统，若无杆腔有效作用面积为有杆腔有效作用面积的几倍，当有杆腔进油时，则回油流量为进油流量的几倍，此时，应以几倍的流量来选择方向控制阀。

通过各类阀件的实际流量最多不应超过其公称流量的 120%，以免引起发热、噪声和过大的压降损失。

8.4.3 液压辅件的计算与选择

1. 确定管道尺寸

管道的尺寸取决于需要通过的最大流量和管中允许的流速。

（1）管内油液的推荐流速。对于液压泵吸油管道一般取 1 m/s 以下；系统压力管道一般取 3～6 m/s，压力高、管道短、黏度小时取大值；系统回油管道一般取 1.5～2.6 m/s。

（2）管道内径的计算。

$$d \geqslant \sqrt{\frac{4q}{\pi v}} \tag{8-16}$$

式中，d 为管道内径；q 为通过管道油液的流量；v 为管内油液的流速，按推荐流速选取。

（3）管道壁厚的计算。

$$\delta \geqslant \frac{pd}{2[\sigma]} \tag{8-17}$$

式中，δ 为金属管壁厚；d 为管道内径；p 为工作压力；$[\sigma]$为许用应力，对于钢管，$[\sigma]=\frac{\sigma_b}{n}$（$\sigma_b$ 为抗拉强度，n 为安全系数，当 p 在 7～17.5 MPa 之间时，取 $n=6$；当 $p>17.5$ MPa 时，取 $n=4$）；对于铜管，取$[\sigma]\leqslant 25$ MPa。

计算出管道内径和壁厚之后，应按标准选取相应规格的油管。

在实际设计中，管道通常按选定液压元件油口的大小及管接头尺寸来确定其尺寸。

2. 确定油箱容量

液压系统的散热主要依靠油箱，油箱大，散热快，但占地面积大；油箱小，则油温较高。初始设计时油箱容量估算的经验公式为：

$$V=\alpha q_P \tag{8-18}$$

式中，V 为油箱的容积（L）；q_P 为液压泵的总额定流量（L/min）；对于低压系统，取 α =2～4min，对于中压系统，取 α =5～7 min，对于中、高压或高压大功率系统，取 α=6～12 min。

系统设计完成后，可参阅液压设计手册按散热或温升要求进行油箱容积的验算。

过滤器、蓄能器和冷却器的选择可参阅液压设计手册。

8.5 液压系统性能验算

液压系统设计完成后，验算液压系统性能的目的在于判别设计的质量，或从几种方案中评出最佳设计方案。

液压系统性能的验算主要是计算系统压力损失，调整压力、泄漏量、系统效率、系统温升、运动平稳性等。这里只介绍系统压力损失和温升的验算，其他验算可参阅液压设计手册。

8.5.1 液压系统压力损失验算

选定了液压元件的规格及管道、过滤器等辅件，确定了安装方式，绘制出管路安装图之后，就可以对管路系统的总压力损失进行验算。总压力损失包括管道的沿程压力损失、局部压力损失和各种液压控制阀的局部压力损失 3 项。管道内的压力损失可用第 1 章中的相关公式估算；阀类元件处的局部损失则须从产品样本中查出。当通过阀类元件的实际流量 q 不是其公称流量 q_n 时，它的实际压力损失 Δp 与其额定压力损失 Δp_n 将呈如下的近似关系。

$$\Delta p = \Delta p_n (\frac{q}{q_n})^2 \tag{8-19}$$

计算液压系统的回路压力损失时，不同的工作阶段要分开来计算。回油路的压力损失一般都是折算到进油路上去的。根据回路压力损失估算出来的压力阀的调整压力和回路的效率，对于不同方案的对比来说都具有参考价值，但在进行这些估算时，回路中的油管布置情况必须已明确。

液压泵应有一定的压力储备量。如果计算出的系统调整压力大于液压泵额定压力的 75%，则应该重新选择元件规格和管道尺寸，减小压力损失，或者另选额定压力较高的液压泵。

8.5.2 液压系统发热和温升验算

液压系统中各种能量损失都转化为热量，使油温升高。系统连续工作一段时间后，产生的热量和散发到空气中的热量平衡时，系统油温不再升高，此时的油温应不超过允许值。油温超过允许值时，必须采取适当的冷却措施或修改液压系统的设计。

1. 液压系统的发热功率

液压系统发热的原因，主要是液压泵和执行元件的功率损失、管道的压力损失及溢流阀的溢流损失。管道的发热较少，与它自身的散热基本平衡，可以忽略不计。

（1）液压泵的损失功率为

$$\Delta P_p = \frac{1}{T}\sum_{i=1}^{n} P_{pi}(1-\eta_{pi})t_i \tag{8-20}$$

式中，P_{pi}为各液压泵的输入功率，η_{pi}为各液压泵的总效率，t_i为各液压泵的运行时间，T为工作周期，n为液压泵数量。

（2）液压执行元件的损失功率为

$$\Delta P_2 = \frac{1}{T}\sum_{j=1}^{m} P_{2j}(1-\eta_{2j})t_j \tag{8-21}$$

式中，P_{2j}为各执行元件的输入功率，η_{2j}为各执行元件的总效率，t_j为各执行元件的运行时间，m为执行元件数量。

（3）溢流阀的损失功率为

$$\Delta P_y = \sum_{i=1}^{k} p_{yi} q_{yi} \tag{8-22}$$

式中，p_{yi}为各溢流阀的调整压力，q_{yi}为各溢流阀的溢流量，k为溢流阀数量。

（4）节流功率损失为

$$\Delta P_j = \sum_{i=1}^{k} \Delta p_{ji} q_{ji} \tag{8-23}$$

式中，Δp_{ji}为各流量阀进出口压差，q_{ji}为通过各流量阀的流量，k为流量阀数量。

（5）液压系统的发热功率为

$$\Delta P = \Delta P_p + \Delta P_2 + \Delta P_y + \Delta P_j \tag{8-24}$$

液压系统的发热功率也可以用下面的公式进行估算：

$$\Delta P = P_i - P_o \quad 或 \quad \Delta P = P_i(1-\eta) \tag{8-25}$$

式中，P_i为各液压泵输入的总功率；P_o为各执行元件输出的总功率；η为系统效率，包括泵效率、回路效率和执行元件效率。

2. 液压系统的散热功率

液压系统中产生的热量由系统中的各散热面散发到空气中去，其中油箱是最主要的散热面。当只考虑油箱的散热时，则液压系统的散热功率为

$$P_c = KA\Delta T \tag{8-26}$$

式中，ΔT 为油温与环境温度之差（℃）；A 为油箱散热面积（m^2）；K 为油箱散热系数（$W/m^2 \cdot ℃$），其值按表 8-4 选择。

表 8-4 油箱散热系数 K 值

散热条件	通风条件较差	通风条件良好	用风扇冷却	循环水强制冷却
散热系数	8～9	15～17	23	110～175

3. 系统温升计算

当液压系统的发热功率 ΔP 与油箱的散热功率 P_c 相等时，系统处于热平衡状态。此时，系统温升为

$$\Delta T = \frac{\Delta P}{KA} \tag{8-27}$$

按上式计算出的温升，不应超过允许的温升值。一般机床液压系统取 ΔT 不超过 25～30℃；一般低、中压系统正常工作油温为 30～55℃，最高不允许超过 70℃；高压系统正常工作油温为 50～80℃，最高不允许超过 90℃，可取 ΔT 不超过 35～40℃。

8.6 绘制正式工作图、编制技术文件

经过对液压系统性能的验算和必要的修改之后，便可绘制正式工作图，它包括正式的液压系统原理图、液压站装配图（包括油箱装配图、液压泵机架、集成块装配图等）、液压装置的总体结构图、管路布置图以及各种非标准元件的零件图等。

正式液压系统原理图上要标明各液压元件的型号规格。对于自动化程度较高的机床，还应包括运动部件的运动循环图和电磁铁、压力继电器的工作状态。

在管路安装图中应画出各油管的走向，固定装置结构，各种管接头的形式、规格等。自行设计的非标准件，应绘出装配图和零件图。编写的技术文件包括设计计算书，使用维护说明书，专用件、通用件、标准件、外购件明细表以及试验大纲等。

8.7 液压系统设计计算实例

本节以一台单面多轴钻孔组合机床为例，要求设计出驱动它的动力滑台的液压系统，以实现“快进→工进→快退→原位停止”的工作循环。已知：该钻孔组合机床主轴箱上有 16 根主轴，加工 14 个 ϕ13.9 mm 的孔和 2 个 ϕ8.5 mm 的孔；刀具为高速钢钻头，工件材料是硬度为 HB240 的铸铁件；

机床工作部件总重量为 $G = 9\,810$ N，快进、快退速度为 $v_1 = v_3 = 7$ m/min，快进行程长度为 $l_1 = 100$mm，工进行程长度为 $l_2 = 50$mm，往复运动的加速、减速时间希望不超过 0.2s；液压动力滑台采用平导轨，其静摩擦系数为 $f_s = 0.2$，动摩擦系数为 $f_d = 0.1$；液压系统中的执行元件使用液压缸。

液压系统的设计过程如下。

8.7.1 负载分析

1. 工作负载

由切削原理可知，高速钢钻头钻铸铁孔的轴向切削力 F_t（N）与钻头直径 D（mm）、每转进给量 s（mm/r）和铸件硬度 HB 之间的经验计算式为

$$F_t = 25.5Ds^{0.8}(HB)^{0.6} \tag{8-28}$$

根据组合机床加工的特点，钻孔时的主轴转速 n 和每转进给量 s 可选用下列数值：

对 ϕ13.9 mm 的孔来说　　$n_1 = 360$ r/min，$s_1 = 0.147$ mm/r

对 ϕ8.5 mm 的孔来说　　$n_2 = 550$ r/min，$s_2 = 0.096$ mm/r

根据式（8-28），得到

$$F_t = 14\times25.5\times13.9\times0.147^{0.8}\times240^{0.6} + 2\times25.5\times8.5\times0.096^{0.8} = 30468\text{（N）}$$

2. 惯性负载

$$F_m = (\frac{G}{g})(\frac{\Delta v}{\Delta t}) = \frac{9\,810}{9.81}\times\frac{7}{60\times0.2} = 583\text{（N）}$$

3. 阻力负载

静摩擦阻力　　$F_{fs} = 0.2\times9\,810 = 1962$（N）

动摩擦阻力　　$F_{fd} = 0.1\times9\,810 = 981$（N）

液压缸的机械效率取 $\eta_m = 0.9$，由此得出液压缸在各工作阶段的负载如表 8-5 所示。

4. 负载图和速度图的绘制

负载图按上面计算的数值绘制，如图 8-3（a）所示。

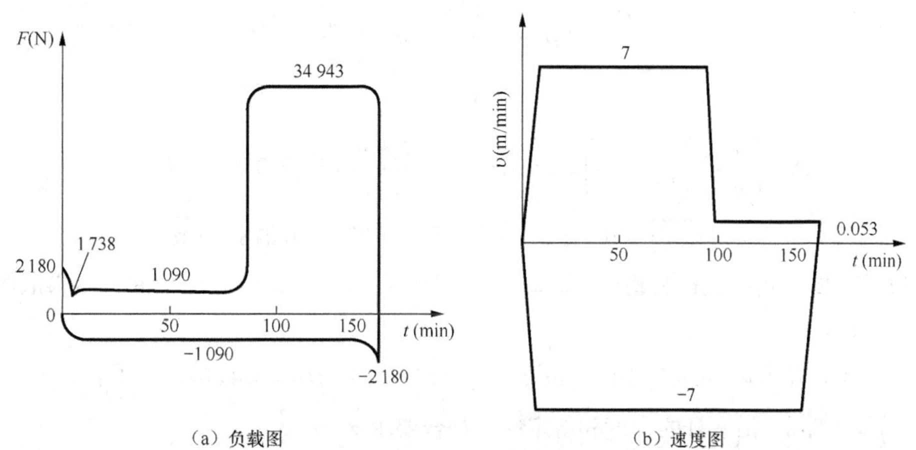

（a）负载图　　（b）速度图

图8-3　组合机床液压缸的负载图和速度图

已知快进行程 $l_1 = 100$ mm，工进行程 $l_2 = 50$ mm，快退行程 $l_3 = l_1 + l_2 = 150$ mm。速度图则按已

知数值 $v_1 = v_3 = 7\text{m/min}$ 和工进速度 v_2 等绘制，如图 8-3（b）所示。其中 v_2 由主轴转速及每转进给量求出，即 $v_2 = n_1 s_1 = n_2 s_2 \approx 0.053\ \text{m/min}$。

表 8-5　　液压缸在各工作阶段的负载值

工况	负载组成	负载值 F（N）	推力 $\frac{F}{\eta_m}$（N）
启　动	$F = F_{fs}$	1 962	2 180
加　速	$F = F_{fd} + F_m$	1 564	1 500
快　进	$F = F_{fd}$	981	1 090
工　进	$F = F_{fd} + F_t$	31 449	34 943
快　退	$F = F_{fd}$	981	1 090

注：1. 液压缸的机械效率 $\eta_m=0.2$；

2. 不考虑动力滑台上颠覆力矩的作用。

8.7.2 液压缸主要参数的确定

由表 8-2（按负载选定工作压力）及表 8-3（按主机类型选择系统压力）可知，组合机床液压系统在最大负载约为 35 000 N 时宜取 $p_1 = 4\ \text{MPa}$。

鉴于动力滑台要求快进、快退速度相等，这里的液压缸可选用单杆式的，并在快进时作差动连接。在这种情况下，液压缸无杆腔工作面积 A_1 应取为有杆腔工作面积 A_2 的两倍，即活塞杆直径 d 与缸筒直径 D 为 $d = 0.707D$ 的关系。

在钻孔加工时，液压缸回油路上必须具有背压 p_2，以防孔被钻通时滑台突然前冲。根据经验，取 $p_2 = 0.8\ \text{MPa}$。快进时液压缸虽作差动连接，但由于油管中有压差 Δp 存在，有杆腔的压力必须大于无杆腔，估算时可取 $\Delta p \approx 0.5\ \text{MPa}$。快退时回油腔中也是有背压的，这时 p_2 亦可按 0.5 MPa 估算。

由工进时的推力计算液压缸面积

$$\frac{F}{\eta_m} = A_1 p_1 - A_2 p_2 = A_1 p_1 - \left(\frac{A_1}{2}\right) p_2$$

故有

$$A_1 = \left(\frac{F}{\eta_m}\right) \Big/ \left(p_1 - \frac{p_2}{2}\right) = 34\,943 \Big/ \left[\left(4 - \frac{0.8}{2}\right) \times 10^6\right] = 0.009\,7\ (\text{m}^2)$$

$$D = \sqrt{4A_1/\pi} = 0.111\,2\ (\text{m}),\quad d = 0.707D = 0.078\,6\ (\text{m})$$

按 GB/T2348 将这些直径圆整成标准值，为：$D = 110\ \text{mm}$，$d = 80\ \text{mm}$。由此求得液压缸两腔的实际有效面积为

$$A_1 = \pi D^2/4 = 9.503 \times 10^{-3}\ (\text{m}^2),\quad A_2 = \pi\left(D^2 - d^2\right)/4 = 4.477 \times 10^{-3}\ (\text{m}^2)$$

经过验算（略），活塞杆的强度和稳定性均符合要求。

根据上述 D 与 d 的值，可估算液压缸在各个工作阶段中的压力、流量和功率，如表 8-6 所示，并据此绘出工况图，如图 8-4 所示。

表 8-6　　液压缸在不同工作阶段的压力、流量和功率值

工况		负载 F (N)	回油腔压力 p_2 (MPa)	进油腔压力 p_1 (MPa)	输入流量 q (L/min)	输入功率 P (kW)	计算式
快进（差动）	启动	2 180	0	0.434	—	—	$p_1=(F+A_2\Delta p)/(A_1-A_2)$ $q=(A_1-A_2)v_1$ $P=p_1q$
	回速	1 738	$p_2=p_1+\Delta p$ (Δp=0.5 MPa)	0.791	—	—	
	恒速	1 090		0.662	35.19	0.39	
工进		34 943	0.8	4.054	0.5	0.034	$p_1=(F+p_2A_2)/A_1$ $q=A_1v_2$ $P=p_1q$
快退	启动	2 180	0	0.487	—	—	$p_1=(F+p_2A_1)/A_2$ $q=A_2v_2$ $P=p_1q$
	加速	1 738	0.5	1.45	—	—	
	恒速	1 090		1.305	31.34	0.68	

8.7.3　液压系统图的拟定

1. 液压回路的选择

（1）调速回路的选择。由图 8-4 可知，这台机床液压系统的功率小，滑台运动速度低，工作负载变化小，可采用进油路节流的调速形式。为了解决进油路节流调速回路在孔钻通时的滑台突然前冲现象，回油路上要设置背压阀。

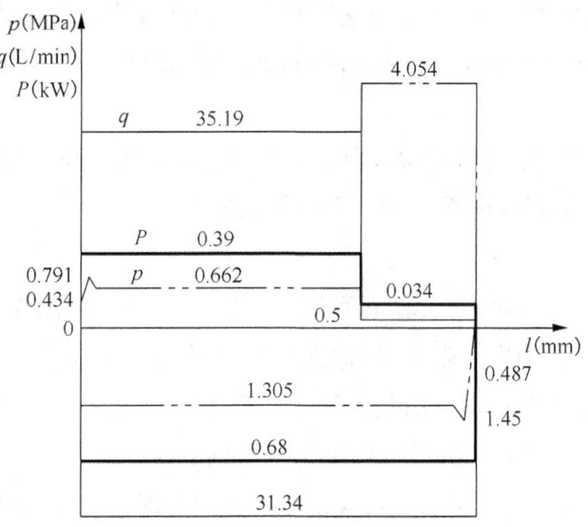

图8-4　组合机床液压缸工况图

由于液压系统选用了进油路节流调速的方式，系统中油液的循环必然是开式的。从工况图中可以清楚地看到，在这个液压系统的工作循环内，液压缸交替地要求油源提供低压大流量和高压小流量的油液。最大流量与最小流量之比约为 70，而快进、快退所需的时间 t_1 和工进所需的时间 t_2 分别为：

$$t_1=\frac{l_1}{v_1}+\frac{l_3}{v_3}=\frac{60\times100}{7\times100}+\frac{60\times150}{7\times1\,000}=2.14(\text{s})$$

$$t_2=\frac{l_2}{v_2}=\frac{60\times50}{0.053\times1\,000}=56.6(\text{s})$$

亦即$\frac{t_2}{t_1}\approx 26$。因此从提高系统效率、节省能量的角度来看，采用单个定量泵作为油源显然是不合理的，宜采用双泵供油系统，或者采用限压式变量泵加调速阀组成的容积节流调速系统。这里决定采用双泵供油回路，如图 8-5（a）所示。

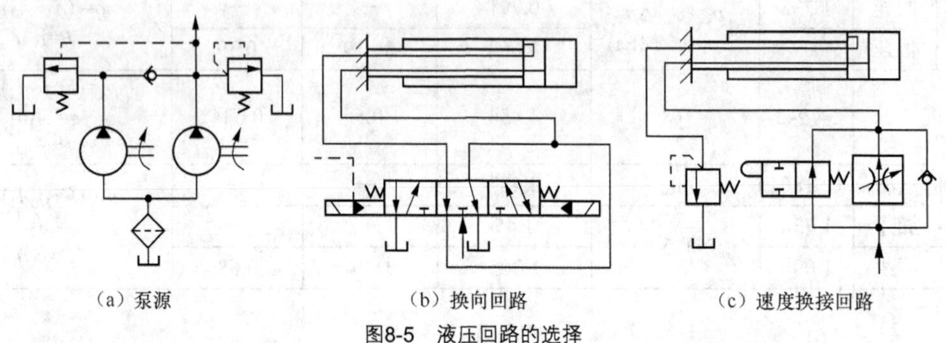

（a）泵源　（b）换向回路　（c）速度换接回路

图8-5　液压回路的选择

（2）快速运动和换向回路的选择。系统中采用节流调速回路后，不管采用什么油源形式都必须有单独的油路直接通向液压缸两腔，以实现快速运动。在本系统中，单杆液压缸要作差动连接，而且当滑台由工进转为快退时，回路中通过的流量很大：进油路中通过 31.34L/min，回油路中通过 31.34 ×（95.03/44.77）= 66.50L/min。为了保证换向平稳，采用电液换向阀式换接回路，其快进快退换向回路应采用图 8-5（b）所示的形式。由于这一回路要实现液压缸的差动连接，换向阀必须是五通的。

（3）速度换接回路的选择。由工况图 8-4 中的 q—l 曲线可知，当滑台从快进转为工进时，输入液压缸的流量由 35.19L/min 降为 0.5L/min，滑台的速度变化较大，宜选用行程阀来控制速度的换接，以减少液压冲击，如图 8-5（c）所示。

（4）压力控制回路的选择。系统的调压问题已在油源中解决。卸荷问题如采用中位机能为 Y 型的三位换向阀来实现，就不需再设置专用的元件或油路。

2．液压回路的综合

把上面选择的各种回路组合画在一起，就可以得到图 8-6 所示的未设置虚线圆框内元件时的系统原理图。将此图仔细检查一遍，可以发现，这个原理图在工作中还存在问题，必须进行如下的修改和整理。

（1）为了解决滑台工进时图中进油路、回油路相互接通，无法建立压力的问题，必须在液动换向回路中串接一个单向阀 a，将工进时的进油路、回油路隔断。

（2）为了解决滑台快速前进时回油路接通油箱，无法实现液压缸差动连接的问题，必须在回油路上串接一个液控顺序阀 b，以阻止油液在快进阶段返回油箱。

（3）为了解决机床停止工作时系统中的油液流回油箱，导致空气进入系统，影响滑台运动平稳性的问题，另外考虑到电液换向阀的启动问题，必须在电液换向阀的出口处增设一个单向阀 c。在泵卸荷时，使电液换向阀的控制油路保持满足换向要求的压力。

（4）为了便于系统自动发出快速退回信号，在调速阀输出端需增设一个压力继电器 d。

（5）如果将顺序阀 b 和背压阀的位置对调一下，就可以将顺序阀与油源处的卸荷阀合并。经过修改、整理后的液压系统原理图如图 8-7 所示。

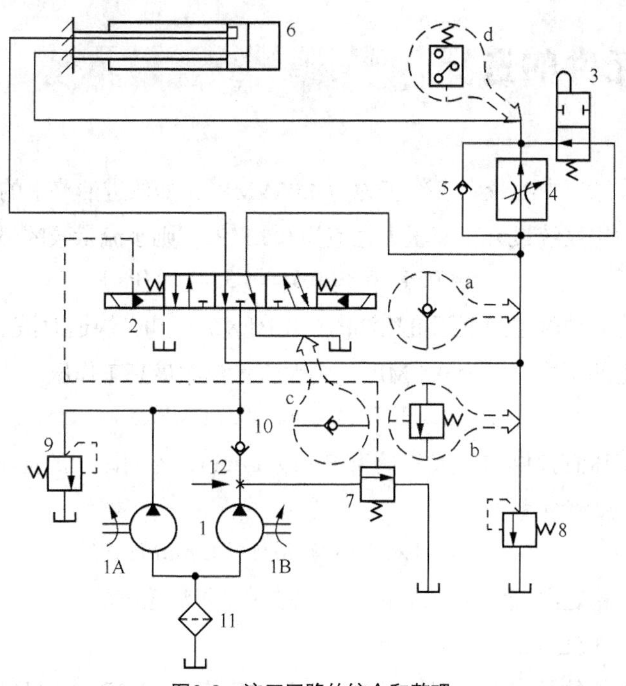

图8-6 液压回路的综合和整理

1—双联叶片泵（1A—小流量泵 1B—大流量泵）；2—电液换向阀；3—行程阀；4—调速阀；5—单向阀；6—液压缸；7—卸荷阀；8—背压阀；9—溢流阀；10—单向阀；11—过滤器；12—压力表开关；a—单向阀；b—顺序阀；c—单向阀；d—压力继电器

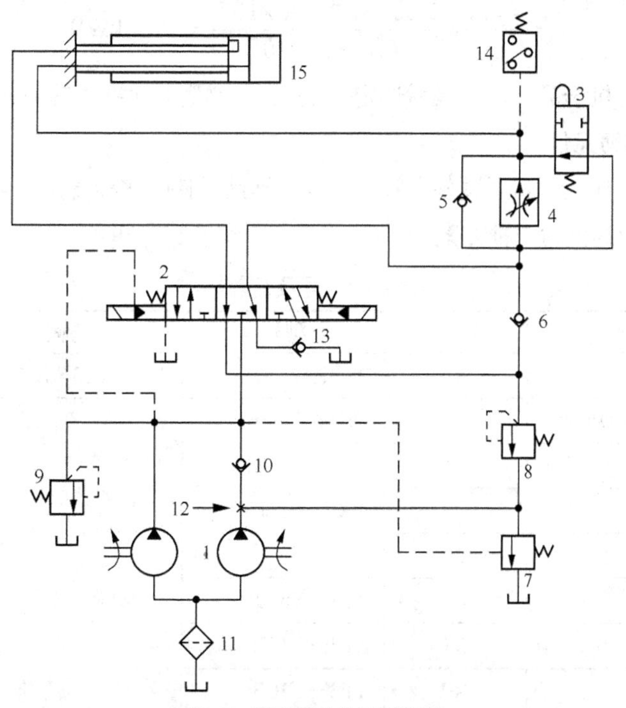

图8-7 整理后的液压系统图

1—双联叶片泵；2—三位五通电液换向阀；3—行程阀；4—调速阀；5—单向阀；6—单向阀；7—液控顺序阀；8—背压阀；9—溢流阀；10—单向阀；11—过滤器；12—压力表开关；13—单向阀；14—压力继电器；15—液压缸

8.7.4 液压元件的选择

1. 液压泵

液压缸在整个工作循环中的最大工作压力为 4.054 MPa，如取进油路上的压力损失为 0.8 MPa，压力继电器调整压力高出系统最大工作压力之值为 0.5 MPa，则小流量泵的最大工作压力应为

$$p_{p1}=(4.054+0.8+0.5)=5.354\text{（MPa）}$$

大流量泵是在快速运动时才向液压缸输油的，由图 8-7 可知，快退时液压缸中的工作压力比快进时大，如取进油路上的压力损失为 0.5 MPa，则大流量泵的最高工作压力为

$$p_{p2}=(1.305+0.5)=1.805\text{（MPa）}$$

两个液压泵应向液压缸提供的最大流量为 35.19 L/min，若回路中的泄漏按液压缸输入流量的 10%估计，则两个泵的总流量为

$$q_p=1.1\times35.19=38.71\text{（L/min）}$$

由于溢流阀的最小稳定溢流量为 3L/min，而工进时输入流压缸的流量为 0.5L/min，所以小流量泵的流量规格最少应为 3.5L/min。

根据以上压力和流量的数值查阅产品目录，最后确定选取 PV2R12 型双联叶片泵。

由于液压缸在快退时输入功率最大，相当于液压泵输出压力 1.805 MPa、流量 40L/min 时的情况。如取双联叶片泵的总效率为 $\eta_P=0.75$，则液压泵驱动电机的功率为

$$P=\frac{p_p q_p}{\eta_p}=\frac{1.805\times10^6\times40\times10^{-3}}{0.75\times60\times10^3}=1.6\text{（kW）}$$

根据此数值查阅电机产品目录，最后选定 JO2—32—6 型电动机，其额定功率为 2.2kW。

2. 阀类元件及辅助元件

根据液压系统的工作压力和通过各个阀类元件和辅助元件的实际流量，可选出这些元件的型号及规格。表 8-7 所示为选出的一种方案。

表 8-7 元件的型号及规格

序号	元件名称	流量	型号	规格	生产厂家
1	双联叶片泵	—	PV2R12	14 MPa，36 和 6 L/min	阜新液压件厂
2	三位五通电液换向阀	75	35DY3Y—E10B	16 MPa，通径 10	高行液压件厂
3	行程阀	84	AXQF—E10B		
4	调速阀	<1			
5	单向阀	75			
6	单向阀	44	AF3—En10B		
7	液控顺序阀	35	XF3—E10B		
8	背压阀	<1	YF3—E10B		
9	溢流阀	35	AF3—E10B		
10	单向阀	35	AF3—En10B		

续表

序号	元件名称	流量	型号	规格	生产厂家
11	过滤器	40	YYL—105—10	21 MPa,90 L/min	新乡 116 厂
12	压力表开关	—	KF3—E3B	16 MPa，3 测点	无锡穆格公司
13	单向阀	75	AF3—Ea20B	16 MPa,通径 20	高行液压件厂
14	压力继电器	—	PF—B8C	14 MPa,通径 8	榆次液压件厂

注：表中序号与图 8-7 的元件序号相同。

3. 油管

各元件间连接管道的规格，一般按元件接口处尺寸确定。液压缸进、出油管则按输入、排出的最大流量计算。由于液压泵具体选定之后液压缸在各个阶段的进、出流量已与原定数值不同，所以要重新计算，如表 8-8 所示。

根据这些数值，当油液在压力管中流速取 3m/min 时，按下式算得和液压缸无杆腔及和有杆腔相连的油管内径分别为

$$d_1 = 2\sqrt{(79.43\times10^6)/(\pi\times3\times10^3\times60)} = 23.7(\text{mm})$$

$$d_2 = 2\sqrt{(42\times10^6)/(\pi\times3\times10^3\times60)} = 17.2(\text{mm})$$

这两根油管按标准，选用内径 20 mm、外径 28 mm 的无缝钢管。

表 8-8 液压缸的进、出流量

	快进	工进	快退
输入流量（L/min）	$q_1=(A_1q_p)/(A_1-A_2)=$ $(95\times42)/(95-4.77)=79.43$	$q_1=0.5$	$q_1=q_p=42$
排出流量（L/min）	$q_2=(A_2q_1)/A_1=(44.77\times79.43)/$ $95=37.43$	$q_2=(A_2q_1)/A_1=$ $(0.5\times44.77)/95=0.24$	$q_2=(A_1q_1)/A_2=$ $(42\times95)/44.77=89.12$
运动速度（m/min）	$v_1=q_p/(A_1-A_2)=$ $(42\times10)/(95-44.77)=8.36$	$v_2=q_1/A_1=(0.5\times10)/95=0.053$	$v_3=q_1/A_2=42\times10/44.77=9.38$

4. 油箱

油箱容积估算，当取 α 为 6 时，求得其容积为 $V=6\times40=240$ L，按 GB2876 规定，取最接近的标准值 $V=250$ L。

8.7.5 液压系统的性能验算

1. 回路压力损失验算

由于系统的具体管路布置尚未确定，整个回路的压力损失无法估算，仅只阀类元件对压力损失所造成的影响可以看得出来的，供调定系统中某些压力值时参考，这里估算从略。

2. 油液升温验算

工进时在整个工作循环中所占的时间比例达 96%，所以系统发热和油液温升可用工进时的状况来计算。

工进时液压缸的有效功率为

$$P_o = p_2 q_2 = Fv = \frac{31\,449 \times 0.053}{60 \times 10^3} = 0.027\,8\ (\text{kW})$$

这时，大流量泵通过液控顺序阀 7 卸荷，小流量泵在高压下供油，所以两个泵的总输出功率为

$$P_i = \frac{p_{p1}q_{p1} + p_{p2}q_{p2}}{\eta_p} = \frac{0.3 \times 10^6 \times 36 \times 10^{-3} + 4.978 \times 10^6 \times 6 \times 10^{-3}}{0.75 \times 60 \times 10^3} = 0.74\ (\text{kW})$$

由此得液压系统的发热量为

$$\Delta P = P_i - P_o = 0.71\ (\text{kW})$$

求油液温升近似值。当通风良好时，取散热系数 $K = 16$，则油液温升为

$$\Delta T = \frac{\Delta P}{KA} = 18\ ℃$$

温升没有超出允许范围，液压系统中不需要设置冷却器。

本章小结

本章主要讲述了液压传动系统设计的原则和依据、工况分析和主要参数的确定、系统原理图的拟定和方案论证、液压元件的计算和选择、系统性能验算等。最后通过一个单面多轴钻孔组合机床液压传动系统的设计计算实例，详细说明了液压传动系统设计的方法和步骤。

本章是液压传动部分的综合应用，重点应掌握液压系统设计方法与步骤，并能够根据设备的原始参数及工况要求选择合适的液压元件及回路，并会进行必要的计算分析。

思考与习题

8-1 设计液压系统一般经过哪些步骤？

8-2 如何拟定液压系统原理图？

8-3 一台专用铣床，铣头驱动电动机功率为 7.5 kW，铣刀直径为 120 mm，转速为 350 r/min。工作行程为 400 mm，快进、快退速度为 6 m/min，工进速度为 60～1 000 m/min,加、减速时间为 0.05 s。工作台水平放置，导轨摩擦系数为 0.1，运动部件总重量为 4 000 N。试设计该机床的液压系统。

第9章

气压传动技术

【学习目标】

1. 熟悉气压传动系统的组成及特点
2. 掌握主要气动元件的工作原理、图形符号、结构形式及作用
3. 理解并掌握典型气动系统的工作原理
4. 了解气动系统的设计、安装、调试与故障分析方法

气压传动与液压传动的工作原理和系统组成相同，但因其工作介质不同，气压传动与液压传动又有着显著差异。气压传动的工作介质是取之不尽的空气，流动损失小，可集中供气，适于远距离输送，废气排放处理方便、无污染、成本低。由于空气具有可压缩性，气动执行元件的动作稳定性差。

9.1 气压传动概述

9.1.1 气压传动系统的工作原理及组成

1. 气压传动系统的工作原理

气压传动是以压缩空气为工作介质进行能量传递和信号传递的一门传动技术。气压传动的工作原理是利用空压机把电动机或其他原动机输出的机械能转换为空气的压力能，然后在控制元件的作用下，通过执行元件把压力能转换为直线运动或回转运动形式的机械能，从而完成各种动作，并对外做功。由此可知，气压传动系统和液压传动系统工作原理类似。

2. 气压传动系统的组成

气压传动系统是由以下五部分组成。

（1）气源装置。主体部分是空气压缩机，它是将原动机供给的机械能转变为气体的压力能的一种能量转换装置。

（2）气动控制元件。包括用来控制压缩空气的压力、流量和流动方向的各种气动压力控制阀、流量控制和方向控制阀，以及逻辑运算、检测、自动控制等一类的信号控制元件等，以便使执行机构完成预定的工作循环。

（3）气动执行元件。包括实现直线往复运动的气缸和实现连续回转运动的气马达，是将气体的压力能转换成机械能的一种能量转换装置。

（4）气动辅件。它包括过滤器、油雾器、管接头及消声器等，是保证压缩空气的净化、元件的润滑、元件间的连接及消声等所必须的。

（5）工作介质。气压传动系统的工作介质是压缩空气，它在气压传动控制中，起传递运动、动力和信号的作用。

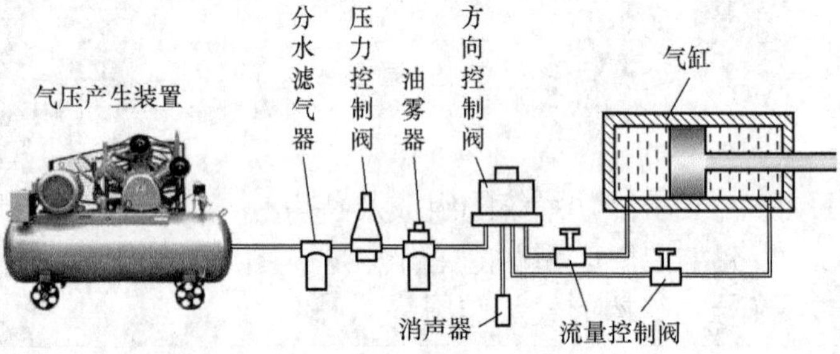

图9-1 气压传动系统组成示意图

图 9-1 所示为气压传动系统组成示意图。

9.1.2 气压传动的优缺点

气动技术在国外发展很快，在国内也被广泛应用于机械、电子、轻工、纺织、食品、医药、包装、冶金、石化、航空、交通运输等各个工业部门。气动机械手、组合机床、加工中心、自动生产线、自动检测等气动装置已大量涌现，它们在提高生产效率、自动化程度、产品质量、工作可靠性和实现特殊工艺等方面显示出极大的优越性。这主要是因为气压传动与机械、电气、液压传动相比有以下特点。

1. 气压传动的优点

（1）工作介质是空气，与液压油相比可节约能源，而且取之不尽、用之不竭。气体不易堵塞流动通道，用后可将其随时排入大气中，以免污染环境。

（2）空气的特性受温度影响小。在高温下能可靠地工作，不会发生燃烧或爆炸。且温度变化对空气的黏度影响极小，故不会影响传动性能。

（3）空气的黏度很小（约为液压油的万分之一），所以流动阻力小，在管道中流动的压力损失较小，便于集中供应和远距离输送。

（4）相对液压传动而言，气动动作迅速、反应快，一般只需 0.02～0.3 s 就可达到工作压力和速度。液压油在管路中流动速度一般为 1～5 m/s，而气体的流速最小也大于 10 m/s，有时甚至达到音速，排气时还达到超音速。

（5）气体压力具有较强的自保持能力，即使压缩机停机，关闭气阀，装置中仍然可以维持一个稳定的压力。液压系统要保持压力，一般需要液压泵继续工作或另加蓄能器，而气体通过自身的膨胀性来维持承载缸的压力不变。

（6）气动元件可靠性高、寿命长。电气元件可运行百万次，而气动元件可运行 2 000～4 000 万次。

（7）工作环境适应性好，特别是在易燃、易爆、多尘埃、强磁、辐射、振动等恶劣环境中，比液压、电子、电气传动控制优越。

（8）气动装置结构简单，成本低，维护方便，过载能自动保护。

表 9-1 气压传动与其他传动的性能比较

类型		操作力	动作快慢	环境要求	构造	负载变化影响	操作距离	无级调速	工作寿命	维护	价格
气压传动		中等	较快	适应性好	简单	较大	中距离	较好	长	一般	便宜
液压传动		最大	较慢	不怕振动	复杂	有一些	短距离	良好	一般	要求高	稍贵
电传动	电气	中等	快	要求高	稍复杂	几乎没有	远距离	良好	较短	要求较高	稍贵
	电子	最小	最快	要求特高	最复杂	没有	远距离	良好	短	要求更高	最贵
机械传动		较大	一般	一般	一般	没有	短距离	较困难	一般	简单	一般

2. 气压传动的缺点

（1）由于空气的可压缩性较大，气动装置的动作稳定性较差，负载变化对工作速度的影响较大。

（2）由于工作压力低，气动装置的输出力或力矩受到限制。在结构尺寸相同的情况下，气压传动装置比液压传动装置输出的力要小得多。气压传动装置的输出力不宜大于 10～40kN。

（3）气动装置中的信号传动速度比光、电控制速度慢，所以不宜用于信号传递速度要求十分高的复杂线路中。同时实现生产过程的遥控也比较困难，但对一般的机械设备，气动信号的传递速度能够满足工作要求。

（4）噪声较大，尤其是在超音速排气时，要加消声器。

气源装置及气动辅件

9.2.1 气源装置的组成

气压传动系统中的气源装置包括压缩空气的发生装置和压缩空气的存储、净化装置以及气动三联件等组成。它为气动系统提供满足质量要求的压缩空气，是气压传动系统的重要组成部分。

图 9-2 是压缩空气站设备组成及布置示意图。在图 9-2 中，1 为空气压缩机，用以产生压缩空气，一般由电动机带动。其吸气口装有空气过滤器，以减少进入空气压缩机的杂质量。2 为后冷却器，用以降温冷却压缩空气，使净化的水凝结出来。3 为油水分离器，用以分离并排出降温冷却的水滴、油滴、杂质等。4 为贮气罐，用以贮存压缩空气，稳定压缩空气的压力并除去部分油分和水分。5 为干燥器，用以进一步吸收或排除压缩空气中的水分和油分，使之成为干燥空气。6 为过滤器，用以进一步过滤压缩空气中的灰尘、杂质颗粒。7 为贮气罐，贮气罐 4 输出的压缩空气可用于一般要求的气压传动系统，贮气罐 7 输出的压缩空气可用于要求较高的气动系统（如气动仪表及射流元件组成的控制回路等）。气动三联件的组成及布置由用气设备确定，图中未画出。

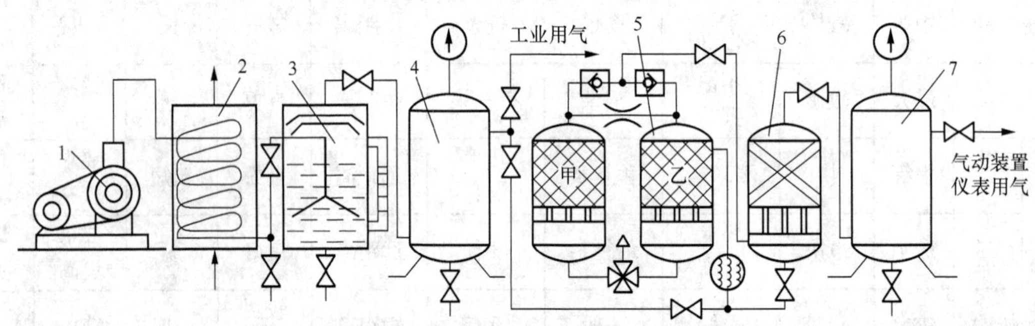

图9-2　压缩空气站设备组成及布置示意图

1—空气压缩机；2—后冷却器；3—油水分离器；4、7—贮气罐；5—干燥器；6—过滤器

1. 空气压缩机的分类及选用原则

（1）空气压缩机的分类。空气压缩机是一种气压发生装置，是将机械能转化成气体压力能的能量转换装置。其种类很多，分类形式也有数种。按其工作原理不同可分为容积型压缩机和速度型压缩机。容积型压缩机的工作原理是压缩气体的体积，使单位体积内气体分子的密度增大以提高压缩空气的压力。速度型压缩机的工作原理是提高气体分子的运动速度，然后使气体的动能转化为压力能以提高压缩空气的压力。在气压传动中通常采用容积型活塞式空气压缩机。

（2）空气压缩机的选用原则。选用空气压缩机的根据是气压传动系统所需要的工作压力和流量两个参数。一般空气压缩机为中压空气压缩机，额定排气压力为 1 MPa；低压空气压缩机，排气压力 0.2 MPa；高压空气压缩机，排气压力为 10 MPa；超高压空气压缩机，排气压力为 100 MPa。

选择输出流量时，要以整个气动系统对压缩空气的需要再加一定的备用余量，作为选择空气压缩机的流量依据。空气压缩机铭牌上的流量是自由空气流量。

2. 空气压缩机的工作原理

气压传动系统中最常用的空气压缩机是容积型往复活塞式空气压缩机，其工作原理如图 9-3 所示。当活塞 3 向右运动时，气缸 2 内活塞左腔的压力低于大气压力，吸气阀 9 被打开，空气在大气压力作用下进入气缸 2 内，这个过程称为吸气过程。当活塞向左移动时，吸气阀 9 在缸内压缩气体的作用下关闭，缸内气体被压缩，这个过程称为压缩过程。当气缸内空气压力增高到略高于输气管内压力后，排气阀 1 被打开，压缩空气进入输气管道，这个过程称为排气过程。活塞 3 的往复运动是由电动机带动曲柄 8 转动，通过连杆 7、十字头 5 和活塞杆 4 转化为直线往复运动而产生的。图中只显示了一个活塞一个缸的空气压缩机，大多数空气压缩机是多缸多活塞的组合。

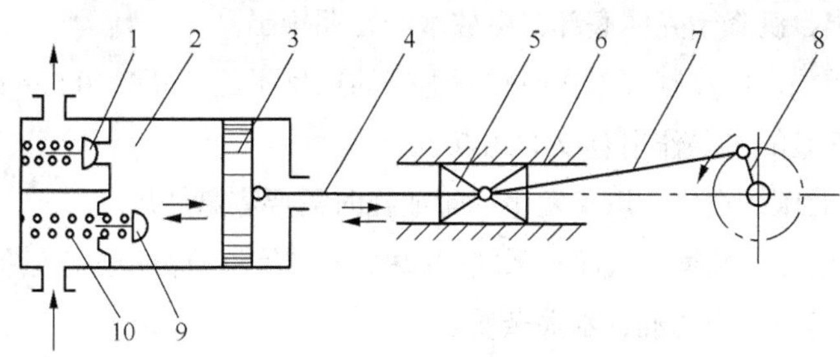

图9-3　往复活塞式空气压缩机工作原理图

1—排气阀；2—气缸；3—活塞；4—活塞杆；5、6—十字头与滑道；7—连杆；8—曲柄；9—吸气阀；10—弹簧

9.2.2　气动辅助元件

气动辅助元件分为气源净化装置和其他辅助元件两大类。

1. 气源净化装置

（1）后冷却器。后冷却器安装在空气压缩机出口处的管道上。它的作用是将空气压缩机排出的压缩空气温度由 140～170℃降至 40～50℃。这样就可使压缩空气中的油雾和水汽迅速达到饱和，使其大部分析出并凝结成油滴和水滴，以便经油水分离器排出。后冷却器的结构形式有：蛇形管式、列管式、散热片式、管套式。冷却方式有水冷和气冷两种方式，蛇形管和列管式后冷却器的结构如图 9-4 所示。

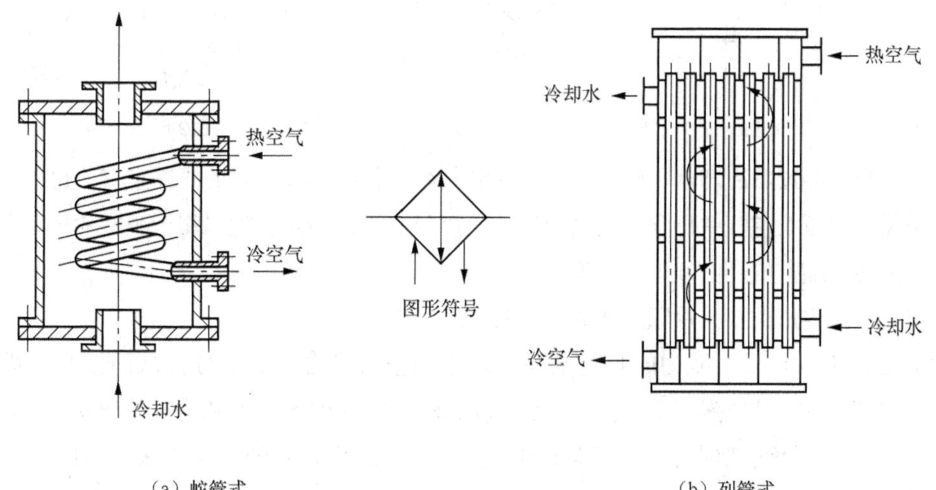

（a）蛇管式　　（b）列管式

图9-4　后冷却器

（2）油水分离器。油水分离器安装在后冷却器出口管道上。它的作用是分离并排出压缩空气中凝聚的油分、水分和灰尘杂质等，使压缩空气得到初步净化。油水分离器的结构形式有环形回转式、撞击折回式、离心旋转式、水浴式以及以上形式的组合使用等。图 9-5 所示为油水分离器的结构形

式。它的工作原理是：当压缩空气由入口进入分离器壳体后，气流受到隔板阻挡而被撞击折回向下（见图中箭头所示流向），之后又上升产生环形回转，这样凝聚在压缩空气中的油滴、水滴等杂质受惯性力作用而分离析出，沉降于壳体底部，由放水阀定期排出。

为提高油水分离效果，应控制气流在回转后上升的速度不超过 0.3～0.5 m/s。

（3）贮气罐。贮气罐的主要作用有以下几点。

① 储存一定数量的压缩空气，以备发生故障或临时需要应急使用。

② 消除由于空气压缩机断续排气而对系统引起的压力脉动，保证输出气流的连续性和平稳性。

③ 进一步分离压缩空气中的油、水等杂质。

贮气罐一般采用焊接结构，以立式居多，其结构如图 9-6 所示。

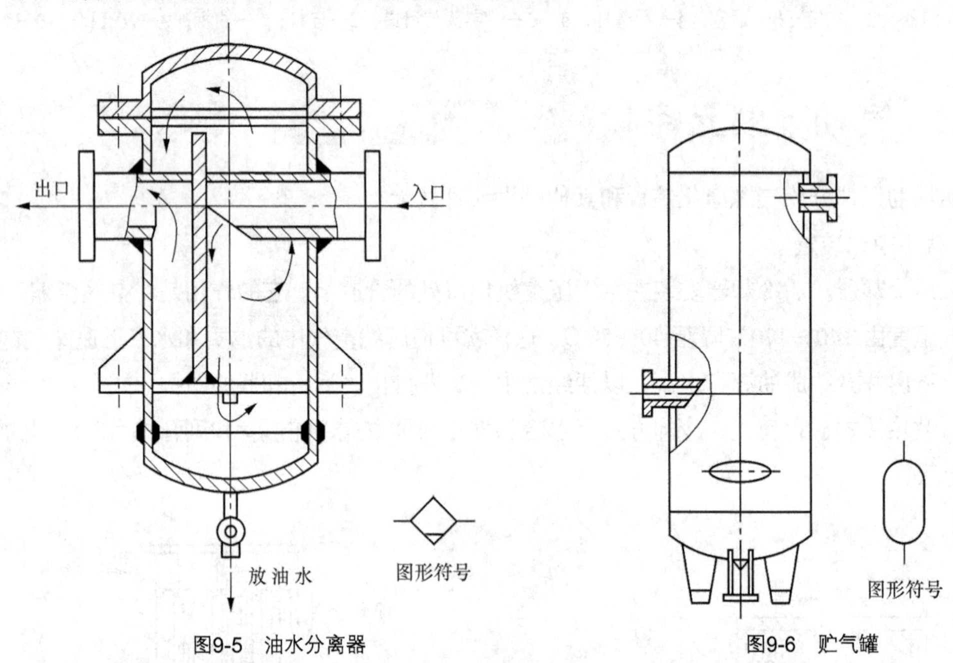

图9-5 油水分离器　　图9-6 贮气罐

（4）干燥器。经过后冷却器、油水分离器和贮气罐后得到初步净化的压缩空气，已满足一般气压传动的需要。但压缩空气中仍含一定量的油、水以及少量的粉尘。如果用于精密的气动装置、气动仪表等，上述压缩空气还必须进行干燥处理。

压缩空气干燥方法主要采用吸附法和冷却法。

吸附法是利用具有吸附能力的吸附剂来吸附压缩空气中含有的水分，从而使其干燥；冷却法是利用制冷设备使空气冷却到一定的露点温度，析出空气中超过饱和水蒸汽部分的多余水分，从而达到所需的干燥度。吸附法是干燥处理方法中应用最为普遍的一种方法。吸附式干燥器的结构如图 9-7 所示。它的外壳呈筒形，其中分层设置栅板、吸附剂、滤网等。湿空气从进气管 1 进入干燥器，通过吸附剂 21、过滤网 20、上栅板 19 和下部吸附层 16 后，因其中的水分被吸附剂吸收而变得很干燥。然后，再经过钢丝网 15、下栅板 14 和过滤网 12，干燥、洁净的压缩空气便从输出管 8 排出。

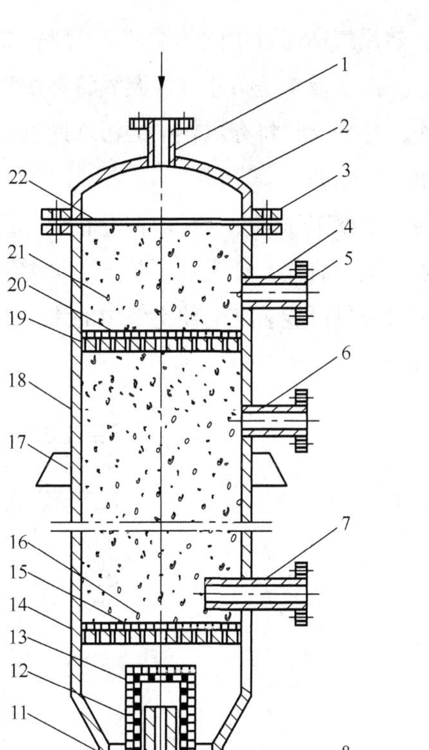

图9-7　吸附式干燥器结构图

1—湿空气进气管；2—顶盖；3、5、10—法兰；4、6—再生空气排气管；7—再生空气进气管；8—干燥空气输出管；9—排水管；11、22—密封座；12、15、20—钢丝过滤网；13—毛毡；14—下栅板；16、21—吸附剂层；17—支撑板；18—筒体；19—上栅板

（5）空气过滤器。空气的过滤是气压传动系统中的重要环节。不同的场合，对压缩空气的要求也不同。过滤器的作用是进一步滤除压缩空气中的杂质。常用的过滤器有一次过滤器（也称简易过滤器，滤灰效率为 50%～70%）、二次过滤器（滤灰效率为 70%～99%），在要求高的特殊场合，还可使用高效率的过滤器（滤灰效率大于 99%）。

① 一次过滤器　图 9-8 所示为一种一次过滤器。气流由切线方向进入筒内，在离心力的作用下分离出液滴，然后气体由下而上通过多片钢板、毛毡、硅胶、焦炭、滤网等过滤吸附材料，干燥清洁的空气从筒顶输出。

② 分水滤气器　分水滤气器过滤能力较强，属于二次过滤器。它和减压阀、油雾器一起被称为气动三联件，是气动系统不可缺少的辅助元件。普通分水滤气器的结构如图 9-9 所示，这样夹杂在气体中的较大水滴、油滴、灰尘便获得较大的离心力，并高速与存水杯 3 内壁碰撞，而从气体中

分离出来，沉淀于存水杯 3 中，然后气体通过中间的滤芯 2，部分灰尘、雾状水被滤芯 2 拦截而滤去，洁净的空气便从输出口输出。挡水板 4 是防止气体漩涡将杯中积存的污水卷起而破坏过滤作用的。为保证分水滤气器正常工作，必须及时将存水杯中的污水通过排水阀 5 放掉。在某些人工排水不方便的场合，可采用自动排水式分水滤气器。

存水杯由透明材料制成，便于观察工作情况、污水情况和滤芯污染情况。滤芯目前采用铜粒烧结而成。若发现油泥过多，可采用酒精清洗，干燥后再装上，可继续使用。但是这种过滤器只能滤除固体和液体杂质，因此，使用时应尽可能装在能使空气中的水分变成液态的部位或防止液体进入的部位，如气动设备的气源入口处。

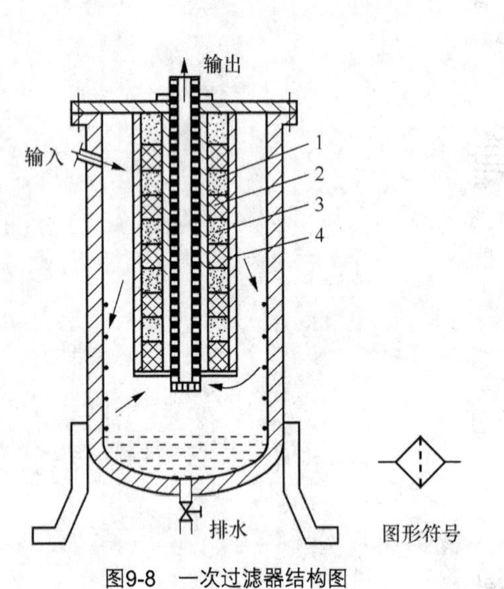

图9-8　一次过滤器结构图
1—φ10密孔网；2—280目细钢丝网；3—焦炭；4—硅胶等

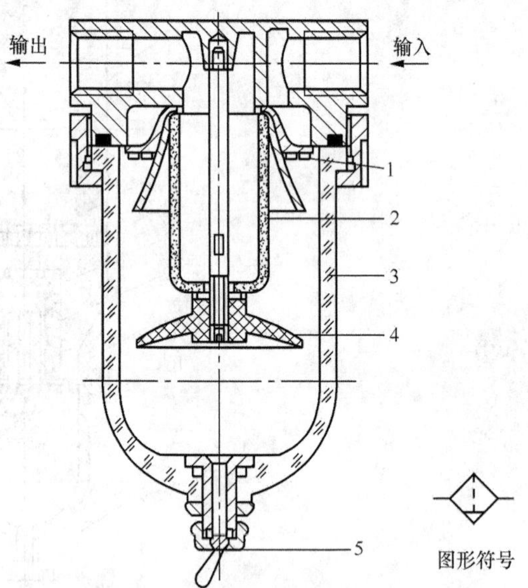

图9-9　普通分水滤气器结构图
1—旋风叶子；2—滤芯；3—存水杯；4—挡水板；5—手动排水阀

（6）气动三联件。气动三联件是用于气源处理的装置，一般由分水滤气器、减压阀和油雾器组成，气动三联件的安装顺序依进气方向分别为分水滤气器、减压阀和油雾器，并且采用无管方式连接，如图 9-10 所示。气动三联件是大多数气动系统中不可缺少的气源处理装置，安装在用气设备附近处，是压缩空气质量的最后保证。

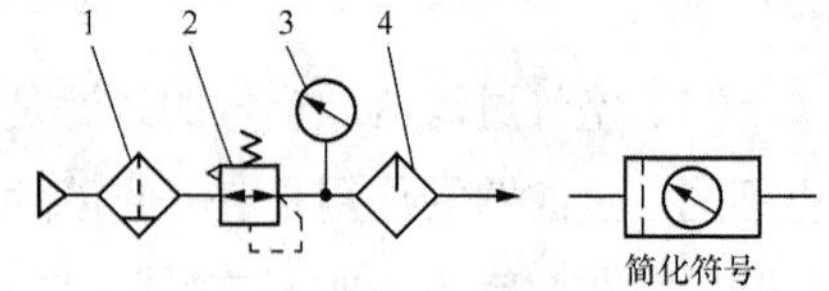

图9-10　气动三联件
1—分水滤气器；2—减压阀；3—压力表；4—油雾器

气动三联件中，分水滤气器用于对气源的清洁，可过滤压缩空气中的水分，避免水分随气体进入装置；减压阀可对气源进行稳压，使气源处于恒定状态，可减小因气源气压突变时对控制阀或执行器等的损伤，避免产生误动作；油雾器可对运动部件中不方便加润滑油的部位进行润滑，大大延长机体的使用寿命。

在气压传动系统中，有些品牌的电磁阀和气缸靠润滑脂实现润滑功能，实现无油润滑，此时便不需要使用油雾器。这种仅由分水滤气器和减压阀组合在一起的装置称为气动二联件。

有些场合不允许压缩空气中存在油雾，则需要使用油雾分离器将压缩空气中的油雾过滤掉。总之，这几个元件可以根据需要进行选择，并组合使用。

2. 其他辅助元件

（1）油雾器。油雾器是一种特殊的注油装置。它以空气为动力源，使润滑油雾化后，注入空气流中，并随空气进入需要润滑的部件，达到润滑的目的。

图 9-11 是普通油雾器（也称一次油雾器）的结构简图。压缩空气由输入口进入后，通过喷嘴 1 下端的小孔进入阀座 5 的腔室内，在截止阀的钢球 3 上下表面形成压差，由于泄漏和弹簧 4 的作用，而使钢球处于中间位置。压缩空气进入存油杯 6 的上腔使油面受压，压力油经吸油管 7 将单向阀 8 的钢球顶起。钢球上部管道有一个方形小孔，钢球不能将上部管道封死，这样压力油才能不断流入视油器 9 内，并滴入喷嘴 1 中，被主管气流从上面小孔引射出来，雾化后从输出口输出。节流阀 2 可以调节流量，使每分钟滴油量在 0～120 滴范围内变化。

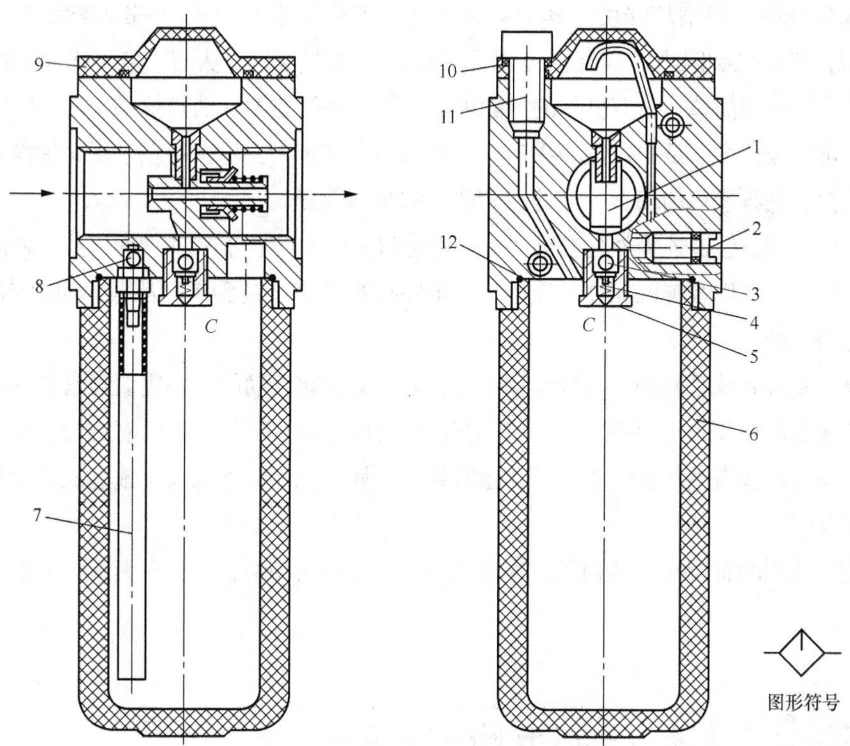

图9-11 普通油雾器（一次油雾器）结构简图

1—喷嘴；2—节流阀；3—钢球；4—弹簧；5—阀座；6—存油杯；7—吸油管；8—单向阀；9—视油器；10、12—密封垫；11—油塞

二次油雾器能使油滴在雾化器内进行两次雾化，使油雾粒度更小、更均匀，输送距离更远。二次雾化粒径可达 5 μm。

油雾器的选择主要是根据气压传动系统所需额定流量及油雾粒径大小来进行的。所需油雾粒径在 50 μm 左右选用一次油雾器。若需油雾粒径很小可选用二次油雾器。油雾器一般应配置在滤气器和减压阀之后，用气设备之前较近处。

（2）消声器。在气压传动系统中，气缸、气阀等元件工作时，排气速度较高，气体体积急剧膨胀，会产生刺耳的噪声。噪声的强弱随排气的速度、排量和空气通道的形状变化而变化。排气的速度和功率越大，噪声也越大，一般可达 100～120 dB。为了降低噪声可以在排气口加装消声器。

消声器是通过阻尼或增加排气面积来降低排气速度和功率，从而降低噪声的。

气动元件使用的消声器一般有三种类型：吸收型消声器、膨胀干涉型消声器和膨胀干涉吸收型消声器。常用的是吸收型消声器。图 9-12 是吸收型消声器的结构简图。这种消声器主要依靠吸音材料消声。消声罩 2 为多孔的吸音材料，一般用聚苯乙烯或铜珠烧结而成。当消声器的通径小于 20 mm 时，多用聚苯乙烯作消音材料制成消声罩，当消声器的通径大于 20 mm 时，消声罩多用铜珠烧结，以增加强度。其消声原理是：当有气体通过消声罩时，气流受到阻力，声能量被部分吸收而转化为热能，从而降低了噪声强度。

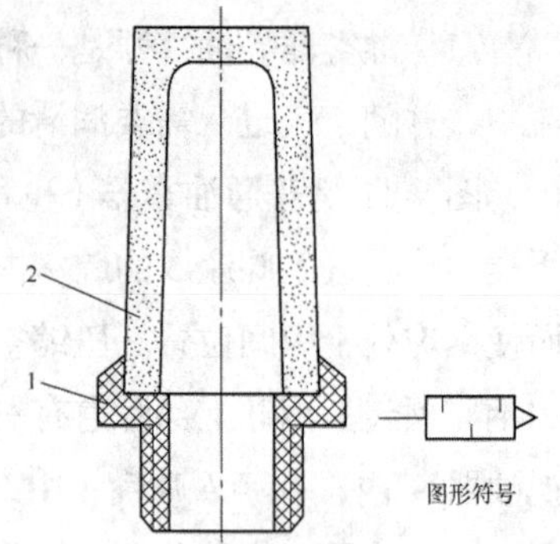

图9-12 吸收型消声器结构简图
1—连接螺丝；2—消声罩

吸收型消声器结构简单，具有良好的消除中、高频噪声的能力。消声效果大于 20 dB。在气压传动系统中，排气噪声主要是中、高频噪声，其中高频噪声更为突出，所以采用这种消声器是合适的。在主要是中、低频噪声的场合，应使用膨胀干涉型消声器。

（3）管道连接件。管道连接件包括管子和各种管接头。有了管子和各种管接头，才能把气动控制元件、气动执行元件以及辅助元件等连接成一个完整的气动控制系统。因此，实际应用中，管道连接件是不可缺少的。

管子可分为硬管和软管两种。总气管和支气管等一些固定不动的、不需要经常装拆的地方，使用硬管。连接运动部件和临时使用、希望装拆方便的管路应使用软管。硬管有钢管、黄铜管、紫铜管和硬塑料管等；软管有塑料管、尼龙管、橡胶管、金属编织塑料管以及挠性金属导管等。常用的是紫铜管和尼龙管。

气动系统中使用的管接头的结构及工作原理与液压管接头相似，分为卡套式、卡箍式、插入快换式等。

9.3 气动执行元件

气动执行元件是将压缩空气的压力能转换为机械能的装置。它包括气缸和气马达。气缸用于直线往复运动或摆动，气马达用于实现连续回转运动。

9.3.1 气缸

气缸是气动系统的执行元件之一。除几种特殊气缸外，普通气缸的种类及结构形式与液压缸基本相同。

气缸种类很多，结构各异，分类方法较多，常用的有以下几种。

（1）按压缩空气在活塞端面作用力的方向不同分为单作用气缸和双作用气缸。

（2）按结构特点不同分为活塞式、薄膜式、柱塞式和摆动式气缸等。

（3）按安装方式不同可分为耳座式、法兰式、轴销式、凸缘式、嵌入式和回转式气缸等。

（4）按功能不同分为普通式、缓冲式、气—液阻尼式、冲击和步进气缸等。

日前最常选用的是标准气缸，其结构和参数都已系列化、标准化、通用化。QGA 系列为无缓冲普通气缸，其结构如图 9-13（a）所示；QGB 系列为有缓冲普通气缸，其结构如图 9-13（b）所示。

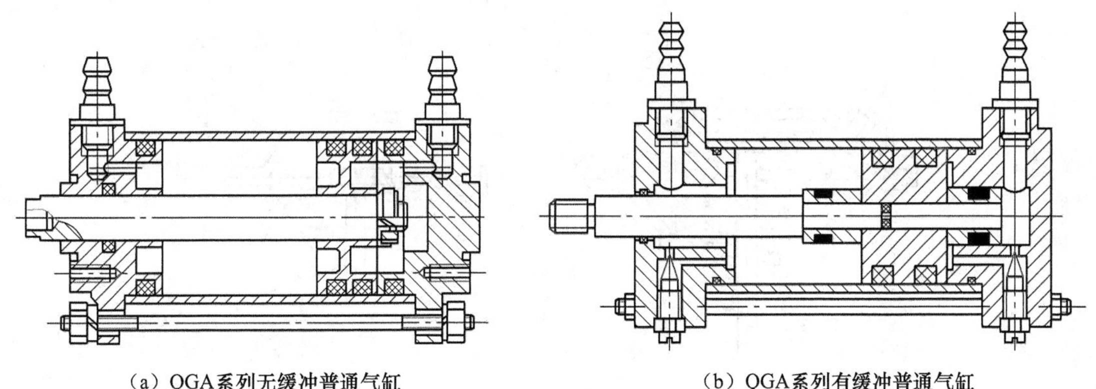

（a）QGA系列无缓冲普通气缸　（b）QGA系列有缓冲普通气缸

图9-13 普通气缸结构图

其他几种较为典型的特殊气缸有气—液阻尼缸、薄膜式气缸和冲击式气缸等。

1. 气—液阻尼缸

普通气缸工作时，由于气体的可压缩性，当外部载荷变化较大时，会产生“爬行”或“自走”现象，使气缸的工作不稳定。为了使气缸运动平稳，普遍采用气—液阻尼缸。

气—液阻尼缸是由气缸和油缸组合而成的，其工作原理如图 9-14 所示。它以压缩空气为能源，利用油液的不可压缩性和油液排量控制来获得活塞的平稳运动和活塞运动速度调节的。它将油缸和气缸串联成一个整体，两个活塞固定在一根活塞杆上。当气缸右端供气时，气缸克服外负载并带动油缸同时向左运动，此时油缸左腔排油，单向阀关闭，油液只能经节流阀缓慢流入油缸右腔，对整个活塞的运动起阻尼作用。调节节流阀的阀口大小就能达到调节活塞运动速度的目的。当压缩空气经换向阀从气缸左腔进入时，油缸右腔排油，此时因单向阀开启，活塞能快速返回原来位置。

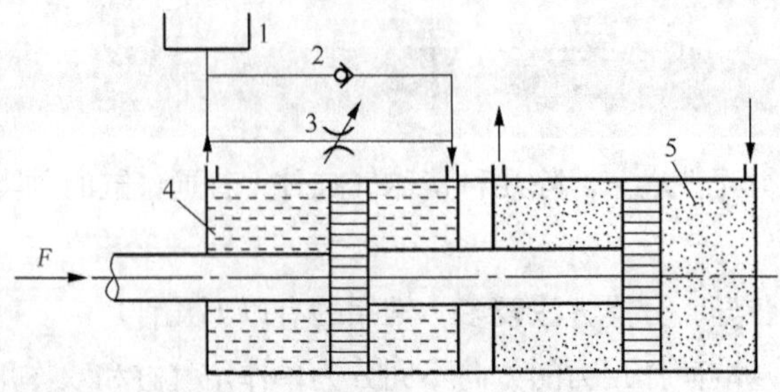

图9-14　气液阻尼缸的工作原理图

这种气—液阻尼缸的结构一般是将双活塞杆缸作为油缸。因为这样可使油缸两腔的排油量相等。此时油箱内的油液只用来补充因油缸泄漏而减少的油量，一般用油杯即可。

2. 薄膜式气缸

薄膜式气缸是一种利用压缩空气使膜片产生变形，进而推动活塞杆作往复直线运动的气缸。它由缸体、膜片、膜盘和活塞杆等主要零件组成。其功能类似于活塞式气缸，它分单作用式和双作用式两种，如图 9-15 所示。

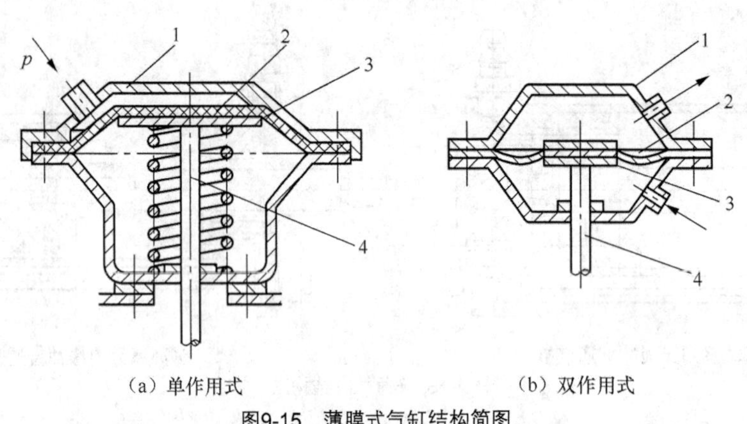

(a) 单作用式　　(b) 双作用式

图9-15　薄膜式气缸结构简图

1—缸体；2—膜片；3—膜盘；4—活塞杆

薄膜式气缸的膜片可以做成盘形膜片和平膜片两种形式。膜片材料为夹织物橡胶、钢片或磷青铜片。常用的是夹织物橡胶，橡胶的厚度为 5～6 mm，有时也可为 1～3 mm。金属式膜片只用于行程较小的薄膜式气缸中。

薄膜式气缸和活塞式气缸相比较，具有结构简单、紧凑，制造容易，成本低，维修方便，寿命长，泄漏小，效率高等优点。但是膜片的变形量有限，故其行程短（一般不超过 40～50 mm），且气缸活塞杆上的输出力随着行程的加大而减小。

3. 冲击气缸

冲击气缸是一种体积小、结构简单、易于制造、耗气功率小但能产生相当大的冲击力的特殊气缸。也就是说，冲击气缸是把压缩空气的压力能转换为活塞、活塞杆的高速运动，输出较大动能，打击工件做功的一种气缸。

与普通气缸相比，冲击气缸的结构特点是增加了一个具有一定容积的蓄能腔和喷嘴。它的工作原理如图 9-16 所示。

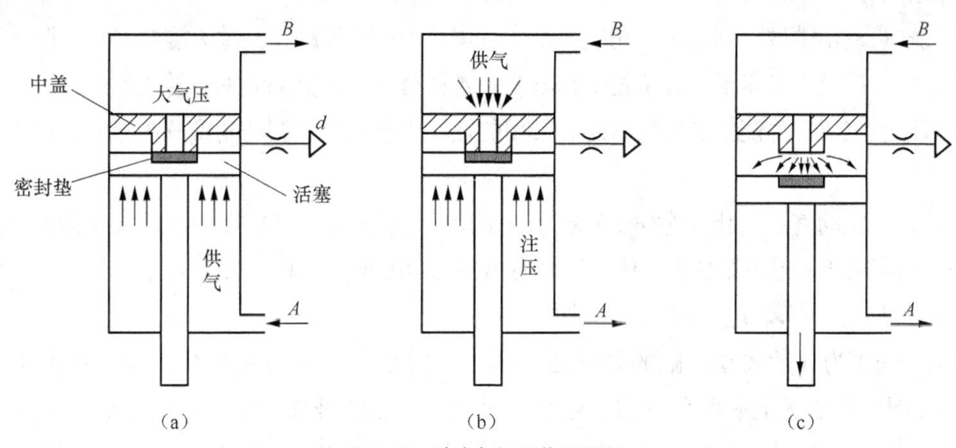

图9-16　冲击气缸工作原理图

冲击气缸的整个工作过程可简单地分为三个阶段。第一个阶段如图 9-16（a）所示，压缩空气由孔 *A* 输入冲击缸的下腔，蓄气缸经孔 *B* 排气，使活塞上升同时用密封垫封住喷嘴，中盖和活塞间的环形空间经排气孔与大气相通。第二阶段如图 9-16（b）所示，压缩空气改由孔 *B* 进气，输入蓄气缸中，冲击缸下腔经孔 *A* 排气。由于活塞上端气压作用在面积较小的喷嘴上，而活塞下端受力面积较大，一般设计成喷嘴面积的 9 倍，缸下腔的压力虽因排气而下降，但此时活塞下端向上的作用力仍然大于活塞上端向下的作用力。第三阶段如图 9-16（c）所示，蓄气缸的压力继续增大，冲击缸下腔的压力继续降低，当蓄气缸内压力高于活塞下腔压力 9 倍时，活塞开始向下移动。活塞一旦离开喷嘴，蓄气缸内的高压气体迅速充入到活塞与中间盖间的空间，使活塞上端受力面积突然增加 9 倍，于是活塞将以极大的加速度向下运动，气体的压力能转换成活塞的动能。在达到一定冲程时，获得最大冲击速度和能量。利用这个能量对工件进行冲击做功，产生很大的冲击力。

冲击气缸结构简单、成本低、耗气功率小，且能产生相当大的冲击力，故应用十分广泛。它可完成下料、冲孔、弯曲、打印、铆接、模锻和破碎等多种作业。为了有效地使用冲击气缸，应注意正确地选择冲击气缸尺寸及合适的控制回路。

4. 无杆气缸

无杆气缸没有普通气缸的刚性活塞杆，它利用活塞直接或间接地实现往复运动。行程为 *L* 的有活塞杆气缸，沿行程方向的实际占有安装空间约为 2.2 *L*。没有活塞杆的气缸，则占有安装空间仅为 1.2 *L*，且行程缸径比可达 50～100。没有活塞杆的气缸，还能避免由于活塞杆及杆密封圈的损伤带来的故障。而且，由于没有活塞杆，活塞两侧受压面积相等，双向行程具有同样的推力，有利于提高定位精度。

这种气缸的最大优点是节省了安装空间，特别适用于小缸径、长行程的场合。无杆气缸现已广泛用于数控机床、注塑机等的开门装置上及多功能坐标机械手的位移和自动输送线上工件的传送等。

5. **摆动气缸**

摆动气缸是输出轴被限制在某个角度内做往复摆动的一种气缸，又称为旋转气缸。摆动气缸目前在工业上应用广泛，多用于安装位置受到限制，或转动角度小于360°的回转工作部件，其工作原理也是将压缩空气的压力能转变为机械能。常用的摆动气缸的最大摆动角度分为 90°、180°、270°三种规格。

（1）叶片式摆动气缸。叶片式摆动气缸可分为单叶片式和双叶片式和多叶片式几种形式。叶片越多，摆动角度越小，但扭矩越大。单叶片型输出摆动角度小于 360°，双叶片型输出摆动角度小于 180°，三叶片型输出摆动角度则在 120°以内。

图 9-17（a）为叶片式摆动缸的外形图，图 9-17（b）、（c）分别为单、双叶片式摆动气缸的结构原理图。在定子上有两条气路，当左腔进气时，右腔排气，叶片在压缩空气作用下逆时针转动，反之，作顺时针转动。旋转叶片将压力传递到驱动轴上做摆动。可调止动装置与旋转叶片相互独立，从而使得挡块可以调节摆动角度大小。在终端位置，弹性缓冲垫可对冲击进行缓冲。

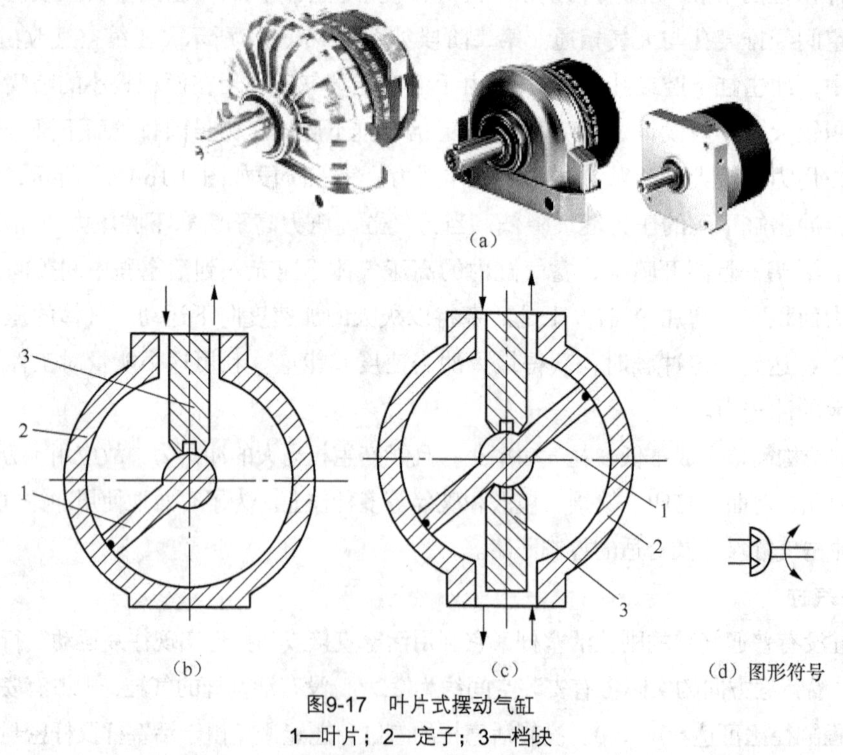

图9-17 叶片式摆动气缸

1—叶片；2—定子；3—档块

（2）齿轮齿条式摆动气缸。齿轮齿条式摆动气缸有单齿条和双齿条两种形式。图 9-18（a）为其外形图，图 9-18（b）为单齿条式摆动气缸的结构原理图。压缩空气推动活塞 6 带动齿条 3

做直线运动，齿条3则推动齿轮4做旋转运动，由输出轴5（齿轮轴）输出力矩。输出轴与外部机构的转轴相连，使外部机构做摆动。摆动气缸的行程终点位置可调，且在终端可调缓冲装置，缓冲大小与气缸摆动的角度无关，在活塞上装有一个永久磁环，行程开关可固定在缸体的安装沟槽中。

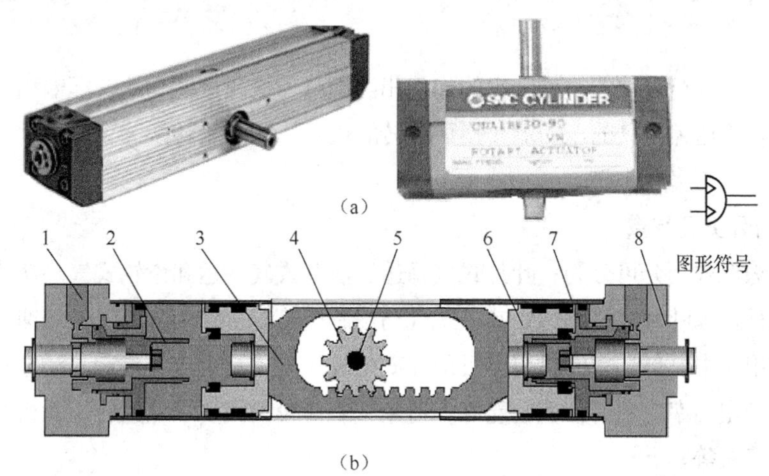

图9-18 齿轮齿条式摆动气缸

1—缓冲节流阀；2—缓冲柱塞；3—齿条组件；4—齿轮；5—输出轴；6—活塞；7—缸体；8—端盖

6. 手指气缸

手指气缸又叫气爪，能实现各种抓取功能，是现代气动机械手的关键部件。

手指气缸的特点如下。

（1）所有的结构都是双作用的，能实现双向抓取，可自动对中，重复精度高。

（2）抓取力矩恒定。

（3）在气缸两侧可安装非接触式检测开关。

（4）有多种安装、连接方式。

图 9-19（a）所示为平行气爪，平行气爪通过两个活塞工作，两个气爪对心移动。这种气爪可以输出很大的抓取力，既可用于内抓取，也可用于外抓取。

图 9-19（b）所示为摆动气爪，内外抓取 40° 摆角，抓取力大，并确保抓取力矩始终恒定。

（a）平行气爪 （b）摆动气爪 （c）旋转气爪 （d）三点气爪

图9-19 手指气缸

图 9-19（c）所示为旋转气爪，其动作和齿轮齿条的啮合原理相似，确保了抓取力矩始终恒定，两个气爪可同时移动并自动对中。

图 9-19（d）所示为三点气爪，三个气爪同时开闭，可自动对中，适合夹持圆柱体工件。

其他特殊形式气缸还有：磁性气缸、开关气缸、制动气缸、坐标气缸、异型气缸等。

9.3.2 气马达

气马达也是气动执行元件的一种。它的作用相当于电动机或液压马达，即输出力矩，拖动机构做旋转运动。它是将压缩空气的压力能转换成旋转的机械能的能量转换装置。气动马达有叶片式、齿轮齿条式、齿轮式等多种类型。

1. 气马达的分类及特点

气马达按结构形式划分可分为：叶片式气马达、活塞式气马达和齿轮式气马达等类型。最为常见的是活塞式气马达和叶片式气马达。叶片式气马达制造简单，结构紧凑，但低速运动转矩小，低速性能不好，适用于中、低功率的机械，目前在矿山及风动工具中应用普遍。活塞式气马达在低速情况下有较大的输出功率，它的低速性能好，适用于载荷较大或要求低速转矩的机械，如起重机、绞车、绞盘、拉管机等。

与液压马达相比，气马达具有以下特点。

（1）工作安全。可以在易燃易爆场所工作，同时不受高温和振动的影响。

（2）可以长时间满载工作而温升较小。

（3）可以无级调速。控制进气流量，就能调节马达的转速和功率。额定转速由每分钟几十转到几十万转。

（4）具有较高的启动力矩。可以直接带负载运动。

（5）结构简单，操纵方便，维护容易，成本低。

（6）输出功率相对较小，最大只有 20 kW 左右。

（7）耗气量大，效率低，噪声大。

2. 气马达的工作原理

图 9-20（a）是叶片式气马达的工作原理图。它的主要结构和工作原理与叶片式液压马达相似，主要包括一个径向装有 3～10 个叶片的转子，偏心安装在定子内。转子两侧有前后盖板（图中未画出），叶片在转子的槽内可径向滑动。叶片底部通有压缩空气，转子转动是靠离心力和叶片底部气压将叶片紧压在定子内表面上实现。定子内有半圆形的切沟，提供压缩空气及排出废气。

当压缩空气从 A 口进入定子内，会使叶片带动转子作逆时针旋转，产生转矩。废气从排气口 C 排出；而定子腔内残留气体则从 B 口排出。如需改变气马达旋转方向，只需改变进、排气口即可。

图 9-20（b）是径向活塞式马达的原理图。压缩空气经进气口进入分配阀（又称配气阀）后再

进入气缸，推动活塞及连杆组件运动，再使曲柄旋转。曲柄旋转的同时，带动固定在曲轴上的分配阀同步转动，使压缩空气随着分配阀角度位置的改变而进入不同的缸内，依次推动各个活塞运动，由各活塞及连杆带动曲轴连续运转。与此同时，与进气缸相对应的气缸则处于排气状态。

图 9-20（c）是薄膜式气马达的工作原理图。它实际上是一个薄膜式气缸，当它作往复运动时，通过推杆端部的棘爪使棘轮转动。

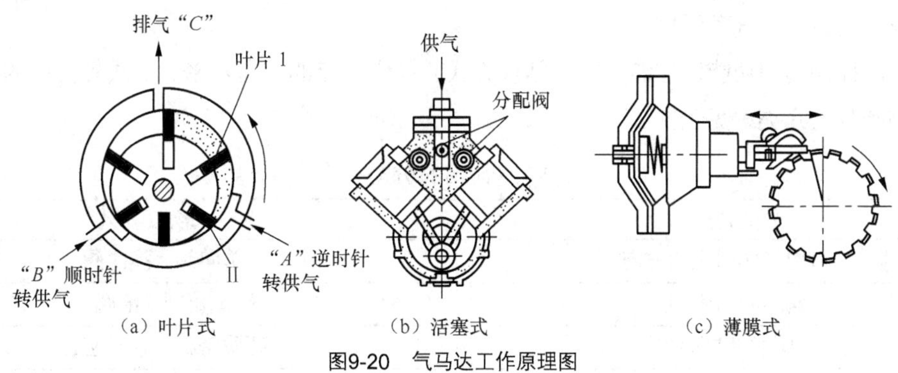

图9-20 气马达工作原理图

表 9-2 列出了各种气马达的特点及应用范围，可供选择和应用时参考。

表 9-2 各种气马达的特点及应用范围

形式	转矩	速度	功率	每千瓦耗气量 Q(m³/min)	特点及应用范围
叶片式	低转矩	高速度	零点几千瓦到 1.3kW	小型：1.8～2.3 大型：1.0～1.4	制造简单，结构紧凑，但低速启动转矩小，低速性能不好。适用于要求低、中功率的机械，如手提工具、复合工具传送带、升降机、泵、拖拉机等
活塞式	中高转矩	低速或中速	零点几千瓦到 1.7kW	小型：1.9～2.3 大型：1.0～1.4	在低速时有较大的功率输出和较好的转矩特性。启动准确，且启动和停止特性均较叶片式好。适用于载荷较大、要求低速、转矩较高的机械，如手提工具、起重机、绞车、绞盘、拉管机等
薄膜式	高转矩	低速度	<1kW	1.2～1.4	适用于控制要求很精确、启动转矩极高和速度低的机械

9.4 气动控制元件

在气压传动系统中，气动控制元件是控制和调节压缩空气的压力、流量和方向的各种控制阀，

其作用是保证气动执行元件（如气缸、气马达等）按设计的程序正常地进行工作。此外，还有通过控制气流方向和通断实现各种逻辑功能的气动逻辑元件等。

9.4.1 方向控制阀

方向控制阀是气压传动系统中通过改变压缩空气的流动方向和气流的通断，来控制执行元件启动、停止及运动方向的气动元件。

根据方向控制阀的功能、控制方式、结构方式、阀内气流的方向及密封形式等方面的不同，可将方向控制阀分为几类，见表 9-3。

表 9-3　　方向控制阀的分类

分类方式	形式
阀内气体的流动方向	单向阀、换向阀
阀芯的结构形式	截止阀、滑阀
阀的密封形式	硬质密封、软质密封
阀的工作位数及通路数	二位三通、二位五通、三位五通等
阀的控制操纵方式	气压控制、电磁控制、机械控制、手动控制

1. 单向型控制阀

单向型控制阀包括单向阀和梭阀等。其中单向阀的结构及工作原理与液压单向阀一致，这里不再介绍。梭阀相当于两个单向阀组合的阀。按照进气口和工作口的通断关系，梭阀又分为或门型梭阀、与门型梭阀。梭阀的应用很广，多用于手动与自动控制的并联回路中。

（1）或门型梭阀。在气压传动系统中，当两个通路 P_1 或 P_2 均可与另一通路 A 相通，而不允许 P_1 与 P_2 相通时，就要用或门型梭阀，如图 9-21 所示。

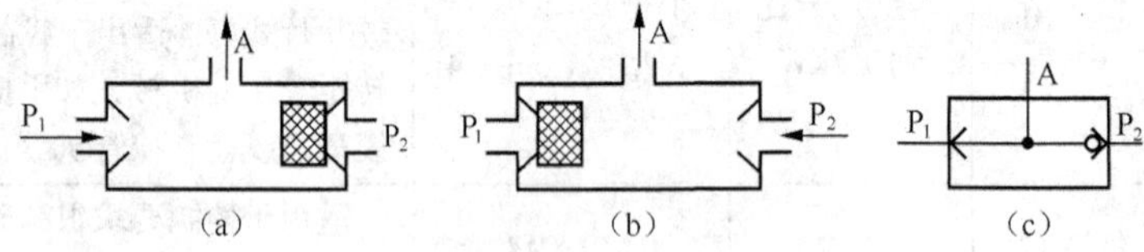

图9-21　或门型梭阀

如图 9-21（a）所示，当 P_1 进气时，将阀芯推向右边，通路 P_2 被关闭，于是气流从 P_1 进入通路 A。反之，气流则从 P_2 进入 A，如图 9-21（b）所示。当 P_1，P_2 同时进气时，哪端压力高，A 就与哪端相通，另一端就自动关闭。图 9-21（c）为该阀的图形符号。

（2）与门型梭阀（双压阀）。与门型梭阀又称双压阀，该阀只有当两个输入口 P_1、P_2 同时进气时，A 口才能输出。图 9-22 为与门型梭阀工作原理图。P_1 或 P_2 单独输入时，如图 9-22（a）、（b）所示，此时 A 口无输出，只有当 P_1、P_2 同时有输入时，A 口才有输出，如图 9-22（c）所示。当 P_1、P_2 气体压力不等时，则气压低的通过 A 口输出。图 9-22（d）为该阀的图形符号。

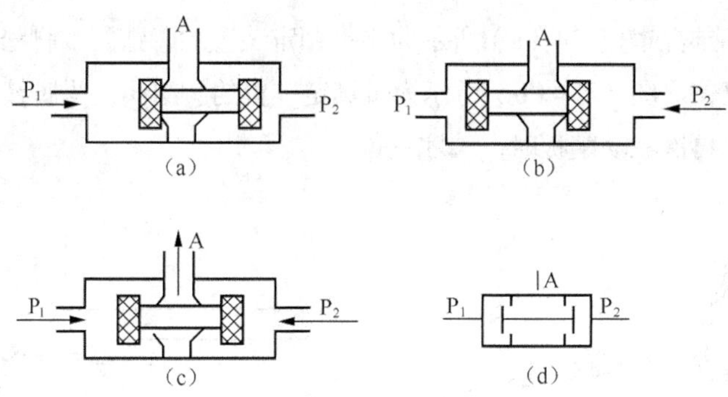

图9-22 与门型梭阀

2. 换向型控制阀

气动换向阀的结构功能、工作原理、图形符号与液压换向阀相似。这里主要介绍按操纵方式分类的人力控制阀、机动控制阀、电磁控制阀与气控阀等。表 9-4 列出了各种换向阀的控制方式。

表 9-4　　换向阀的控制方式

人力控制	一般手动操作	按钮式
	手柄式、带定位	脚踏式
机械控制	顶杆式	滚轮杠杆式
	单向滚轮式	弹簧复位
气动控制	直动式	先导式
电磁控制	单电控	双电控
	先导式双电控，带手动	

下面仅介绍几种典型的方向控制阀。

（1）人力控制换向阀。用人力来获得轴向力使阀迅速移动换向的控制方式称作人力控制。人力控制可分为手动控制和脚踏控制等。人力控制换向阀应安装在便于操作的地方，以防止操作者长期操作或站立引起的疲劳。操作力不宜过大，为防止误操作，通常需要增加安全装置，脚踏阀应装有防护罩。手动阀的主体部分与气控阀类似，其操纵方式有多种形式，如按钮式、旋钮式、锁式及推拉式等。

图 9-23 为推拉式手动阀的工作原理图和结构图。如用手压下阀芯（见图 9-23（a）)，则 P 与 A、B 与 O_2 相通。手放开，而阀依靠定位装置保持状态不变。当用手将阀芯拉出时（见图 9-23（b）)，则 P 与 B、A 与 O_1 相通，气路改变，并能维持该状态不变。

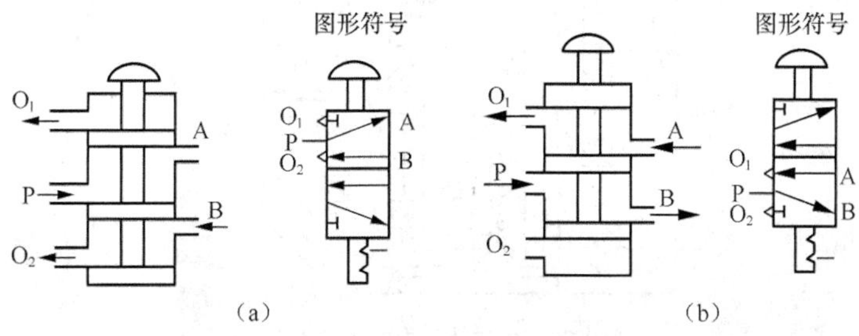

图9-23 推拉式手动阀的工作原理图和结构图
1—压下阀芯时状态；2—拉起阀芯时状态

图 9-24 所示为脚踏阀，图 9-24（a）所示为不带锁定装置的脚踏阀，脚踏下踏板，阀就换向，脚离开踏板，阀即刻复位。图 9-24（b）所示为带锁定装置的脚踏阀，当脚踏下踏板，阀换向，同时机械锁销将阀锁定，再次驱动踏板时，阀才复位。

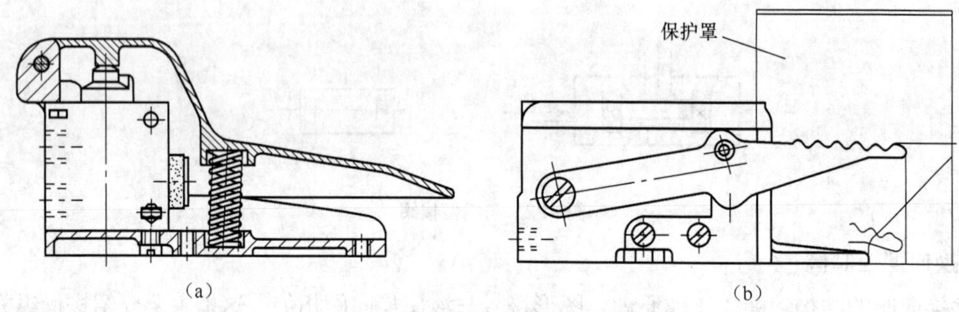

图9-24　脚踏阀

（2）机械控制换向阀。机械控制换向阀又称行程阀，多用于行程程序控制，作为信号阀使用。常依靠凸轮、挡块或其他机械外力推动阀芯，使阀换向。

图 9-25 所示为机械控制换向阀的一种结构形式。机械凸轮或挡块直接与滚轮 1 接触后，通过杠杆 2 使阀芯 5 换向。其优点是减少了顶杆 3 所受的侧向力，同时，通过杠杆传力也减少了外部的机械压力。

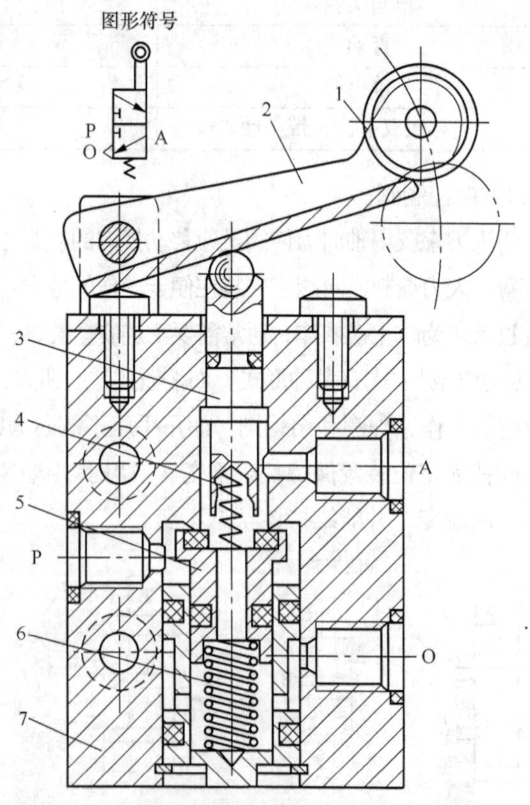

图9-25　机械控制换向阀结构图

1—滚轮；2—杠杆；3—顶杆；4—缓冲弹簧；5—阀芯；6—密封弹簧；7—阀体

（3）气压控制换向阀。气压控制换向阀是以压缩空气为动力切换气阀，使气路换向或通断的阀类。气压控制换向阀的用途很广，多用于组成全气阀控制的气压传动系统或易燃、易爆以及高净化等场合。

① 单气控加压式换向阀。图 9-26 所示为单气控加压式换向阀的工作原理。图 9-26（a）是无气控信号 K 时的状态（即常态），此时，阀芯 1 在弹簧 2 的作用下处于上端位置，使阀口 A 与 O 相通，A 口排气。图 9-26（b）是在有气控信号 K 时阀的状态（即动力阀状态）。由于气压力的作用，阀芯 1 压缩弹簧 2 下移，使阀口 A 与 O 断开，P 与 A 接通，A 口有气体输出。

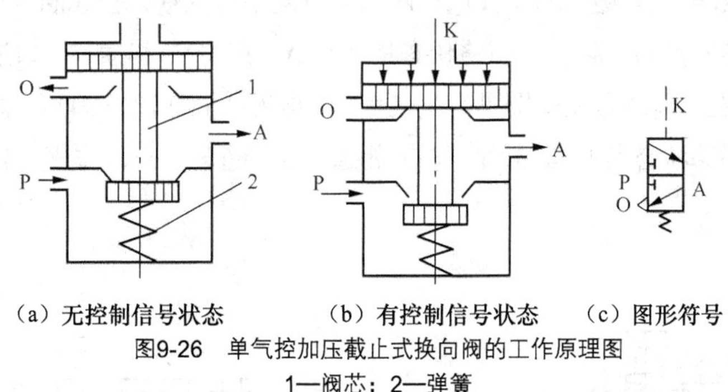

（a）无控制信号状态　　（b）有控制信号状态　　（c）图形符号

图9-26　单气控加压截止式换向阀的工作原理图

1—阀芯；2—弹簧

图 9-27 为二位三通单气控截止式换向阀的结构图。这种换向阀结构简单、紧凑、密封可靠、换向行程短，但换向力大。若将气控接头换成电磁头（即电磁先导阀），可变气控阀为先导式电磁换向阀。

② 双气控加压式换向阀。图 9-28 所示为双气控滑阀式换向阀的工作原理图。图 9-28（a）所示为有气控信号 K_2 时阀的状态，此时阀停在左边，其通路状态是 P 与 A、B 与 O_2 相通。图 9-28（b）为有气控信号 K_1 时阀的状态（此时信号 K_2 已不存在），阀芯换位，其通路状态变为 P 与 B、A 与 O_1 相通。双气控滑阀具有记忆功能，即气控信号消失后，阀仍能保持在有信号时的工作状态。

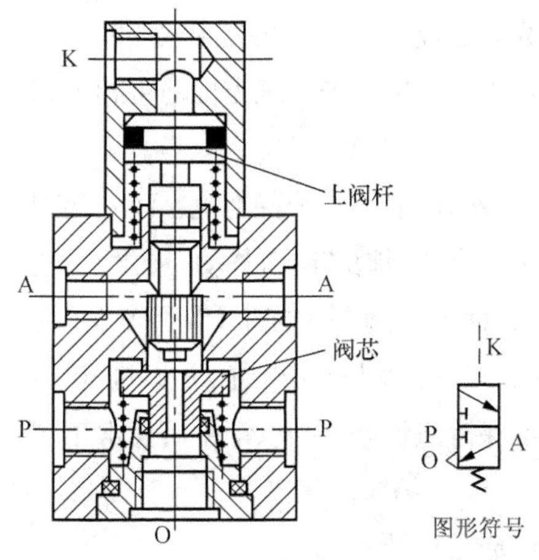

图9-27　二位三通单气控截止式换向阀的结构图

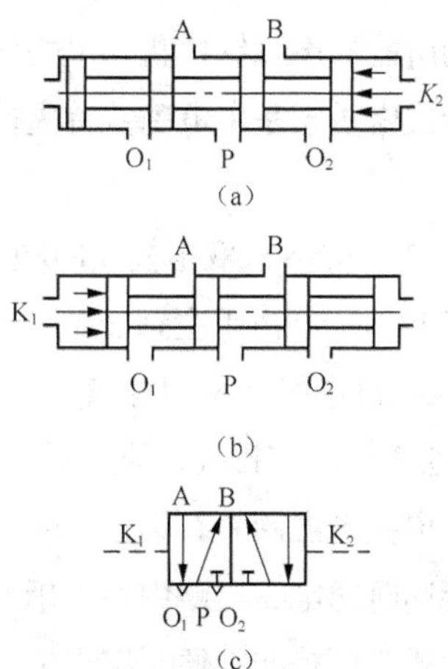

图9-28　双气控滑阀式换向阀的工作原理图

（4）电磁控制换向阀。电磁换向阀利用电磁线圈通电时，静铁芯对动铁芯产生电磁吸力使阀切换以改变气流方向的阀，称为电磁控制换向阀，简称电磁阀。这种阀易于实现电—气联合控制，能实现远距离操作，故得到广泛应用。常用的电磁换向阀有直动式和先导式两种。

① 直动式电磁换向阀。图 9-29 为直动式单电控电磁阀的工作原理图。它只有一个电磁铁。图 9-29（a）为常态情况，即电磁线圈不通电，此时阀在复位弹簧的作用下处于上端位置。其通路状态为 A 与 O 相通，A 口排气。当通电时，电磁铁 1 推动阀芯向下移动，气路换向，其通路为 P 与 A 相通，A 口进气，如图 9-29（b）所示。

图 9-30 为直动式双电控电磁阀的工作原理图。它有两个电磁铁，当线圈 1 通电、线圈 2 断电时（见图 9-30（a）），阀芯被推向右端，其通路状态是 P 与 A、B 与 O_2 相通，A 口进气、B 口排气。当线圈 1 断电时，阀芯仍处于原有状态，即具有记忆性。当电磁线圈 2 通电、1 断电时（见图 9-30（b）），阀芯被推向左端，其通路状态是 P 与 B、A 与 O_1 相通，B 口进气、A 口排气。若电磁线圈断电，气流通路仍保持原状态。

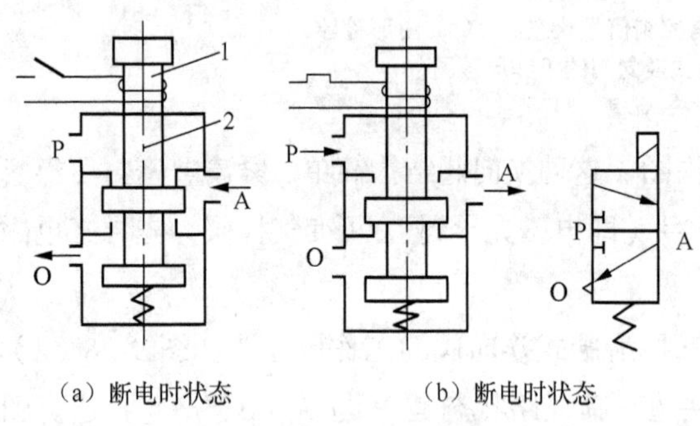

图9-29 直动式单电控电磁阀的工作原理图
1—电磁铁；2—阀芯

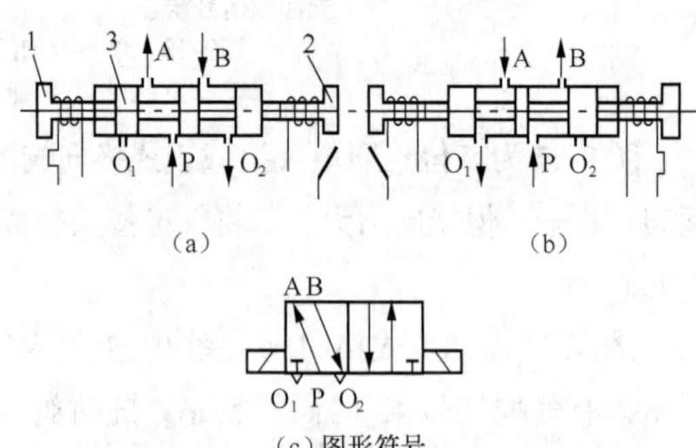

图9-30 直动式双电控电磁阀的工作原理图
1、2—电磁铁；3—阀芯

② 先导式电磁换向阀。直动式电磁阀是由电磁铁直接推动阀芯移动的。当阀通径较大时，用直动式结构所需的电磁铁体积和电力消耗都必然加大，为克服此弱点可采用先导式结构。

先导式电磁阀是由电磁铁首先控制气路，产生先导压力，再由先导压力推动主阀阀芯，使其换向的。

图 9-31 为先导式双电控换向阀的工作原理图。当电磁先导阀 1 的线圈通电，而先导阀 2 断电时（见图 9-31（a）），由于主阀 3 的 K_1 腔进气，K_2 腔排气，使主阀阀芯向右移动。此时 P 与 A、B 与 O_2 相通，A 口进气、B 口排气。当电磁先导阀 2 通电，而先导阀 1 断电时（见图 9-31（b）），主阀的 K_2 腔进气，K_1 腔排气，使主阀阀芯向左移动。此时 P 与 B、A 与 O_1 相通，B 口进气、A 口排气。先导式双电控电磁阀具有记忆功能，即通电换向，断电保持原状态。为保证主阀正常工作，两个电磁阀不能同时通电，电路中要考虑互锁。

先导式电磁换向阀便于实现电、气联合控制，所以应用广泛。

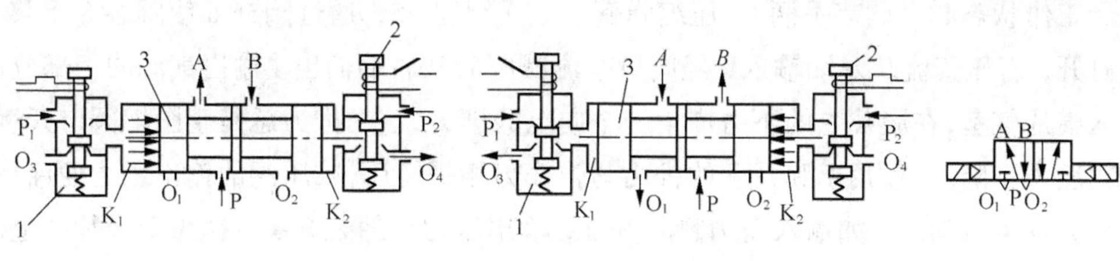

（a）先导阀 1 通电、2 断电时状态　　（b）先导阀 2 通电、1 断电时状态　　（c）图形符号

图9-31　先导式双电控换向阀的工作原理图

9.4.2　压力控制阀

1. 压力控制阀的作用及分类

气动系统不同于液压系统，一般每一个液压系统都自带液压源（液压泵）；而在气动系统中，一般来说由空气压缩机先将空气压缩，储存在贮气罐内，然后经管路输送给各个气动装置使用。而贮气罐的空气压力往往比各台设备实际所需要的压力高些，同时其压力波动值也较大。因此需要用减压阀（调压阀）将其压力减到每台装置所需的压力，并使减压后的压力稳定在所需压力值上。

有些气动回路需要依靠回路中压力的变化来实现控制两个执行元件的顺序动作，所用的这种阀就是顺序阀。顺序阀与单向阀的组合称为单向顺序阀。

对于所有的气动回路或贮气罐，安全起见，当其压力超过允许压力值时，需要自动向外排气，这种压力控制阀叫安全阀（溢流阀）。

2. 减压阀（调压阀）

气动减压阀也称调压阀，同液压减压阀一样也是以出口压力为控制信号的。减压阀按调节方式分为直动式和先异式，按压力调节方式可分为溢流式、非溢流式和恒量排气 3 种。

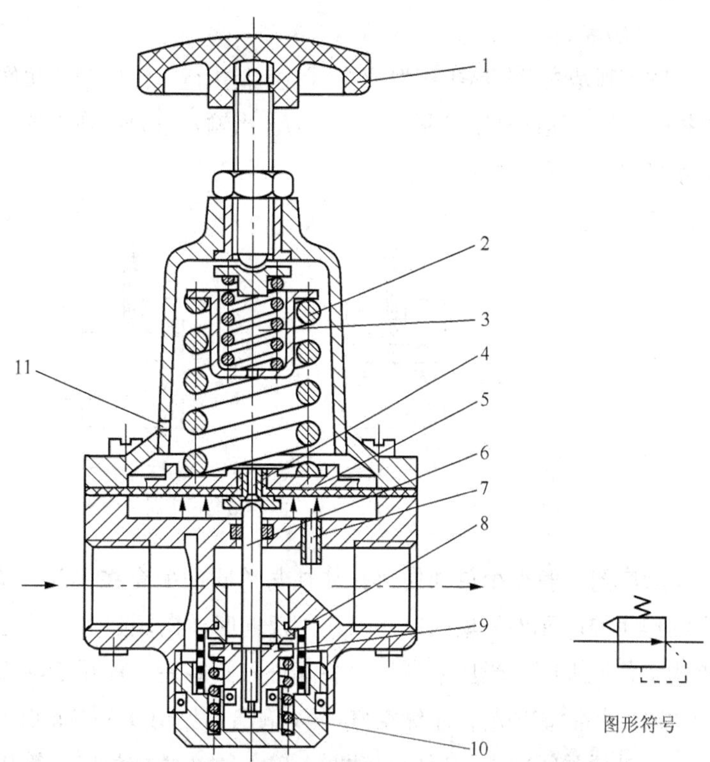

图9-32　QTY型减压阀结构图及其图形符号

1—手柄；2、3—调压弹簧；4—溢流口；5—膜片；6—阀杆；7—阻尼孔；8—阀芯；9—阀座；10-复位弹簧；11—排气孔

图 9-32 为 QTY 型直动式减压阀结构图。其工作原理是，

当阀处于工作状态时，调节手柄1、压缩弹簧2、3及膜片5，通过阀杆6使阀芯8下移，进气阀口被打开，有压气流从左端输入，经阀口节流减压后从右端输出。输出气流的一部分由阻尼管7进入膜片气室，在膜片5的下方产生一个向上的推力，这个推力总是企图把阀口开度关小，使其输出压力下降。当作用于膜片上的推力与弹簧力相平衡后，减压阀的输出压力便保持一定。当输入压力发生波动时，如输入压力瞬时升高，输出压力也随之升高，作用于膜片5上的气体推力便随之增大，破坏了原来的力的平衡，使膜片5向上移动，有少量气体经溢流口4、排气孔11排出。在膜片上移的同时，因复位弹簧10的作用，使输出压力下降，直到新的平衡为止。重新平衡后的输出压力又基本上恢复至原值。反之，输出压力瞬时下降，膜片下移，进气口开度增大，节流作用减小，输出压力又基本上回升至原值。调节手柄1使弹簧2、3恢复自由状态，输出压力降至零，阀芯8在复位弹簧10的作用下，关闭进气阀口，这样，减压阀便处于截止状态，无气流输出。

QTY型直动式减压阀的调压范围为0.05～0.63 MPa。为限制气体流过减压阀所造成的压力损失，规定气体通过阀内通道的流速在15～25 m/s范围内。

安装减压阀时，要按气流的方向和减压阀上所示的箭头方向，依照分水滤气器—减压阀—油雾器的安装次序进行安装。调压时应由低向高调，直至规定的调压值为止。阀不用时应把手柄放松，以免膜片经常受压变形。

3. 顺序阀

顺序阀是依靠气路中压力的作用而控制执行元件按顺序动作的压力控制阀，如图9-33所示，它根据弹簧的预压缩量来控制其开启压力。当输入压力达到或超过开启压力时，顶开弹簧，于是阀口A才有输出；反之A无输出。

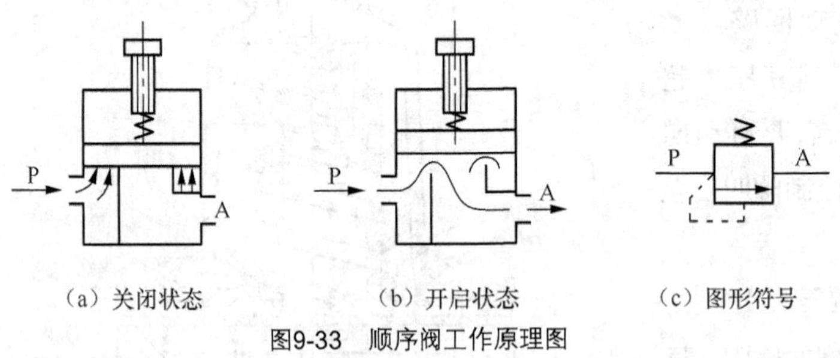

（a）关闭状态　（b）开启状态　（c）图形符号

图9-33　顺序阀工作原理图

顺序阀一般很少单独使用，往往与单向阀配合在一起，构成单向顺序阀。它依靠气路中压力的作用控制元件的单向顺序动作，反向时单向阀打开，顺序阀不起作用。图9-34为单向顺序阀的工作原理图。当压缩空气由左端进入阀腔后，作用于活塞3上的气压力超过调压弹簧2上的力时，将活塞顶起，压缩空气经A输出，见图9-34（a）。此时单向阀4在压差力及弹簧力的作用下处于关闭状态。反向流动时，输入侧变成排气口，输出侧压力将顶开单向阀4由O口排气，见图9-34（b）。调节旋钮就可改变单向顺序阀的开启压力，以便在不同的开启压力下，控制执行元件的顺序动作。

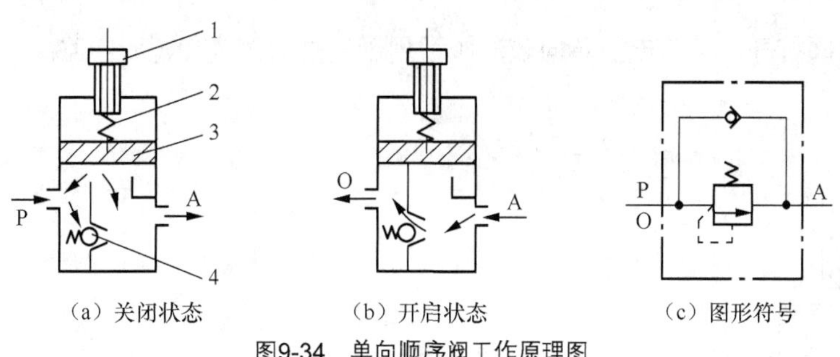

图9-34　单向顺序阀工作原理图

1—调节手柄；2—调压弹簧；3—活塞；4—单向阀

4. 安全阀

当贮气罐或回路中压力超过某调定值时，要用安全阀向外放气，起过载保护作用。

图 9-35 是安全阀工作原理图。当系统中气体压力在调定范围内时，作用在活塞 3 上的压力小于弹簧 2 的力，活塞处于关闭状态［见图 9-35（a）］。当系统压力升高，作用在活塞 3 上的压力大于弹簧的预定压力时，活塞 3 向上移动，阀门开启排气［见图 9-35（b）］。直到系统压力降到调定范围以下，活塞又重新关闭。开启压力的大小与弹簧的预压缩量有关。

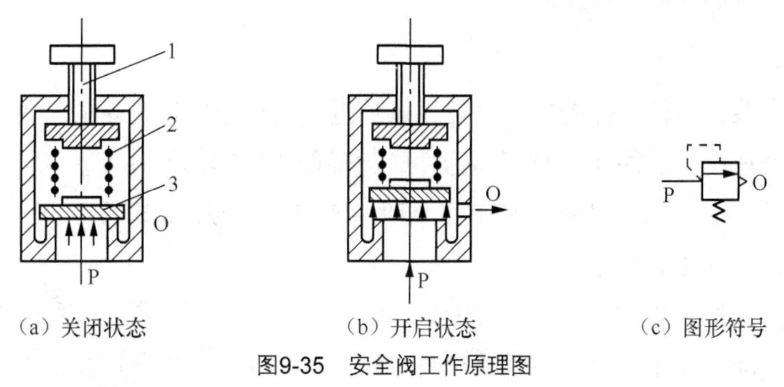

图9-35　安全阀工作原理图

9.4.3　流量控制阀

在气压传动系统中，有时需要控制气缸的运动速度，有时需要控制换向阀的切换时间和气动信号的传递速度，这些都需要靠调节压缩空气的流量来实现。流量控制阀就是通过改变阀的通流截面积来实现流量控制的元件。流量控制阀包括节流阀、单向节流阀、排气节流阀和快速排气阀等。

1. 节流阀

图 9-36 为圆柱斜切型节流阀的结构图。压缩空气由 P 口进入，经过节流后，由 A 口流出。旋转阀芯螺杆，就可改变节流口的开度，这样就调节了压缩空气的流量。由于这种节流阀的结构简单、体积小，故应用范围较广。

2. 单向节流阀

单向节流阀是由单向阀和节流阀并联而成的组合式流量控制阀，如图 9-37 所示。当气流沿着一个方向，例如 P—A［见图 9-37（a）］流动时，经过节流阀节流；反方向［见图 9-37（b）］流动，由 A—P 时，单向阀打开，不节流。单向节流阀常用于气缸的调速和延时回路。

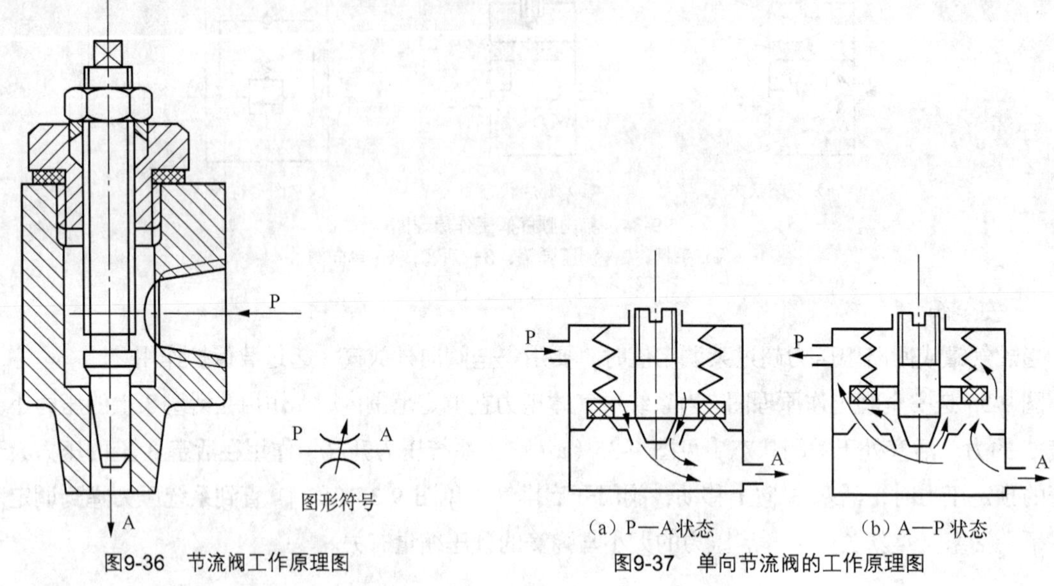

图9-36 节流阀工作原理图

图9-37 单向节流阀的工作原理图

3. 排气节流阀

排气节流阀是安装在执行元件的排气口处，调节进入大气中气体流量的一种控制阀。它不仅能调节执行元件的运动速度，还往往带有消声器件，起降低排气噪声的作用。

图 9-38 为排气节流阀工作原理图。其工作原理和节流阀类似，靠调节节流口 1 处的通流面积来调节排气流量，由消声套 2 来减小排气噪声。

应当指出，用流量控制的方法控制气缸内活塞的运动速度时，采用气动方式比采用液压方式更难于控制。特别是在极低速控制中，要按照预定行程变化来控制速度，只用气动很难实现。在外部负载变化很大时，仅用气动流量阀也不会得到满意的调速效果。为提高其运动平稳性，建议采用气—液联动。

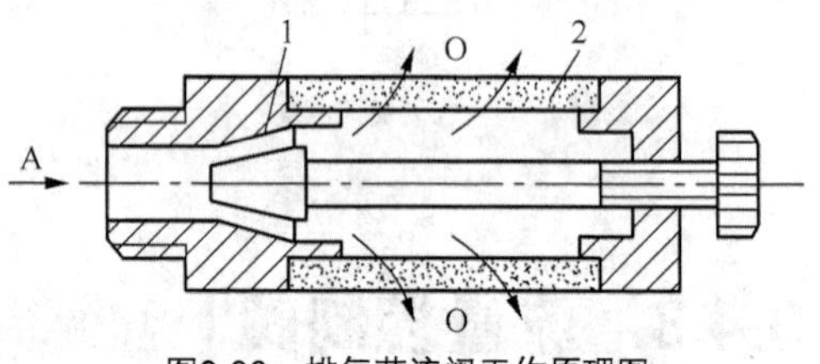

图9-38 排气节流阀工作原理图

1—节流口；2—消声套

排气节流阀通常安装在换向阀的排气口处与换向阀联用，起单向节流阀的作用。

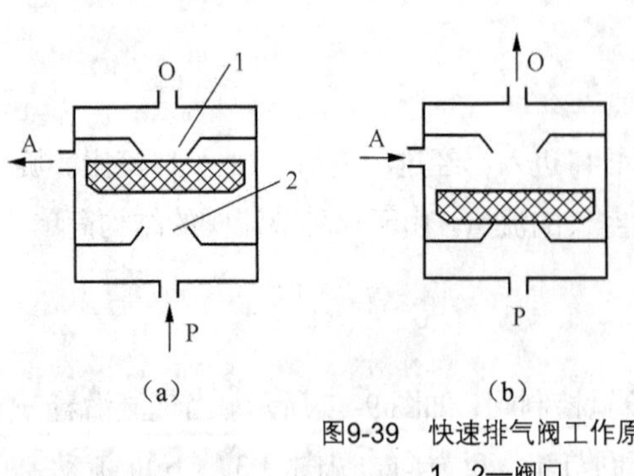

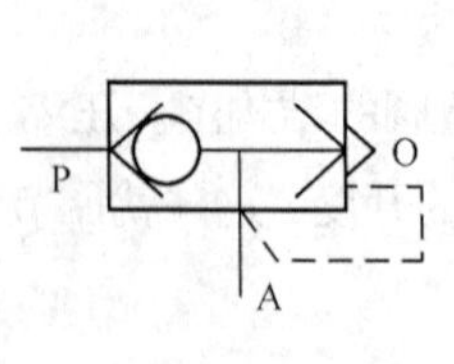

(c) 图形符号

图9-39 快速排气阀工作原理

1、2—阀口

图9-40 快速排气阀的应用回路

4. 快速排气阀

快速排气阀又称快排阀。它是为加快气缸运动速度作快速排气用的。图 9-39 为快速排气阀工作原理图。进气口 P 输入压缩空气，并将密封活塞迅速上推，开启阀口 2，同时关闭排气口 O，使进气口 P 和工作口 A 相通（见图 9-39（a））。图 9-39（b）所示为没有压缩空气进入时，在 A 口和 P 口压差作用下，密封活塞迅速下降，关闭 P 口，使 A 口通过 O 口快速排气。

快速排气阀常安装在换向阀和气缸之间。图 9-40 所示为快速排气阀在回路中的应用，它使气缸的排气不用通过换向阀即快速排出，从而加速了气缸往复运动的速度，缩短了工作周期。

气动逻辑元件

高压截止式逻辑元件是依靠控制气压信号推动阀芯或通过膜片的变形推动阀芯动作，改变气流的流动方向以实现一定逻辑功能的逻辑阀。其逻辑功能的不同，形成种种最基本的逻辑单元（逻辑门），基本逻辑单元有“是门”、“与门”、“或门”、“非门”和“双稳”等。

1. “是门”和“与门”元件

图 9-41 为截止式“是门”和“与门”元件结构原理图。

图 9-41 中 a 为信号输入孔，S 为信号输出孔，中间孔接气源 P 时为“是门”元件。也就是说，在 a 孔无信号时，阀芯 4 在弹簧及气源压力 P 作用下处于图示位置，封住 P、S 间的通道，使输出孔 S 与排气孔相通，S 无输出；反之，当 a 有输入信号时，膜片 3 在输入信号作用下将阀芯 4 推动下移，封住输出孔 S 与排气孔间通道，P 与 S 相通，S 有输出。也就是说，无输入信号时无输出，有输入信号时就有输出。元件的输入和输出信号之间始终保持相同的状态即 S=a。若将中间孔不接气源而换接另一输入信号 b，则成“与门”元件，也就是只有当 a、b 同时有输入信号时，S 才有输出。即 S=ab。

2. “或门”元件

图 9-42 为“或门”元件结构图。当只有 a 信号输入时，阀芯 3 被推动下移，打开上阀口，接通 a—S 通路，S 有输出。类似地，当只有 b 信号输入时，b—S 接通，S 也有输出。显然，当 a、b 均有信号输入时，S 定有输出，S = a + b。

3. “非门”和“禁门”元件

图 9-43 为“非门”及“禁门”元件的结构图。图中 a 为信号输入孔，S 为信号输出孔，中间孔接气源口 P 时为“非门”元件。在 a 无输入信号时，阀片 1 在气源压力作用下上移，封住输出 S 与排气孔间的通道，S 有输出。当 a 有输入信号时，膜片 6 在输入信号作用下，推动阀杆下移，推到阀片 1，封住气源孔 P，S 无输出。即只有 a 有输入信号时，输出端就“非”了，即

没有输出。

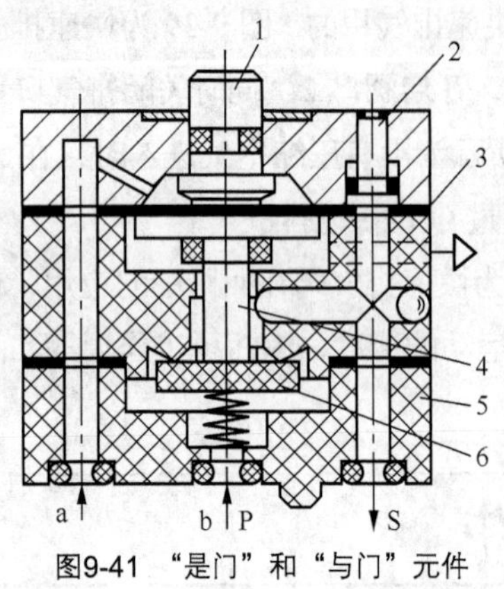

图9-41 “是门”和“与门”元件

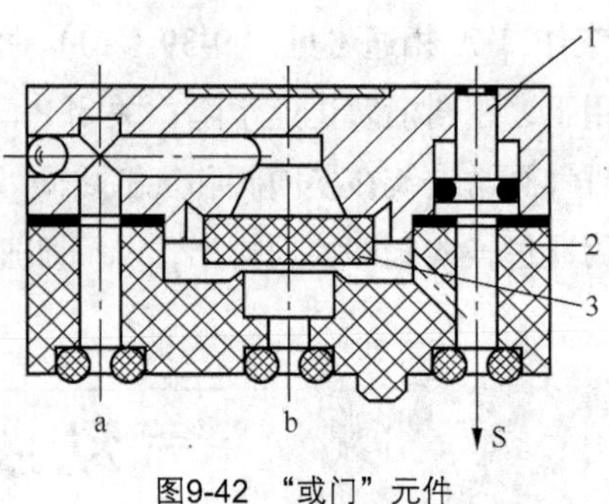

图9-42 “或门”元件

若将气源口 P 改为信号 b 口，即成为“禁门”元件。在 a、b 均有输入信号时，阀杆及阀片 1 在 a 输入信号作用下封住 b 孔，S 无输出；在 a 无输入信号而 b 有输出信号时，S 就有输出。即 a 输入信号对 b 输入信号起“禁止”作用。

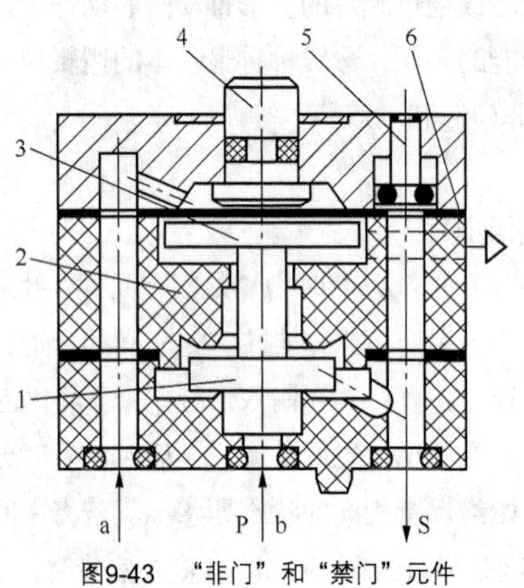

图9-43 “非门”和“禁门”元件

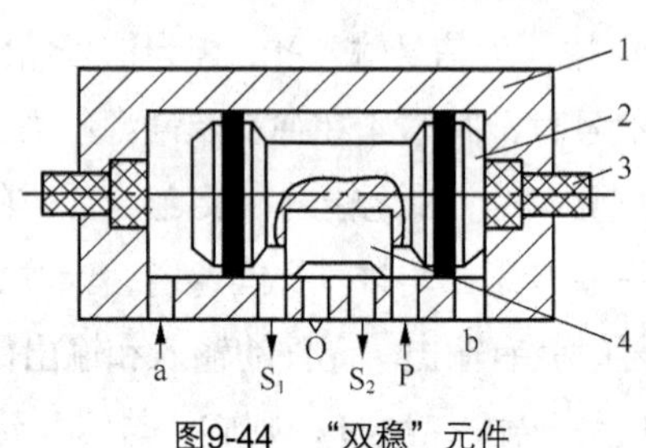

图9-44 “双稳”元件

4. “双稳”元件

图 9-44 为“双稳”元件结构原理图。当 a 有输入信号时，阀芯 2 被推向右端（即图 9-44 所示位置），气源的压缩空气便由 P 至 S_1 输出；而 S_2 与排气口相通，此时“双稳”处于“1”状态。在控制端 b 的输入信号到来之前，a 的信号即使消失，阀芯 2 仍保持在右端位置，S_1 总有输出。

当 b 有输入信号时，阀芯 2 被推向左端，此时压缩空气由 P 到 S_2 输出，而 S_1 与排气孔相通，于是“双稳”处于“0”状态。在 a 信号未到之前，即便使 b 信号消失，阀芯 2 仍处于左端位置，S_2 总有输出。

由此可见，这种元件具有两种稳定状态，平时总是处于两种稳定状态中的某一状态上。有外界输入信号时，“双稳”元件才从一种稳态切换成另一种稳态，切换信号解除后，仍保持原稳态不变。

这样就把切换信号的作用记忆下来了，直至另一端切换信号输入，再稳定到另一种状态上。所以“双稳”元件具有记忆性能，也称记忆元件。

9.6 气动回路

气压传动系统的形式很多，它由不同功能的基本回路所组成。常用的基本回路有方向控制回路、压力控制回路、速度控制回路等。熟悉常用的基本回路是分析和设计气压传动系统的必要基础。

9.6.1 方向控制回路

方向控制回路是通过换向阀的换向，使气缸改变方向的换向回路。常用的方向控制回路有单作用气缸换向回路、双作用气缸的控制回路。

1. 单作用气缸换向回路

图 9-45 所示为单作用气缸换向回路。在图 9-45（a）所示的回路中，当电磁铁得电时，气压使活塞伸出工作；而电磁铁失电时，活塞杆在弹簧作用下缩回。

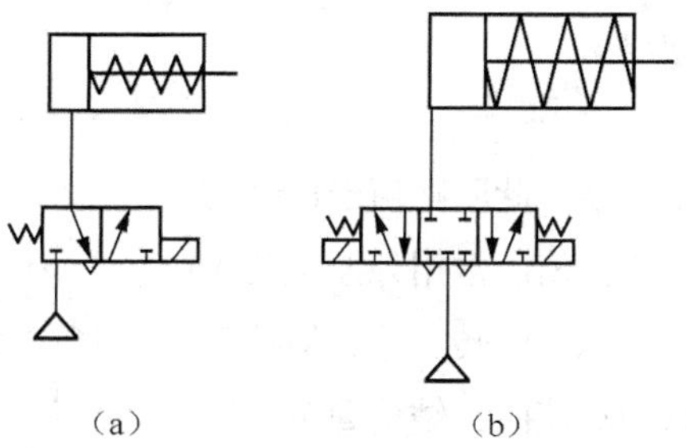

（a）　　（b）

图9-45　单作用气缸换向回路

在图 9-45（b）所示回路中的三位五通换向阀，电磁铁失电后能自动复位，故能使气缸停留在行程中任意位置，但定位精度不高，定位时间不长。

2. 双作用气缸换向回路

图 9-46 所示为各种双作用气缸的控制回路。在图 9-46（a）所示的回路中，通过对换向阀上、下切换，使气缸活塞杆伸出和缩回；在图 9-46（b）所示的回路中，当有气控信号 A 时气缸活塞杆向右运动，反之则向左退回；图 9-46（c）所示为三位五通气控阀和手动二位三通阀控制的换向回路，当按下手动阀换向时，由手动阀控制气流推动二位五通气换向控阀换向，气缸活塞杆外伸。松开手动阀，则活塞杆返回；图 9-46（d）、（e）所示回路中的两端控制电磁铁线圈或按

钮不能同时操作，否则将出现误动作，其回路相当于双稳的逻辑功能；图 9-46（f）所示的回路还有中位停止功能，但中停定位精度不高。

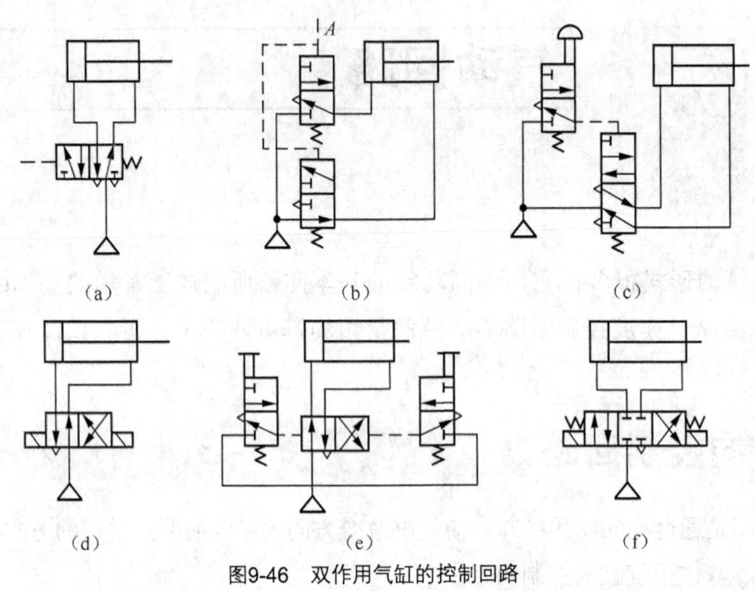

图9-46　双作用气缸的控制回路

9.6.2 压力控制回路

压力控制回路的功用是使系统保持在某一规定的压力范围内。常用的有一次压力控制回路、二次压力控制回路和高低压转换回路。

1. 一次压力控制回路

图 9-47 所示为一次压力控制回路。此回路用于控制贮气罐的压力，使之不超过规定的压力值。常用外控溢流阀 1 或电接点压力表 2 来控制空气压缩机的转、停，使贮气罐内压力保持在规定范围内。采用溢流阀，结构简单，工作可靠，但气量浪费大；采用电接点压力表对电机及控制要求较高，常用于小型空压机的控制。

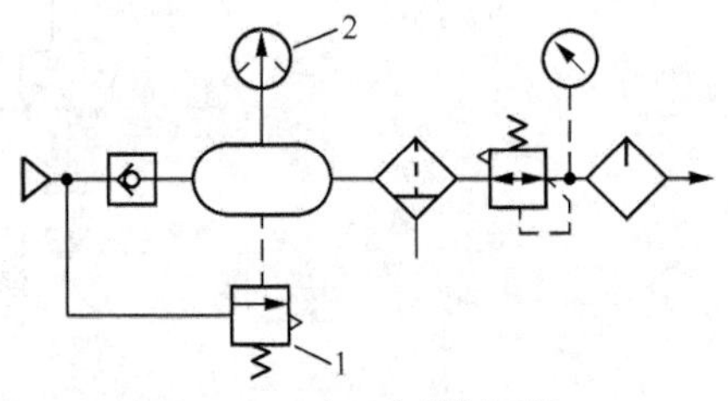

图9-47　一次压力控制回路

2. 二次压力控制回路

二次压力控制回路主要是对气动系统的气源压力进行控制。图 9-48 所示为二次压力控制回路，为保证气动系统使用的气体压力为一稳定值，常联合使用空气过滤器、减压阀、油雾器（气动三联件）。但要注意，供给逻辑元件的压缩空气不要加入润滑油。图 9-48（a）所示为气缸、气马达系统常用的压力控制回路。图 9-48（b）所示为利用两个减压阀和一个换向阀或输出低压（或输出高压）自动转换气源组成的压力控制回路。图 9-48（c）所示回路中，若去掉换向阀，就可同时输出高、低压两种压缩空气。

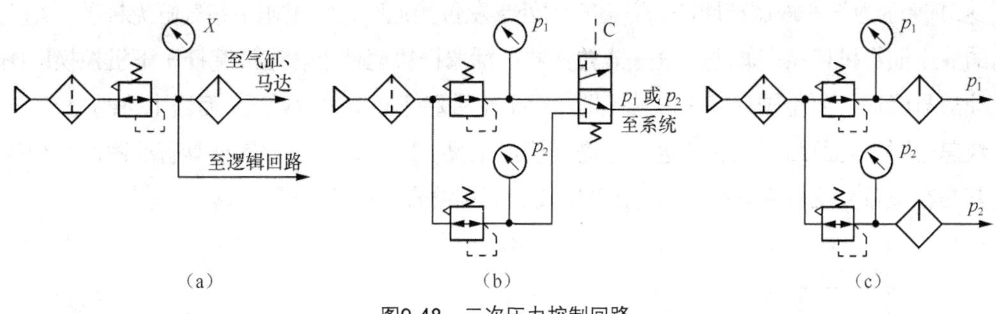

图9-48　二次压力控制回路

9.6.3　速度控制回路

通常采用节流调速回路控制气缸的速度。在气动系统中常用的有供气节流调速和排气节流调速。

1. 单向调速回路

图 9-49 所示为双作用缸单向调速回路。图 9-49（a）所示为供气节流调速回路，在图示位置时，当气控换向阀不换向时，进入气缸 A 腔的气流流经节流阀，B 腔排出的气体直接经换向阀快排。供气节流调速回路的不足之处主要表现在以下几方面。

（1）当负载方向与活塞的运动方向相反时，活塞运动易出现不平稳现象，即“爬行”现象。

（2）当负载方向与活塞运动方向一致时，由于排气经换向阀快排，几乎没有阻尼，负载易产生“跑空”现象，使气缸失去控制。

图 9-49（b）所示为排气节流回路，由图示位置可知，当气控换向阀不换向时，从气源来的压缩空气经气控换向阀直接进入气缸的 A 腔，而 B 腔排出的气体，必须经节流阀到气控换向阀，而排入大气，因而 B 腔中的气体具有一定的压力。此时活塞在 A 腔与 B 腔的压力差作用下前进，而减少了“爬行”发生的可能性。调节节流阀的开度，就可控制不同的排气速度，从而控制活塞的运动速度。

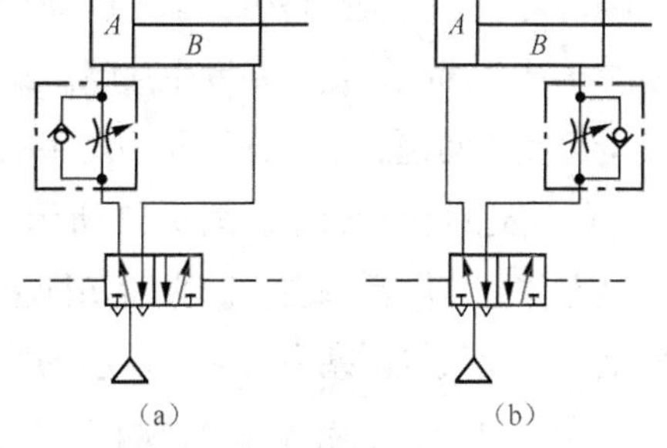

图9-49　双作用缸单向调速回路

2. 双向调速回路

图 9-50 所示为双向调速回路。图 9-50（a）所示为采用单向节流阀式的双向节流调速回路。图 9-50（b）所示为采用排气节流阀的双向节流调速回路。

它们适用于负载变化不大的场合。当负载突然增大时，由于气体的可压缩性，将迫使缸内的气体压缩，使活塞运动速度减慢；反之，当负载突然减小时，缸内原来被压缩的气体将膨胀，使活塞运动速度加快，这又称为气缸的“自走”现象。因此，在要求气缸具有准确而平稳的运动速度时，可以采用比例流量阀加反馈来改善调控性能，或用气、液相结合的调速方式。

3. 气—液调速回路

图 9-51 所示为气—液调速回路。当电磁阀处于左位接通时，气压作用在气缸无杆腔活塞上，有杆腔内的液压油经机控换向阀进入气—液转换器，活塞杆快速伸出。当活塞杆压下机控换向阀时，有杆腔油液只能通过节流阀到气—液转换器，从而使活塞杆伸出速度减慢，而当电磁阀处于右位时，活塞杆快速返回。此回路可实现快进、工进、快退工况。因此，在要求气缸具有准确而平稳的速度时（尤其是在负载变化较大场合），就要采用气、液相结合的调速方式。

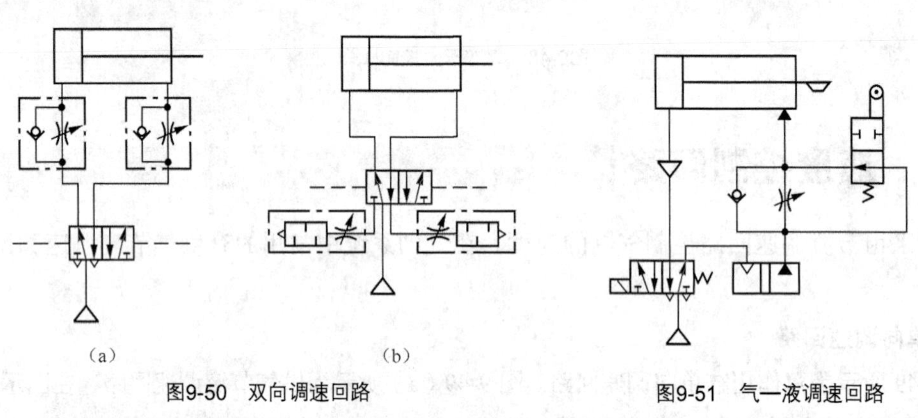

图9-50　双向调速回路　　图9-51　气—液调速回路

9.6.4 其他回路

1. 安全保护回路

由于气动机构负荷的过载、气压的突然降低以及气动执行机构的快速动作等原因都可能危及操作人员或设备的安全，因此在气动回路中，常常要加入安全回路。需要指出的是，在设计任何气动回路，特别是安全回路中，都不能缺少过滤装置和油雾器。因为，污脏空气中的杂物，可能堵塞阀中的小孔与通路，使气路发生故障。缺乏润滑油时，很可能使阀发生卡死或磨损，以致整个系统的安全都发生问题。下面介绍几种常用的安全保护回路。

（1）过载保护回路。图 9-52 所示为过载保护回路。当正常工作时，按下手动阀 1，主控阀 2 切换至左位，气缸活塞右行。当活塞杆上的挡块碰到行程阀 5 时，控制气体又使阀 2 切换至右位，活塞缩回。当气缸活塞右行时，若遇到故障而造成负载过大，使气缸左腔压力升高到超过预定值时，顺序阀 3 打开，控制气体经梭阀 4 将主控阀 2 切换至右位，使活塞杆缩回，气缸左腔的气体经阀 2 排掉，这样就防止了系统过载。

（2）互锁回路。图 9-53 所示为互锁回路，主要利用梭阀 1、2、3 及换向阀 4、5、6 进行互锁。该回路能防止各缸的活塞同时动作，而保证只有一个活塞动作。例如，当换向阀 7 被切换，则换向阀 4 也换向，使 A 缸活塞杆伸出。与此同时，A 缸进气管路的气体使梭阀 1、2 动作，把换向阀 5、6 锁住。所以此时即使换向阀 8、9 有气控信号，B、C 缸也不会动作。如要改变缸的动作，必须把前一个动作缸的气控阀复位才行。

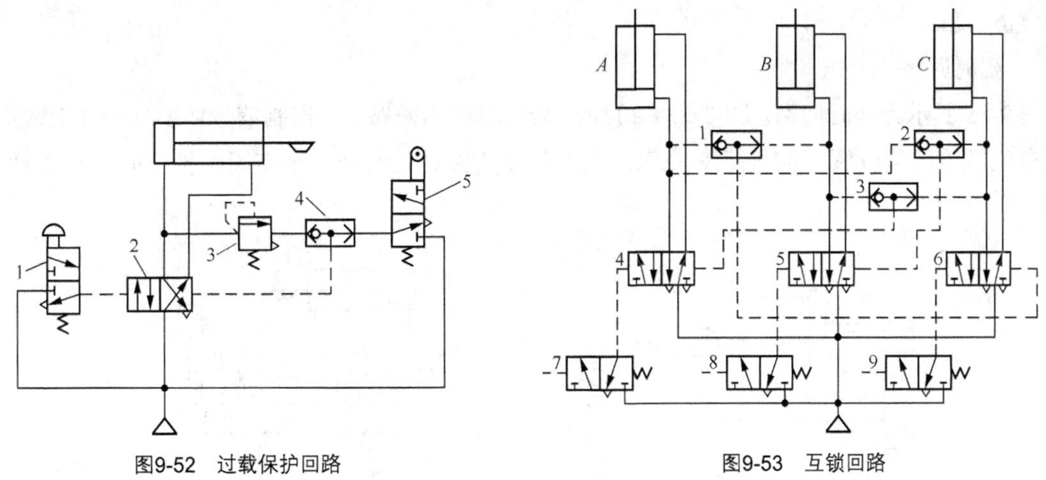

图9-52 过载保护回路

图9-53 互锁回路

（3）双手同时操作回路。所谓双手操作回路就是使用两个手动阀，且只有同时按动两个阀才动作的回路。这种回路主要是为了安全。这在锻造、冲压机械上常用来避免产生误动作，以保护操作者的安全。

图 9-54 所示为双手操作回路。图 9-54（a）所示为使用逻辑“与”回路的双手操作回路，为使主控阀 3 换向，必须使压缩空气信号进入阀 3 左侧，为此必须使两只三通手动换向阀 1 和 2 同时换向，而且，这两个阀必须安装在单手不能同时操作的距离上。在操作时，如任何一只手离开则控制信号消失，主控阀复位，活塞杆后退。

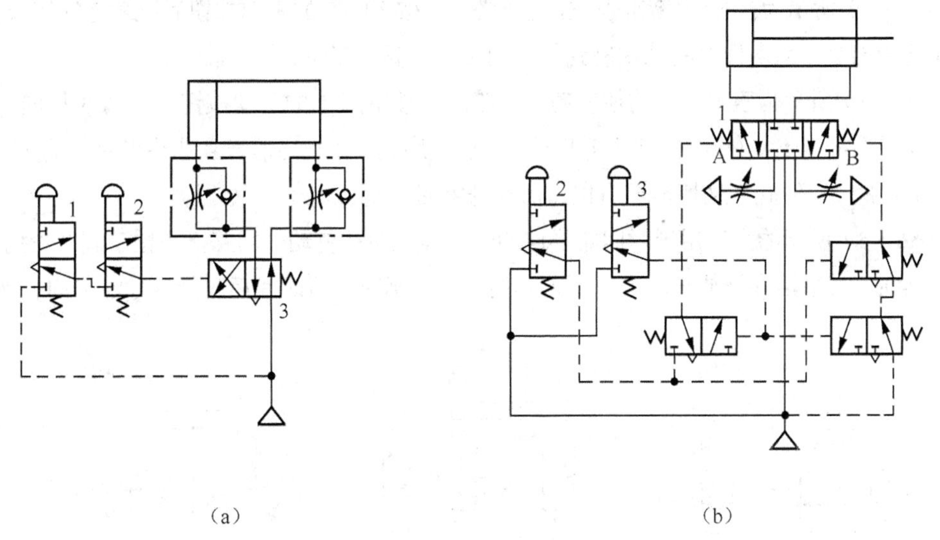

（a）

（b）

图9-54 双手操作回路

图 9-54（b）所示为使用三位主控阀的双手操作回路。把此主控阀 1 左信号 A 作为手动阀 2 和 3 的逻辑“与”回路，亦即只有手动阀 2 和 3 同时动作时，主控阀 1 换向到左位，活塞杆前进。把信号 B 作为手动阀 2 和 3 的逻辑“或非”回路，即当手动阀 2 和 3 同时松开时（图示位置），主控制阀 1 换向到右位，活塞杆返回。若手动阀 2 或 3 任何一个动作，将使主控阀复位到中位，活塞杆

处于停止状态。

2. 延时回路

图 9-55 所示为延时回路。图 9-55（a）所示为延时输出回路，当控制信号切换到阀 4 上端后，压缩空气经单向节流阀 3 向气罐 2 充气。当充气压力经过延时升高至使阀 1 换位时，阀 1 就有输出。

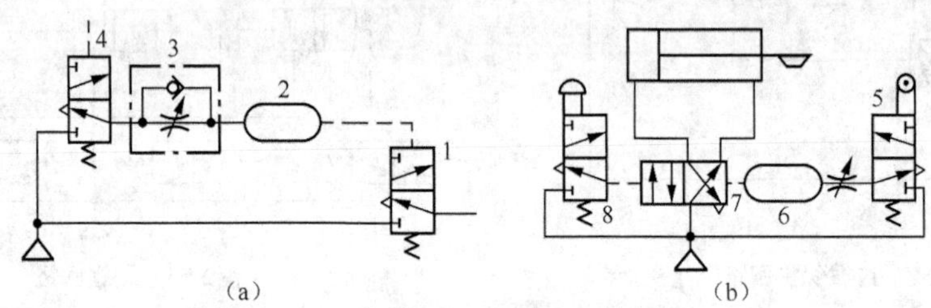

图9-55　延时回路

图 9-55（b）所示为延时接通回路，按下阀 8，则气缸活塞杆向外伸出。当气缸活塞杆在伸出行程中压下阀 5 后，压缩空气经节流阀到气罐 6，延时后才将阀 7 切换，气缸活塞杆退回。

3. 顺序动作回路

顺序动作是指在气动回路中，各个气缸按一定程序完成各自的动作。例如，单缸有单往复动作、二次往复动作和连续往复动作等，多缸按一定顺序进行单往复或多往复顺序动作等。

（1）单缸往复动作回路。图 9-56 所示为三种往复动作回路。

图 9-56（a）所示为行程阀控制的单往复回路。当按下阀 1 的手动按钮后压缩空气使阀 3 换向，活塞杆向前伸出。当活塞杆上的挡铁碰到行程阀 2 时，阀 3 复位，活塞杆返回。

图 9-56（b）所示为压力控制的往复动作回路。当按下阀 1 的手动按钮后，阀 3 换向，气缸无杆腔进气使活塞杆伸出（右行），同时气压还作用在顺序阀 2 上。当活塞到达终点后，无杆腔压力升高并打开顺序阀 2，使阀 3 又切换至右位，活塞杆缩回（左行）。

图 9-56（c）所示的是利用延时回路形成的时间控制单往复动作回路。当按下阀 1 的手动按钮后，阀 3 换向，气缸活塞杆伸出。当压下行程阀 2 后，延时一段时间后，阀 3 才能换向，然后活塞杆再缩回。

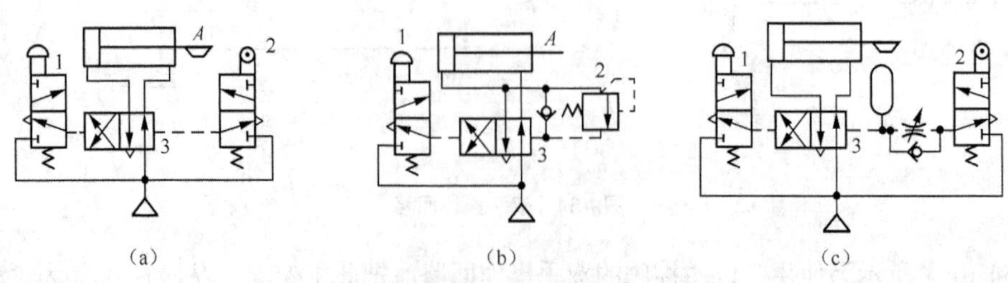

图9-56　往复动作回路

（2）连续往复动作回路。图 9-57 所示为连续往复动作回路。它能在机动换向阀（行程阀）3 和 2 的安装距离之间完成连续的运动循环，且活塞杆的初始位置是将行程阀 3 压下的状态。当按下阀 1

的按钮后，阀 4 换向，活塞杆向右运动，这时由于阀 3 复位而将气路封闭，使阀 4 不能复位，活塞杆继续前进。到行程终点压下行程阀 2，使阀 4 控制气路排气，在弹簧作用下阀 4 复位，活寒杆返回；在终点压下阀 3，在控制压力下阀 4 又被切换到左位，活塞杆再次前进。就这样一直连续往复，只有当提起阀 1 的按钮后，阀 4 复位，活塞杆返回而停止运动。

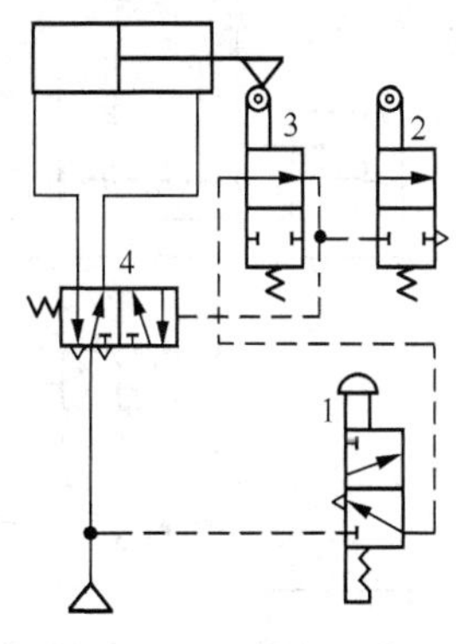

图9-57 连续往复动作回路

9.7 常用气动系统

9.7.1 工件夹紧气压传动系统

工件夹紧气压传动系统是机械加工自动线、组合机床中常用的夹紧装置。图 9-58 为工件夹紧气压传动系统图。

其工作原理是，当工件运动到指定位置后，气缸 A 的活塞杆伸出，将工件定位后两侧的气缸 B 和 C 的活塞杆伸出，从两侧面夹紧工件，而后进行机械加工。其气压系统的动作过程如下：当用脚踏换向阀 1（或用其他方式换向）后，压缩空气经单向节流阀进入气缸 A 的无杆腔、夹紧头下降至工件定位位置后使机动行程阀 2 换向，压缩空气经单向节流阀 5 进入阀 6 的右侧，使阀 6 换向。压缩空气经阀 6 通过主控阀 4 的左位进入气缸 B 和 C 的无杆腔，使两气缸活塞杆同时伸出，夹紧工件。与此同时，一部分压缩空气经单向节流阀 3 调定延时，使主控阀 4 在加工后换向到右位，则两气缸 B 和 C 返回。

在两气缸返回过程中，有杆腔的压缩空气使脚踏阀 1 复位，则气缸 A 返回。此时由于行程阀 2 复位（右位），阀 6 也复位，则气缸 B 和 C 无杆腔通大气，主控阀 4 自动复位。由此完成一个动作循环，即缸 A 活塞杆伸出压下（定位）→夹紧缸 B、C 活塞杆伸出夹紧（加工）→夹紧缸 B、C 活塞杆返回→缸 A 的活塞杆返回。

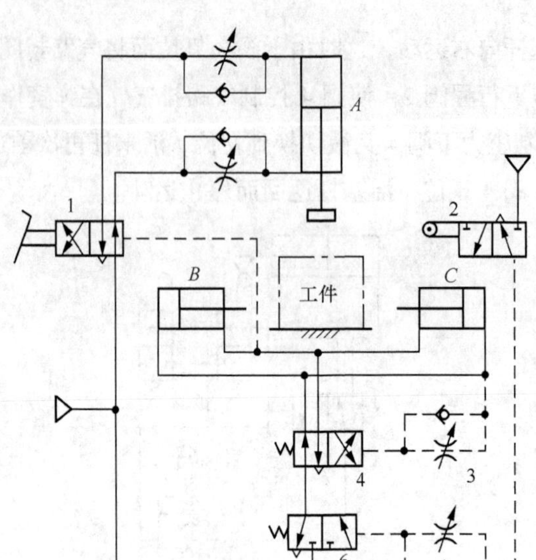

图9-58 工件夹紧气压传动系统

9.7.2 气液动力滑台气压传动系统

气液动力滑台是采用气—液阻尼缸作为执行元件。在机床设备中用来实现进给运动的部件。

图 9-59 所示为气液动力滑台的气压传动系统原理。图中阀 1、2、3 和阀 4、5、6 实际上分别被组合在一起，成为两个组合阀。

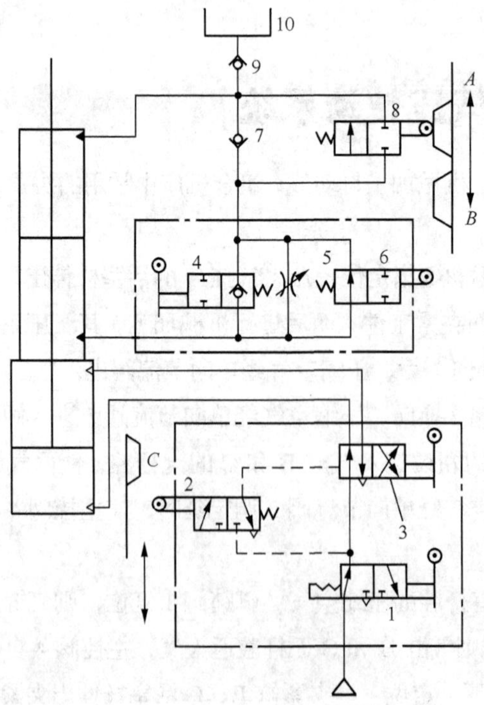

图9-59 气液动力滑台的气压传动系统

该气液滑台能完成以下两种工作循环。

1. 快进→慢进（工进）→快退→停止

当图 9-59 中阀 4 处于图示状态时，就可实现上述循环的进给程序。其动作原理为，当手动阀 3 切换到右位时，实际上就是给予进刀信号，在气压作用下，气缸中活塞开始向下运动，液压缸中活塞下腔油液经机控阀 6 的左位和单向阀 7 进入液压缸活塞的上腔，实现了快进。当快进到活塞杆的挡铁 B，切换机控阀 6（使其处于右位）后，油液只能经节流阀 5 进入活塞上腔，调节节流阀的开度，即可调节气—液阻尼缸运动速度。所以，这时开始慢进（工进）。当慢进到挡铁 C，使机控阀 2 切换至左位时，输出信号使阀 3 切换至左位，这时气缸活塞开始向上运动。液压缸活塞上腔的油液经阀 8 至图示位置而使油液通道被切断，活塞就停止运动。所以改变挡铁 A 的位置，就能改变“停”的位置。

2. 快进→慢进→慢退→快退→停止

把手动阀 4 关闭（处于左位）时就可实现上述的双向进给程序。其动作循环中的快进—慢进的动作原理与上述相同。当慢进至挡铁 C，切换机控阀 2 至左位时，输出气信号使阀 3 切换至左位，气缸活塞开始向上运动，这时液压缸上腔的油液经机控阀 8 的左位和节流阀 5 进入液压活塞缸下腔，亦即实现了慢退（反向进给）。当慢退到挡铁 B，离开阀 6 的顶杆，而使其复位（处于左位）后，液压缸活塞上腔的油液经阀 8 的左位，再经阀 6 的左位进入液压活塞缸下腔，开始快退。快退到挡铁 *A*，切换阀 8 至图示位置时，油液通路被切断，活塞就停止运动。

图中补油箱 10 和单向阀 9 是为了补偿系统中的漏油而设置的，因而一般可用油杯来代替。

9.7.3 公共汽车车门气压传动系统

采用气压控制的公共汽车车门，需要司机和售票员都装有气动开关控制开关车门，并且当车门在关闭过程中遇到障碍物时，能使车门自动开启，起到安全保护作用。

图 9-60 为汽车车门气压控制系统原理图。

车门的开关靠气缸 7 来实现，气缸是由双气控阀 4 来控制的，而双控阀 4 又由 A～D 的按钮阀来操纵，气缸运动速度的快慢由单向速度控制阀 5 或 6 来调节。通过阀 A 或 B 使车门开启，通过阀 C 或 D 使车门关闭。起安全作用的先导阀 8 安装在车门上。

当操纵按钮阀 A 或 B 时，气源压缩空气经阀 A 或 B 到阀 1 或阀 2，把控制信号送到阀 4 的 a 侧，使阀 4 向车门开启方向切换。气源压缩空气经阀 4 和阀 5 到气缸的有杆腔，使车门开启。

当操纵按钮 C 或 D 时，压缩空气经阀 C 或阀 D 到阀 2，把控制信号送到阀 4 的 b 侧，使阀 4 向车门关闭方向切换。气源压缩空气经阀 4 和阀 6 到气缸的无杆腔，使车门关闭。

车门在关闭的过程中如碰到障碍物，便推动阀 8，此时气源压缩空气经阀 8 把控制信号通过阀 3 送到阀 4 的 a 侧，使阀 4 向车门开启方向切换。必须指出，如果阀 C 或阀 D 仍然保持在压下状态，则阀 8 起不到自动开启车门的安全作用。

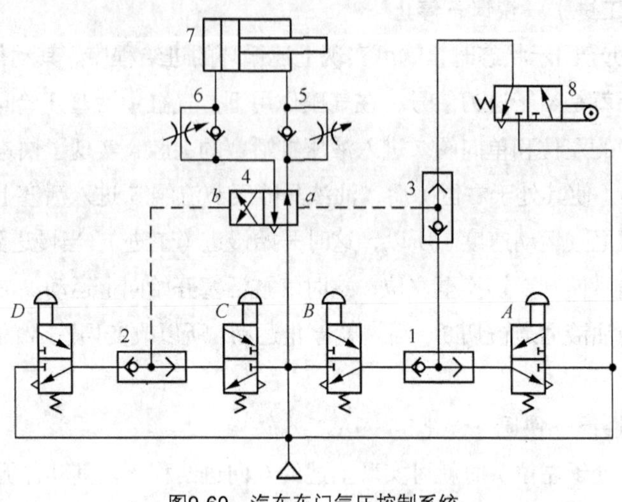

图9-60 汽车车门气压控制系统

9.8 气动系统的设计、安装、调试与故障分析

9.8.1 气动系统的设计

气动系统的设计与液压传动系统的设计步骤基本一样，具体步骤如下。

1. 明确设计要求

明确与气动系统有关的总体参数和主机对气动系统的技术要求，例如，运动方式、速度范围、行程、负载条件、运动平稳性和精度、动作循环和周期、同步或联锁、工作可靠性等方面的要求。还要了解气动系统所处的工作环境，例如，安装空间、环境温度和湿度、污染程度、外界冲击和振动情况等。

2. 气动系统的方案设计

在气动系统设计任务明确之后，气动系统的方案设计包括回路方式的选择，初定系统压力，动力元件、执行元件的选择等。

3. 拟定气动系统原理图

首先根据主机的动作和性能要求，设计主要的基本回路，将这些回路有机地组合成完整的系统

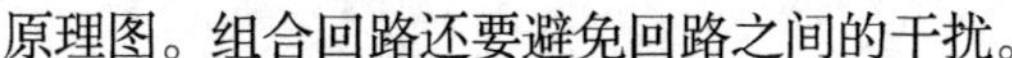

原理图。组合回路还要避免回路之间的干扰。

4. 选择气动元件

依据系统的最高工作压力和最大流量选择气动元件，注意要留有一定的储备。

5. 绘制工作图，编制文件

主要包括气动系统原理图、装配图、非标准件部件图和零件图、设计说明书、使用说明书、气动元件和标准件明细表等。图中应附有动作循环顺序表或电磁铁动作顺序表。

以上设计步骤只是一般的设计流程，在实际的设计过程中并不是固定不变的。各步骤之间彼此关联，相互影响，往往需交叉进行并经多次反复才能完成整个系统的设计。

9.8.2 气动系统的安装调试与故障分析

1. 管道的安装

（1）安装前要检查管道内壁是否光滑，并进行除锈和清洗。

（2）管道支架要牢固，工作时不得产生振动。

（3）装紧各处接头，管路不允许漏气。

（4）管道焊接应符合规定标准的要求。

（5）管路系统中任何一段管道均可自由拆装。

（6）管道安装的倾斜度、弯曲半径、间距和坡向均要符合有关规定要求。

2. 元件的安装

（1）安装前应对元件进行清洗，必要时要进行密封试验。

（2）各类阀体上的箭头方向或标记，要符合气流流动方向。

（3）动密封圈不要装得太紧，尤其是U型密封圈，否则阻力过大。

（4）移动缸的中心线时要与负载作用力的中心线同心，否则引起侧向力，使密封件加速磨损，并造成活塞杆弯曲。

（5）各种自动控制仪表、自动控制器、压力继电器等，在安装前应进行校验。

3. 气动系统的调试、使用维护

（1）调试前的准备工作主要包括以下几点。

① 要熟悉说明书等有关技术资料，力求全面了解系统的原理、结构、性能及操纵方法。

② 了解需要调整的元件在设备上的实际位置、操纵方法及调节旋钮的旋向等。

③ 准备好调试工具及仪表。

（2）空载试运行。空载试运行不得少于2 h，注意观察压力、流量、温度的变化。

（3）负载试运行。负载试转应分段加载，运转不得少于 3h，分别测出有关数据，记入试车记录。

（4）气动系统的使用维护。气动系统的使用与保养分为日常维护、定期检查，及系统大修、还应考虑安全与环保。具体应注意以下几个方面。

① 日常维护需对冷凝水和系统润滑进行管理。

② 开车前后要放掉系统中的冷凝水。

③ 定期给油雾器加油。

④ 随时注意压缩空气的清洁度，对分水滤气器的滤芯要定期清洗。

⑤ 开车前检查各调节旋钮是否在正确位置，行程阀、行程开关、挡块的位置是否正确、牢固。对活塞杆、导轨等外露部分的配合表面进行擦拭后方能开车。

⑥ 长期不使用时，应将各旋钮放松，以免弹簧失效而影响元件的性能。

⑦ 间隔 3 个月需定期检修，一年应进行大修。

⑧ 对受压容器应定期检验，漏气、漏油、噪声等现象要进行防治。

4. 气动系统的故障诊断

（1）故障种类。由于故障发生的时期不同，故障的内容和原因也不同。因此，可将故障分为初期故障、突发故障和老化故障。

① 初期故障　在调试阶段和开始运转的二三个月内发生的故障称为初期故障。

② 突发故障　系统在稳定运行时期内突然发生的故障称为突发故障。

③ 老化故障　个别或少数元件达到使用寿命后发生的故障称为老化故障。

（2）故障的诊断方法主要有如下两种。

① 经验法　依靠实际经验，并借助简单的仪表，诊断故障发生的部位，找出故障原因的方法，称为经验法。

② 推理分析法　利用逻辑推理、步步逼近，寻找出故障的真实原因的方法称为推理分析法。

（3）常见故障及排除方法。气动系统常见故障、原因及排除方法见表 9-5 至表 9-10。

表 9-5　溢流阀常见故障排除方法

故障现象	故障分析	排除方法
压力上升但不溢流	1. 阀内部孔堵塞、阀芯导向部分进入异物	1. 清洗
压力虽没有超过设定值，但在二次侧却溢出空气	1. 阀内进入异物 2. 阀座损伤 3. 调压弹簧损坏	1. 清洗 2. 更换阀座 3. 更换调压弹簧
溢流时发生振动	1. 压力上升速度很慢，溢流阀放出流量多，引起阀振动 2. 因从压力上升源到溢流阀之间被节流，阀前部压力上升慢而引起振动	1. 二次侧安装针阀微调溢流量，使其与压力上升量匹配 2. 增大压力上升源到溢流阀的管道口径
从阀体和阀盖向外漏气	1. 膜片破裂（膜片式） 2. 密封件损伤	1. 更换膜片 2. 更换密封件

表 9-6　减压阀常见故障及排除方法

故障现象	故障分析	排除方法
无二次压力	1. 阀弹簧损坏 2. 阀座有伤痕，阀座橡胶剥离 3. 阀体中夹入灰尘，阀导向部分粘附异物 4. 阀芯导向部分和阀体的 O 型密封圈收缩、膨胀	1. 更换阀弹簧 2. 更换阀体 3. 清洗并检查滤清器 4. 更换 O 型密封圈
压力降很大但流量不足	1. 阀口径小 2. 阀下部积存冷凝水、阀内混入异物	1. 使用口径大的减压阀 2. 清洗并检查滤清器
溢流孔处向外漏气	1. 溢流阀座有伤痕（溢流式） 2. 膜片破裂 3. 二次侧背压增加	1. 更换溢阀座 2. 更换膜片 3. 检查二次侧的装置回路
阀体泄漏	1. 密封件损伤 2. 弹簧松弛	1. 更换密封件 2. 张紧弹簧或更换
异常振动	1. 弹簧的弹力减弱，弹簧错位 2. 阀体的中心，阀杆的中心错位 3. 因空气消耗量周期变化使阀不断开启、关闭，与减压阀引起共振	1. 更换弹力减弱的弹簧、把弹簧调整到正常位置 2. 检查并调整位置偏差 3. 和制造厂协商
虽已松开手柄，二次侧空气也不溢流	1. 溢流阀座孔堵塞 2. 使用非溢流式调压阀	1. 清洗并检查滤清器 2. 在二次侧安装溢流阀

表 9-7　方向阀常见故障及排除方法

故障现象	故障分析	排除方法
不能换向	1. 阀的滑动阻力大，润滑不良 2. O 形密封圈变形 3. 粉尘卡住滑动部分 4. 弹簧损坏 5. 阀操纵力小 6. 活塞密封圈磨损	1. 进行润滑 2. 更换密封圈 3. 清除粉尘 4. 更换弹簧 5. 检查阀操纵部分 6. 更换密封圈
阀产生振动	1. 空气压力低（先导式） 2. 电源电压低（电磁阀）	1. 提高操纵压力，采用直动式 2. 提高电源电压，使用低电压线圈
交流电磁铁有蜂鸣声	1. 活动铁芯密封不良 2. 粉尘进入块状、层叠型铁芯的滑动部分，使活动铁芯不能密切接触 3. 层叠活动铁芯铆钉脱落，铁芯叠层分开不能吸合 4. 短路环损坏 5. 电源电压低 6. 外部导线拉得太紧	1. 检查铁芯接触和密封性，必要时更换铁芯组件 2. 清除粉尘 3. 更换活动铁芯 4. 更换固定铁芯 5. 提高电源电压 6. 引线应宽裕

续表

故障现象	故障分析	排除方法
电磁铁动作时间偏差大，或有时不能动作	1. 活动铁芯锈蚀，不能移动；在湿度高的环境中使用气动元件时，由于密封不完善而向磁铁部分泄漏空气 2. 电源电压低 3. 粉尘等进入活动铁芯的滑动部分，使运动状况恶化	1. 铁芯除锈，修理好对外部的密封，更换铁芯组件 2. 提高电源电压或使用符合电压的线圈 3. 清除粉尘
线圈烧毁	1. 环境温度高 2. 快速循环使用时，因为吸引时电流大，单位时间耗电多，温度升高，使绝缘损坏而短路 3. 粉尘夹在阀和铁芯之间，不能吸引活动铁芯 4. 线圈上残余电压	1. 按产品规定温度范围使用 2. 使用高级电磁阀，使用气动逻辑回路 3. 清除粉尘 4. 使用正常电源电压，使用符合电压的线圈
切断电源，活动铁芯不能退回	1. 粉尘夹入活动铁芯滑动部分	1. 清除粉尘

表 9-8　　气缸常见故障及排除方法

故障现象	故障分析	排除方法
外泄漏	1. 衬套密封圈磨损，润滑油不足 2. 活塞杆偏心 3. 活塞杆有伤痕 4. 活塞杆与密封衬套的配合面内有杂质 5. 密封圈损坏	1. 更换衬套密封圈 2. 重新安装，使活塞杆位置正确 3. 更换活塞杆 4. 除去杂质，安装防尘盖 5. 更换密封圈
内泄漏	1. 活塞密封圈损坏 2. 润滑不良 3. 活塞被卡住 4. 活塞配合面有缺陷，杂质挤入密封圈	1. 更换活塞密封圈 2. 进行润滑 3. 重新安装，使活塞杆位置正确 4. 除去杂质，缺陷严重者更换零件
输出力不足，动作不平稳	1. 润滑不良 2. 活塞或活塞杆卡住 3. 气缸体内表面有锈蚀或缺陷 4. 进入了冷凝水、杂质	1. 调节或更换油雾器 2. 检查安装情况，清除偏心 3. 修复缺陷 4. 加强对分水滤气器和油水分离器的管理定期排放污水
缓冲效果不好	1. 缓冲部分的密封圈密封性能差 2. 调节螺钉损坏 3. 气缸速度太快	1. 更换密封圈 2. 更换调节螺钉 3. 研究缓冲机构的结构是否合适

表 9-9 分水滤气器常见故障及排除方法

故障现象	故障分析	排除方法
压力降过大	1. 使用过细的滤芯 2. 滤清器的流量范围太小 3. 流量超过滤清器的容量 4. 滤清器滤芯网眼堵塞	1. 更换适当的滤芯 2. 更换流量范围大的滤清器 3. 更换大容量的滤清器 4. 用净化液清洗或更换滤芯
从输出端逸出冷凝水	1. 未及时排出冷凝水 2. 自动排水器发生故障	1. 养成定期排水习惯或安装自动排水器 2. 修理或更换
输出端出现异物	1. 滤清器滤芯破损 2. 滤芯密封不严 3. 用有机溶剂清洗塑料件	1. 更换滤芯 2. 更换滤芯的密封，紧固滤芯 3. 用清洁的热水或煤油清洗
塑料水杯破损	1. 在有有机溶剂的环境中使用 2. 空气压缩机输出某种焦油 3. 压缩机从空气中吸入对塑料有害的物质	1. 使用不受有机溶剂侵蚀的材料 2. 更换空气压缩机的润滑油，使用无油压缩机 3. 使用金属杯
漏气	1. 密封不良 2. 塑料杯产生裂痕 3. 泄水阀，自动排水器失灵	1. 更换密封件 2. 更换 3. 修理或更换

表 9-10 油雾器常见故障及排除方法

故障现象	故障分析	排除方法
油不能滴下	1. 没有产生油滴下落所需的压差 2. 油雾器反向安装 3. 油道堵塞 4. 油杯未加压	1. 加文丘里管或换小的油雾器 2. 改变安装方向 3. 拆卸，进行修理 4. 因通往油杯的空气通道堵塞，需拆卸修理
油杯未加压	1. 通往油杯的空气通道堵塞 2. 油杯大，油雾器使用频繁	1. 拆卸修理、加大通往油杯空气通孔 2. 使用快速循环式油雾器
油滴数不能减少	1. 油量调整螺丝失效	2. 检修油量调整螺丝
空气向外泄漏	1. 油杯破损 2. 密封不良 3. 观察玻璃破损	1. 更换 2. 检修密封 3. 更换观察玻璃
油杯破损	1. 用有机溶剂清洗 2. 周围存在有机溶剂	1. 更换油杯，使用金属杯或耐有机溶剂杯 2. 与有机溶剂隔离

本章主要讲述了气压传动工作原理、组成及特点，气源装置及气动辅件、气动执行元件、气动

控制元件以及气动逻辑元件的工作原理、结构及作用；介绍了一些基本的气动回路，并结合气动回路分析了气动元件在回路中的作用及回路的工作原理；并对常用气动系统及气动系统的设计、安装、调试与故障分析做了简单的介绍。

通过本章的学习，要熟悉气压传动系统的组成及特点，掌握气动元件、常用气动回路及气动系统的工作原理，并能阅读分析气压系统由哪些基本回路组成以及每个元件在系统中起什么作用，最后看懂整个回路系统。同时，还要理解并掌握气压传动和液压传动的异同点，为工程实践和应用打好基础。

9-1 简述压缩空气净化设备及其主要作用。

9-2 气动三联件包括哪些元件？

9-3 分水滤气器的作用是什么？

9-4 简述气压传动系统对其工作介质——压缩空气的主要要求。

9-5 图 9-61 所示为双手控制气缸往复运动回路，问此回路能否工作？为什么？如不能工作需要更换哪个阀？

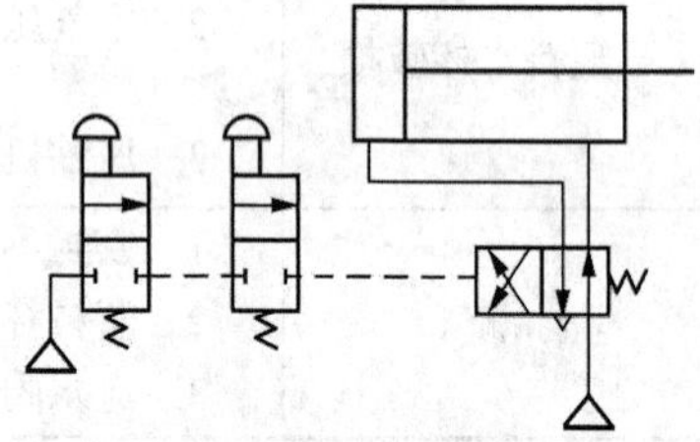

图9-61 题9-5

9-6 说明图 9-62 所示气动回路中各元件的名称及其在回路中的作用，并简述回路工作过程。

9-7 图 9-63 所示为多位缸位置控制回路，试分析分别按压手动阀 1、2、3 时气缸如何动作？回路一共有几个控制位置？（与缸筒连接的气管为软管）

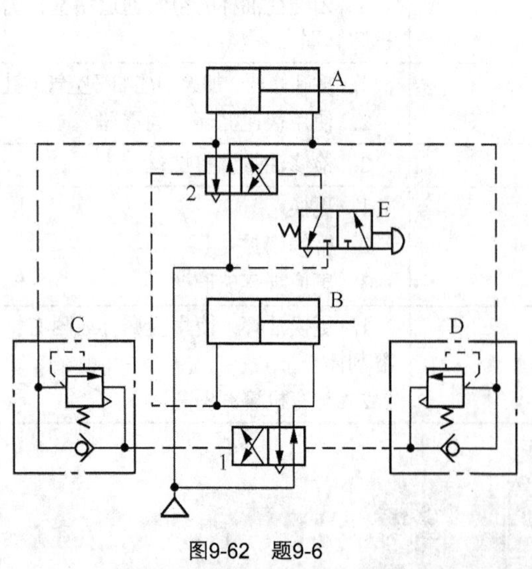

图9-62 题9-6

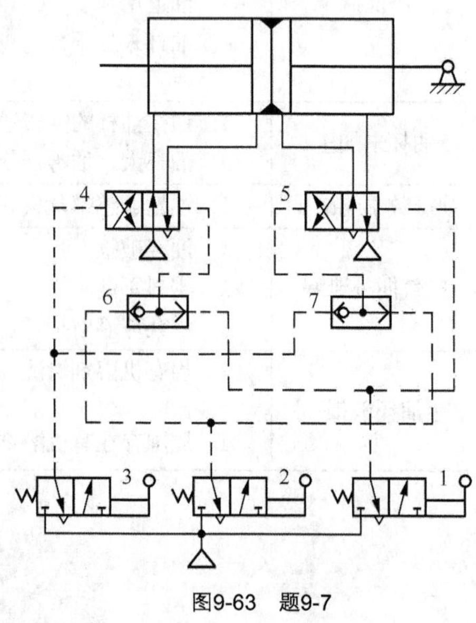

图9-63 题9-7

9-8 试列举几个你知道的气动系统常见故障与解决方法。

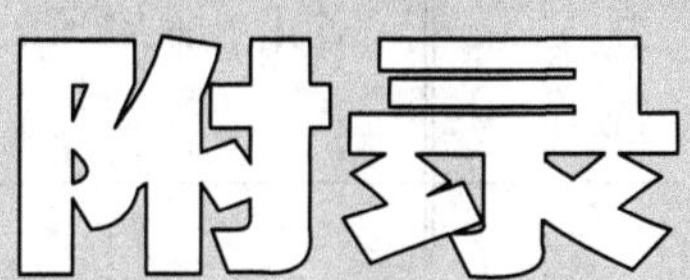

常用液压与气动元件图形符号

（摘自 GB/T786.1—2009）

附表 1　　基本符号、管路及连接

名称	符号	名称	符号
工作管路		不带连接措施的排气口	
控制管路		带连接措施的排气口	
连接管路		带单向阀的快换接头	
交叉管路		带双单向阀的快换接头	
柔性管路		不带单向阀的快换接头	
组合元件线		单通旋转接头	
管口在液面以下的油箱		三通旋转接头	1 2 3　1 2 3
管口在液面以上的油箱		液压源	
管端连接于油箱底部		气压源	

附表 2　　泵、马达和缸

名称	符号	名称	符号
单向定量液压泵		双作用单活塞杆缸	
双向定量液压泵		双作用双活塞杆缸	
单向变量液压泵		单作用伸缩缸	
双向变量液压泵		双作用伸缩缸	
单向定量马达		单作用单活塞杆弹簧复位缸	
双向定量马达		单向缓冲缸（可调）	
单向变量马达		双向缓冲缸（可调）	
双向变量马达		单作用柱塞缸	
摆动马达		气—液转换器	

附表 3 控制机构和控制方法

名称	符号	名称	符号
按钮式人力控制		液压先导控制	
推压控制		气压先导控制	
带有定位装置的推压控制		弹簧控制	
手柄式人力控制		加压或泄压控制	
踏板式人力控制		单作用电磁铁控制	
顶杆式机械控制		双作用电磁铁控制	
带有可调行程限制的顶杆式机械控制		比例电磁铁控制	
滚轮式机械控制		步进电机控制	
电—液先导控制		内部压力控制	
电磁—气压先导控制		外部压力控制	

附表 4 控制元件

名称	符号	名称	符号
单向阀		直动式溢流阀	
液控单向阀		先导式溢流阀	
二位二通换向阀		先导式比例电磁溢流阀	
二位三通换向阀		直动式减压阀	
二位四通换向阀		先导式减压阀	
二位五通换向阀		直动式顺序阀	
三位四通换向阀		先导式顺序阀	
三位五通换向阀		卸荷阀	
不可调节流阀		压力继电器	
可调节流阀		分流阀	
调速阀		集流阀	
单向节流阀		或门型梭阀	
单向调速阀		与门型梭阀	
带消声器的节流阀		快速排气阀	

附表 5 辅助元件

名称	符号	名称	符号
过滤器	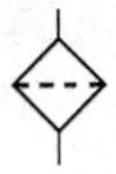	流量计	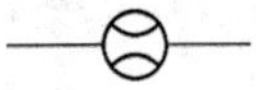
带压力表的过滤器	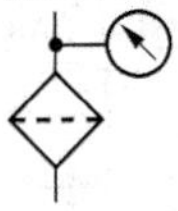	手动排水流体分离器（油水分离器）	
旁路节流过滤器	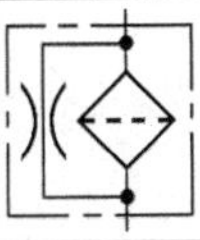	自动排水流体分离器（油水分离器）	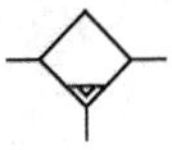
带旁路单向阀的过滤器	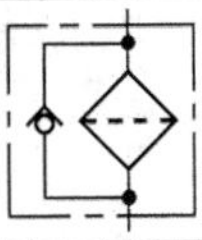	空气干燥器	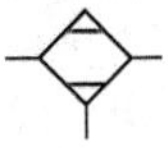
冷却器	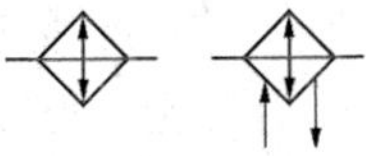	手动排水过滤器（分水滤气器）	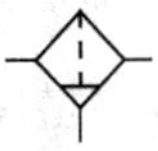
加热器		油雾器	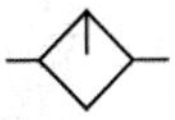
蓄能器		手动排水式油雾器	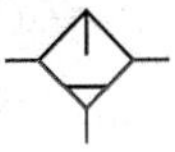
隔膜式充气蓄能器		油雾分离器	
压力计		离心式分离器	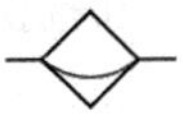
压差计		贮气罐	
温度计		消声器	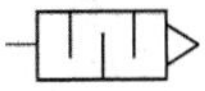
液位计		气源处理调节装置（气动三联件）	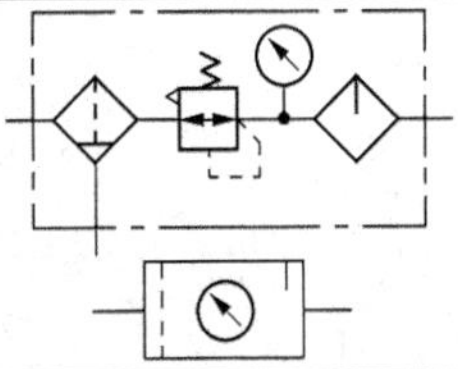

参考文献

[1] 许福玲，陈尧明. 液压与气压传动（第3版）[M]. 北京：机械工业出版社，2007.

[2] 左健民. 液压与气压传动 [M]. 北京：机械工业出版社，2011.

[3] 姜佩东. 液压与气动技术 [M]. 北京：高等教育出版社，2009.

[4] 王文深，吴尚纯等，液压与气动技术 [M]. 北京：现代教育出版社，2011.

[5] 郭晋荣. 液压与气动技术 [M]. 成都：西南交通大学出版社，2007.

[6] 马春峰. 液压与气动技术 [M]. 北京：人民邮电出版社，2007.

[7] 路甬祥. 液压气动技术手册 [M]. 北京：机械工业出版社，2002.

[8] 朱梅，朱光力. 液压与气动技术 [M]. 西安：西安电子科技大学出版社，2004.

[9] 袁国义，机床液压传动系统图识图技巧 [M]. 北京：机械工业出版社，2005.

[10] 李新德. 液压系统故障诊断与维修技术手册 [M]. 北京：中国电力出版社，2009.

[11] 嵇光国、吕淑华. 液压系统故障诊断与排除 [M]. 北京：海洋出版社，1992.